知识产权经典译丛

国家知识产权局专利局复审和无效审理部◎组织编译

# 美国专利申请撰写及审查处理策略（第二版）

## US Patent Application Drafting and Prosecution Strategies (Second Edition)

［美］本杰明·皓普曼（Benjamin J. Hauptman）

［美］约书亚·普利切特（Joshua Pritchett）　　　　◎著

［美］黎建（Kien T. Le）

脱　颖

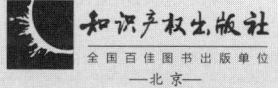

知识产权出版社

全国百佳图书出版单位

—北京—

**图书在版编目（CIP）数据**

美国专利申请撰写及审查处理策略：第二版＝US Patent Application Drafting and Prosecution Strategies（Second Edition）／（美）本杰明·皓普曼（Benjamin J. Hauptman）等著. —北京：知识产权出版社，2020.1（2024.2重印）

ISBN 978 – 7 – 5130 – 6697 – 6

Ⅰ.①美… Ⅱ.①本… Ⅲ.①专利文献—写作—美国 Ⅳ.①G306.771.2

中国版本图书馆 CIP 数据核字（2019）第 288491 号

| | |
|---|---|
| 责任编辑：崔开丽 | 责任校对：潘凤越 |
| 封面设计：博华创意 | 责任印制：刘译文 |

知识产权经典译丛
国家知识产权局专利局复审和无效审理部组织编译

**美国专利申请撰写及审查处理策略（第二版）**

［美］本杰明·皓普曼（Benjamin J. Hauptman）
［美］约书亚·普利切特（Joshua Pritchett）　　　［美］黎建（Kien T. Le）
脱　颖　著

| | | | |
|---|---|---|---|
| 出版发行：知识产权出版社有限责任公司 | 网　　址：http://www.ipph.cn |
| 社　　址：北京市海淀区气象路50号院 | 邮　　编：100081 |
| 责编电话：010 – 82000860 转 8377 | 责编邮箱：419916161@qq.com |
| 发行电话：010 – 82000860 转 8101/8102 | 发行传真：010 – 82000893/82005070/82000270 |
| 印　　刷：三河市国英印务有限公司 | 经　　销：新华书店、各大网上书店及相关专业书店 |
| 开　　本：720mm×1000mm 1/16 | 印　　张：20.25 |
| 版　　次：2020 年 1 月第 1 版 | 印　　次：2024 年 2 月第 2 次印刷 |
| 字　　数：360 千字 | 定　　价：120.00 元 |
| ISBN 978 -7 -5130 -6697 -6 | |
| 京权图字：01 -2020 -0237 | |

**出版权专有　侵权必究**
**如有印装质量问题，本社负责调换。**

# 作者简介

**本杰明·皓普曼（Benjamin J. Hauptman）**

皓普曼律师在专利和商标事务领域从事了大约 36 年的工作，包括准备和进行复杂的机电领域的专利申请，以及在包括知识产权维权和侵权在内的知识产权保护的各个方面为客户提供咨询。

皓普曼律师在半导体和显示技术、汽车、激光加工、复杂机械和仪器领域具有丰富的专利代理经验。同时，他与国外律师密切合作，为客户的全球知识产权保护提供全方位帮助。他主要负责定期在其事务所内对来自国外的学员（例如日本、韩国、中国和越南）进行培训，该培训可以满足学员的知识产权硕士（M. I. P.）学位的教学需求。

皓普曼律师是布鲁克林技术高中研究基金会的成员。他参加的专业协会包括弗吉尼亚州律师协会，美国知识产权法律协会（AIPLA），专利、商标和版权研究基金会以及国际保护工业产权协会（AIPPI）。他曾于 1994 年至 2013 年担任富兰克林皮尔斯法学院（现为新罕布什尔大学法学院）的客座教授。他是德国慕尼黑马克斯普朗克研究所的讲师，印度班加罗尔大学国立法学院的法学教授。

皓普曼律师拥有麻省理工学院的工程学士学位和富兰克林皮尔斯法学院的法学博士学位。他被获准在哥伦比亚特区和弗吉尼亚州执业，并在美国哥伦比亚特区巡回上诉法院、美国联邦巡回上诉法院、美国地方法院、弗吉尼亚州东区法院和美国专利商标局执业。

电子邮箱：bhauptman@ ipfirm. com

**约书亚·普利切特（Joshua Pritchett）**

在加入美国皓咸律师事务所之前，普利切特律师在美国专利商标局（US-PTO）担任主专利审查员近 10 年。自加入美国皓咸律师事务所以来，他一直致力于在各种技术方面为客户代理专利申请和提供法律意见。他是全球知名的美国专利申请策略讲师，参加过数百小时的研讨会。通过提供实务建议，他帮助客户获得强有力的美国知识产权保护，同时避免了不必要的时间和金钱的花费。通过维持与 USPTO 之间的牢固关系，普利切特律师仍然了解美国专利商标局为审查员提供的培训内容，从而确保他可以在专利申请阶段就将最新的技巧应用到其中。同时，他与客户密切合作，开发和管理全球专利布局，并提出创新程序，降低成本，简化公司与当地专利局之间的沟通。

普利切特律师从乔治敦大学法学中心获得法学博士学位，从弗尼吉亚大学获得化学工程本科学位和材料科学辅修学位，并且具有在弗尼吉亚州和美国专利商标局执业的资格。

电子邮箱：jpritchett@ ipfirm. com

### 黎建（Kien T. Le）

黎建先生主要为美国及国外客户处理电学、软件、机械等领域的专利申请事务。黎建先生在专利申请领域经验丰富，他处理过的专利申请涉及电视和移动电话用户界面软件、机器人技术、生产设备控制和管理、显示设备、半导体产品和工艺、高级电子电路、基于网络的应用、各种复杂机械应用（包括汽车和飞机配件）、一次性服装和土木工程结构等相关技术领域，并且在上述领域拥有超过 18 年的美国专利代理经验。

黎建先生拥有电子学理学学士及硕士学位、富兰克林皮尔斯法学院（现为新罕布什尔大学法学院）的知识产权硕士学位。黎建先生是注册的美国专利代理人。

电子邮箱：kien@ ipfirm. com

### 脱颖（Tuo Ying）

脱颖律师拥有多年专门从事国际知识产权律师执业经验，获得美国知识产权硕士和法学博士学位，并具有美国加州、宾州、华盛顿特区律师资格，美国专利代理人资格，中国律师执业资格和中国专利代理人资格。

脱颖律师曾任美国知识产权法律协会（AIPLA）远东实践委员会副主席、中国实践委员会主席和副主席，中国国家知识产权局/美国律师协会联络委员会代表，中国知识产权研究会高级会员和全国律师协会知识产权委员会成员。

脱颖律师曾在美国 AT&T 和 NCR 公司知识产权法律部担任公司律师职务多年，负责专利和其他知识产权法律事务，曾担任计算机工作站产品部门、网络产品部门、计算机通信软件产品部门的知识产权法律顾问。所从事的公司内部法律业务包括：为公司申请专利和商标、公司专利池管理、公司专利策略规划和管理、专利有效性分析、专利侵权分析、专利纠纷谈判、专利诉讼、许可证贸易和技术转让协议谈判、知识产权（包括商标、版权、技术秘密等）法务咨询。在美国 AT&T 和 NCR 公司任职期间，他曾多次参与和国际公司许可证贸易的处理和谈判；多次参与国际公司专利侵权纠纷的处理和谈判。

　　脱颖律师现在是上海脱颖律师事务所的负责合伙人。脱颖律师作为诸多跨国公司在中国大陆的知识产权法律顾问，在中国为国外客户撰写上百个专利说明书和权利要求书。同时他还帮助诸多国内知名企业在国内以及美国、欧盟等地成功申请诸多专利、商标以及处理其他知识产权事务。脱颖律师具有丰富的国际知识产权法律的实务经验，并和许多国家律师事务所有广泛的业务联系和合作，且能有效地帮助中国公司在国外处理专利和商标申请以及其他知识产权法律事务。

　　脱颖律师具有良好的科技背景，拥有处理高科技专利事务的能力。他处理过的专利事务所涉技术领域包括机械装置、电子设备、电路设计、通信、计算机硬件和软件、计算机网络等。

　　脱颖律师的知识产权法律业务包括：专利、商标及版权的申请；专利有效性分析；专利侵权分析；公司专利策略的规划和咨询；专利、商标及版权维权诉讼；许可证贸易谈判和协议起草；技术转让谈判和协议起草；知识产权尽职调查；保密协议的起草；商标和版权纠纷的处理；商标和版权纠纷的诉讼；知识产权事务谈判；不公平竞争；其他知识产权法律事务的处理。

　　电子邮箱：info@ tuoyinglawfirm. com

# 代　序

在当前全球市场中，美国、中国、欧洲、日本和韩国代表着主要专利体系。虽然全球市场随着企业和个人更频繁地跨越国际边界的交往而不断缩小，但每个国家的实体专利法一直主宰着司法与行政维权决定，因此为了使法律在专利申请的撰写和审查过程中发挥具有商业价值的专利保护作用，理解这些法律显得至关重要。

各国的专利法存在细微但重要的差别。例如，在除美国之外的几乎所有上述专利体系中，通常的实践是发明中除了提供解决方案之外，还要具体地陈述发明所需解决的问题。在美国，具体描述"问题—解决方案"这一做法是允许的，但这种做法有时会导致美国联邦地区法院对权利要求进行狭义的解释，并丧失等同侵权原则的保护。作为众多例子中的一个，中国的本土实践如果结合到以中国优先权申请的英文译文申请文件中，那么将意外地导致对权利要求进行比现有技术所允许的更狭义的解释。

在本杰明·皓普曼要求我为这本重要并具有雄心的书作序时，我深感荣幸。无论对原始申请还是基于英文译文的申请，本书都能够帮助外国从业人员撰写美国专利申请，让他们能够裁量说明书和权利要求书以符合最新的美国案例法，并避免与进入美国国家阶段的翻译要求形成冲突。皓普曼是帮助在美国与中国法律体系之间架起桥梁的完美人选。他除了具有 30 年代理美国、中国、欧洲、日本和韩国等国家或地区客户从事专利审查处理的经验之外，还从 1987 年开始，在其律师事务所提供培训岗位和实习机会，并且还担任富兰克林皮尔斯法学院（Franklin Pierce Law Center）的客座教授（1994～2013 年），对这些在富兰克林皮尔斯法学院攻读硕士学位的外国专利从业人员讲授美国专利法律原则。在阅读本书时，您将看到皓普曼解释美国实践的做法是有些独特的，他极其着重于使用案例分析的做法来提供撰写差异的实例，这使得外国从业人员能够对美国的最好实践形象化。另外，我知道皓普曼得到了黎建先生的帮助。黎建先生是位有成就的美国专利代理人，具有丰富经验，并且从 2000 年开始长期是皓咸律师事务所的成员，而且在他加入事务所之前已从美国富兰克林皮尔斯法学院毕业并获得知识产权硕士（M. I. P.）学位。

兰德尔·R. 雷德

美国联邦巡回上诉法院前首席法官

2017 年 5 月 3 日

# 第二版序

本书的第一版于2017年7月出版，至今两年有余。在这两年多中，本书第一版共经过两次印刷，得到了许多专业读者的好评。一些读者主动和作者或出版社联系，表示本书实务操作性强，对中国专利从业者了解美国专利处理实践大有帮助，同时还能帮助企业在美国申请专利提供指导。不少专业读者期待本书能进一步更新，从而对中国发明人在美国申请专利发挥更切实的作用。

本书的作者之一本杰明·皓普曼先生和我是长期的专业同事和个人好友，我们两人是新罕布什尔大学法学院（富兰克林皮尔斯法学院）的校友。在富兰克林皮尔斯法学院毕业前夕，我通过比尔·亨尼西教授的介绍认识了作为美国著名专利律师事务所合伙人的本杰明·皓普曼先生。在和本杰明·皓普曼先生会面后，他的律师事务所给了我第一封录用信。可惜的是，从富兰克林皮尔斯法学院毕业以后，我加入了美国AT&T公司，成为AT&T公司的专利律师。此后我又加入了美国NCR公司，成为NCR公司的专利律师。在美国AT&T公司担任专利律师期间，我和本杰明·皓普曼先生在专利业务上有许多合作和交流。此后，本杰明·皓普曼先生创办了自己在美国的专利律师事务所，而当时我在NCR公司担任专利律师，并且帮助本杰明·皓普曼先生的美国专利律师事务所与NCR公司之间建立了专利业务合作关系。此后，我回国创业，从事中国的专利实务工作，并建立了自己的知识产权团队，进而又建立了自己的律师事务所——上海脱颖律师事务所。在回中国创业的过程中，我得到了本杰明·皓普曼先生的许多帮助。此后，本杰明·皓普曼先生的美国律师事务所与脱颖知识产权团队和上海脱颖律师事务所保持着长期的合作和交流，分别为中美客户在中国和美国提供专利和商标申请服务。本杰明·皓普曼先生和我在为美国和中国客户提供服务的过程中有长时间的交集。

在与本杰明·皓普曼先生的交往中，我注意到他长期致力于专利实务的教育工作，特别是本杰明·皓普曼先生在富兰克林皮尔斯法学院担任客座教授，长期教授美国专利申请撰写和处理的课程，并且根据他在律师事务所的实践，编写了符合美国律师事务所实务的教材，其授课获得了很好的评价。此后，本杰明·皓普曼先生根据其为富兰克林皮尔斯法学院编写的专利教材，给许多亚洲国家和地区（包括中国大陆、中国台湾、日本、韩国和印度）的专利从业者进行了培训，广受赞誉。特别是从 2012 年开始，本杰明·皓普曼先生在中国知识产权培训中心多次为中国专利从业者进行了关于美国专利申请撰写和处理的培训。

鉴于越来越多的中国公司在美国进行专利申请，以及随着中国专利代理机构为了处理美国专利申请而与美国专利代理机构之间的通信日益频繁，大概在 2016 年，本杰明·皓普曼先生和我意识到中国的专利从业者需要一本从实务的角度介绍美国专利申请撰写和处理的书籍。经过多年中国的专利从业实践，我们感到在中国出版一本以本杰明·皓普曼先生在美国法学院和中国知识产权培训中心讲课的材料为基础的、介绍美国专利申请撰写和处理实务的书，应该会对中国专利从业者有很大帮助。出版本书的愿望和目的包括：（1）帮助中国公司和专利代理机构系统地了解美国在专利申请撰写和处理实务中的细节；（2）使得中国专利代理人撰写的权利要求书和说明书能够符合美国专利申请和专利处理的要求，从而提高中国申请人在美国的专利申请质量；（3）提高中国公司和专利代理机构与美国代理机构的通信效率，从而在提高质量的同时降低处理成本。带着以上愿望，本杰明·皓普曼先生在 2016 年下半年与知识产权出版社进行了商谈，并得到了知识产权出版社领导的认可和支持。在知识产权出版社领导的支持下，本书的第一版于 2017 年出版。在本书出版的两年以后，从本书的销售情况以及读者的反映来看，本杰明·皓普曼先生和我认为出版本书的三个目的基本达到。

在本书第一版出版后的两年多时间里，中国的专利代理队伍和代理事务有了很大发展，中国的经济发展对中国的专利代理机构提出更高的要求。这两年多来，中国的公司和个人在美国的专利申请量在增加，而且通过案例的更新和美国专利商标局对其专利审查规章的修改，美国的专利法律和实践也有了新的变化。所以，本杰明·皓普曼先生和我认为有必要对本书进行适当修改并新增一些内容，以满足中国的代理机构和专利从业者进一步了解美国专利申请和处理实务细节的需求。

本书的第二版新增的内容有：在第一章第一节中加入了在 2019 年美国专利商标局指南中有关对"装置加功能权利要求范围解释"的内容；在第二章中增加了第十节"克服根据《美国专利法》第 101 条的驳回"的内容；在第四章中增加"中美法律体系的比较"一节，原第四章的标题在第二版中变为"中美法律体系与专利事务实践的比较及处理技巧"；在第二版中还增加了第五章"法律意见书"（包括中美两国的"法律意见书"）和第六章"专利实务中的法律思维"。

　　作者认为在第一章第一节和第二章第十节中增加的内容能够帮助中国专利从业者了解如何更好地撰写符合美国要求的权利要求书和说明书。在第四章增加的第一节介绍了中国大陆法体系和美国普通法体系的区别，以便读者更好地理解本书中的具体案例分析。在第二版中增加的第五章能够帮助中国的专利从业者了解如何在美国撰写侵权或不侵权法律意见书，从而帮助中国专利从业者能从美国侵权分析的角度来撰写权利要求书。考虑到本书的有些读者没有法律教育的背景，新增的第六章介绍了在处理专利实务中的法律思维。

　　通过本书第二版的出版，作者希望能够帮助中国专利从业者对美国专利申请撰写和处理实务有更深的了解，帮助中国公司和个人进一步提高在美国专利申请的质量，帮助中国专利代理机构与美国专利代理机构进一步提高通信效率。

　　另外，由于作者专业能力的局限，如果书中有任何不妥之处，敬请专利从业者同仁指正。

脱颖

上海脱颖律师事务所创始合伙人

2019 年 8 月

# 第一版序

撰写高质量的专利申请需要良好的技术和法律技能。在美国，专利申请文件通常是由具有技术或科学学位、法律学历（三年法学院学习之后获得的 J. D 学位）、州立律师资格（在顺利通过两天或三天的律师资格考试之后获得）以及顺利通过由美国专利商标局（USPTO）举办的专利代理人资格考试（Patent Bar Exam）的专利律师撰写的。

除了这些基本要求外，丰富的经验和训练也是必需的，并且这些经验和训练只有通过在资深专利律师或专利代理人的严格监督之下撰写大量的专利申请（我建议对于以一个英语为母语的律师来说至少需要 50 件专利申请）才能获取。

据统计，在美国专利商标局申请的多数专利申请并不是由受过充分训练的美国专利律师撰写的。大部分专利申请是由为外国专利代理机构工作的外国专利代理人、为非美国公司工作的专利工程师，以及在工作年限更长、经验更丰富的高级律师和合伙人的监督下工作的相对来说是新手的美国专利律师或专利代理人撰写的，但他们通常都过度工作，可能没有花足够的时间在检查和技能训练上。

许多外国专利代理人以及一些外国专利律师没有经过正式的法律教育，并且仅将英语作为第二语言来学习。由此，他们相互之间在英语阅读、书写和口语方面的能力相差很大，并且各国之间的整体英语能力也有所差别。对于非美国的专利工程师们来说也是如此。根据我的个人观察以及超过 30 年的美国专利律师经验，我认为由于上述的原因以及通过美国法律体系获得有效且可实施的专利权利要求的门槛在不断提高这样的事实，未过期专利中约 75% 的都很可能包含一些无效的专利权利要求。换言之，由于市场原因，许多公司并没有在起初就分配足够的资源来适当地撰写美国专利申请并对其进行有意义的审查处理，这导致了上述令人惊讶的结果。

我在作为专利律师的职业生涯中是个幸运儿，究其原因有以下几点。

第一，在 1975 年取得麻省理工学院（M. I. T.）的工程学位并作为工程师工作一些年之后，我进入由世界著名的美国专利律师（Professor Robert H.

Rines，罗伯特 H. 莱恩斯教授）创立的富兰克林皮尔斯法学院（FPLC）学习并在此毕业。莱恩斯教授高度重视对希望在法律与技术相结合的领域实践法律的科学家和工程师们进行培养。在富兰克林皮尔斯法学院学习期间，我在专利申请文件撰写和审查处理方面得到了肖教授（Professor Shaw）的大量培训指导。肖教授在任全职 IP 教师之前的近 30 年时间里是麻省理工学院的内部专利顾问。肖教授成为我的导师，经过大量训练之后，我在法学院学习的第二年就成功通过了美国专利代理人资格考试，并且在肖教授的严格带领与教育之下为肖教授的个人客户撰写了 6 个专利申请文件。

第二，在 1980 年从富兰克林皮尔斯法学院毕业之后，我加入了弗吉尼亚州克里斯特尔城的一家小型专利代理机构，成为其中的两名律师之一，我跟随着该代理机构中的专业从事专利申请文件撰写和审查处理的经验丰富的四个合伙人。这个经历使我有机会撰写许多原始专利申请（在我作为律师的前两年大约起草了 80 件）以及对许多其他专利申请（包括那些由我本人撰写的专利申请）进行申请过程的处理。该代理机构中的三名合伙人确实花时间来阅读每一页上的每个词并将其修改和编辑（有时用重色铅笔批改!），以达到如他们自己完成的工作成果的程度。服务于美国公司，不仅使我有机会与发明人以及公司内部专利顾问直接一起工作，而且我大约一半的工作是代表日本和欧洲公司进行的，这个经历使我深入了解了那时由日本专利专业人员撰写的美国专利申请。

第三，在 1987 年，富兰克林皮尔斯法学院设立了世界著名的知识产权硕士学位（M. I. P.）课程。这个课程是为了解决这样一个事实问题，即大量的美国专利申请正由在美国专利法方面只经过了极少训练或者根本没有经过训练的非美国专利专业人员们撰写。这是第一次有一所备受尊敬的美国法学院提供授予学位的课程给那些在美国没有经过法律教育，但通常具有技术背景并作为专利专业人员为非美国公司或专利代理所工作的专业人士。

M. I. P. 的参与者在富兰克林皮尔斯法学院学习一年高浓缩的知识产权课程。在法学院学习完结时，他们随后作为培训生在美国知识产权律师事务所或美国公司工作 1～3 个月。在 1987 年的 5 月，M. I. P. 课程的主管比尔·亨尼西（Bill Hennessey）教授（他在这个职位服务了近 20 年，并且在他的出色领导之下该课程取得了现在的声誉和排名）联系了我，询问我是否愿意在夏天招待和培训一些从中国来的 M. I. P. 毕业生，我立刻答应了。自那以后，在过去的 22 年里，我便有了每年培训 1～4 名 M. I. P. 毕业生的可贵机会（总计超过 50 位培训生），这些毕业生来自中国、日本、韩国、印度、越南、坦桑尼亚和墨西哥，他们回到自己的国家或地区继续担任或者获得专利代理所或公司的重要职务之前，我对他们进行上述培训。有那么一两个毕业生把他们的孩子也送来，我也培训过跟随他们的脚步到富兰克林皮尔斯法学院学习的这些孩子。

在 1994 年，由于我职业生涯的这些较早但持续进行的事件（除了我在我的律师事务所培训美国律师的经验外），那时院长罗伯特 M. 比莱斯（Robert M. Viles）联系了我，并问我是否愿意在 FPLC 开创并任教一个关于专利申请撰写的两学分制课程。当然，我立即答应了。然而，当我把课程放在一起时，我意识到如果采用传统培训模式的话，两学分制的法学院课程在时间上的限制是无法提供充足的培训机会的。在传统的培训模式中，基本上由一名老师带一名学生，老师（指导律师）详细检查学生（助理律师或代理人）的工作成果，从而学生从自己所犯的错误中以及与老师的互动中得以学习。最终（希望如此，但并非总能如愿），通过撰写众多专利申请（约 50 个）的反复试验和错误总结，助理律师能获得良好的技能组合，并能够在少许监督或不需要监督的情况下撰写高质量的专利申请。

为了使我的课程具有良好的培训效果，我认为每位学生需要在学期里撰写尽可能多的专利申请，并且我需要采用与在美国律师事务所的培训环境中所用的相同的检查标准。即对于每个专利申请的撰写文件，我要假设每个学生是在为我的一位客户撰写专利申请，并且我需要全面地标记和修改申请文件，使其成为最终稿状态。

考虑到这些质量和时间上的限制性条件，我决定最多接收七名学生并分配四个专利申请撰写作业，这样每个学生每个月撰写一个专利申请。为了适当平衡这些要求与学生们的课业负担，我要求学生三个星期撰写一个专利申请，而给我自己留一个星期来进行详细检查。此外，我们将每个学生完成"专利审查处理 1"（Patent Prosecution 1）课程确定为先修项目，该"专利审查处理 1"是由肖教授开设和讲授的专利权利要求撰写和审查处理基础课程。并且，在那时的第一年，我们限制了法律博士（J. D.）学生的参与人数。

当院长比莱斯宣布批准这个班级并且只允许招收七名学生时，我很高兴地看到超过 30 名二三年级的法律博士学生期望加入我的课程！我决定将加入人员限定在三年级学生中，因为二年级学生在来年还可以有一次加入机会。此外，我面试了大约 20 名三年级学生，以挑选出对成为专利律师具有浓厚兴趣的学生。除了在肖教授的"专利审查处理 1"课程中学习了专利申请撰写和专利审查处理的一些基础知识外，这些学生中没有人曾经撰写过美国专利申请。

这个课程每个月有四个小时面授时间。在第一次课程面授中，我把大多数时间花在讲授专利申请撰写的例行方法（Mechanics）的细节和实践环节上，大多在本书的第一章涉及。

当我开始审核在三个星期后收到的第一个专利申请作业时，通过诸多关键性的批改和示例性的评论（平均每个专利申请花 3～4 个小时），我观察到每个学生具有不同的技能水平，从不良到很好，在撰写专利申请作业的每个部分，每个学生表现出不同的方式和能力。例如，关于名称，一些学生写了很宽泛的名称，另一些则写了能准确描述发明、但范围最窄且非常长的名称，而有一两名学生恰好写出了能够表明较宽的发明构思的名称。类似地，关于专利申请的每个部分，我看到类似的情况，即一两名学生对某些法律的意义具有极好的理解力，而其他学生的理解力则从不良到优良，参差不齐。

随着我继续阅读和修改每一件专利申请，我突然想到如果我给每个学生一份他们所有同学的经过批改的专利申请文件，他们将会获得非常多的学习机会。以这种方法，并且结合在接下来的计划课程期间对各章节（Section）逐一详细复习，每个学生可以看到在撰写技巧（Draftsmanship）方面，什么是"优秀"，什么是"平庸"。使用这种方法，那些对具体章节有理解困难的学生现在可以看到正确的方法及隐含的基本原理。相反，那些展现了良好的撰写技能的学生能够观察到不正确的撰写手法，佐证了"通过观察错误来学习"这句谚语。

由于测试用案件就是我在职业生涯早期撰写并进行过申请处理的专利申请，我得以向班里的同学展示我撰写的真实专利申请的授权版本（包括原始权利要求）。在接下来的大概两堂课里，我使用申请过程历史档案来讨论第一次审查意见通知书和最终审查意见通知书时的修改实践。同一件测试用案件使得学生们能够在看到实际的申请过程历史档案之前起草相应的审查修改意见。本书的第二章涵盖了这些讲稿。

等到完成所有的四个案件时，我的学生们对专利申请撰写已是相当熟练了。我仔细挑选了这些案件来为大家介绍其他专利申请过程处理的专题和技巧，例如，审查员会晤（Examiner Interviews）、复审请求实务（Appeal Practice）乃至再审（Reexamination）和再颁发（Reissue）实务。由于这些都是我自己的真实案件，我也能够使用同样的"共享教育"经验来教授修改复审请求书的起草实务。

在最后一个学期中，我给他们上了后续的课程。在毕业前，所有的学生都能够找到工作成为专利律师。他们把自己的成功求职（部分）归功于他们在这些课程中所获得的专利申请撰写和申请处理经验。

在接下来的一年里，为了满足增长的需求，我聘请了另外几个富有经验的律师（包括我的三名合伙人），而专利申请处理课程扩大到允许 11 个不同学科（Sections）中的约 70 名学生加入。我们能够根据特定的技术为每个领域定制课程。以这种方式，具有电子工程背景的学生能够接触 EE 案件，而受过生物工程学教育的学生能够接触生物技术案件等，因此这些学生能最大限度地获取教育经验。

在第二年和接下来的学年里，我们也给国外的 M. I. P. 学生提供了上述课程，这些学生中的许多人在休假参加 M. I. P. 课程之前都是专利工程师。尽管一些学生的写作技能不太强，他们仍学到了合适的专利申请撰写方法，这使得他们之后能够批判性地复核由专利代理人或专利律师撰写的专利申请，这样他们的公司将了解到得到一份撰写很好的高质量的专利申请的好处。

在接下来的一些年里，基于我的专利申请和专利申请过程处理课程（Patent Application and Patent Prosecution，PAPPS）以及在富兰克林皮尔斯法学院的教学经验，我开设了一门叫作专利申请撰写和审查处理策略（Patent Application Drafting and Infringement Avoidance Strategies，PADIAS）的课程。近来，我与我的合伙人咸允（Yoon Ham）和兰迪·诺兰布罗克（Randy Noranbrock）在中国台湾地区教授了大约 40 名专利工程师。PADIAS 课程包括 25 节，每节两小时的课程，这些课程都是基于 PAPPS 课程所用的讲稿和实例，并加以更新来反映最新的案例和实践变化。PADIAS 课程非常成功，在中国台湾地区的台北和新竹以及日本和韩国我们都重复开设了这门课程。

写作本书有两个目的：第一是供参加 PADIAS 课程的学生用作教科书；第二是供希望学习如何撰写高质量的专利申请的学生用作资料。为了这两个目的，每一章都是根据 PADIAS 课程的真实讲稿编写的。这一版（第一版）的附件包含来自 PAPPS 课程的由我编写的实际案例学习所用的公开发明。对于那些希望以受指导的方式实时体验专利申请撰写的读者而言，我邀请你撰写这些案例学习用专利申请中的一个。然后，请联系我来获悉如何得到经验丰富的 PADIAS 教员的详细审阅和书面反馈，不仅是针对你自己撰写的申请，还包括其他至少五名希望得到同样的教学体验的人员所撰写的申请。

这本书主要是为那些在美国以外的国家和地区生活和工作，但负责在美国提交的专利申请的撰写或审查的专利工程师和专利管理者们所写的。我在写这本书时设想的是英语为大部分读者的第二语言。因此，这本书并不是用来教育读者如何书写较好的英语句型的，而是告诉读者如何批判性审阅由第三方为你的公司所撰写的英文专利申请。一旦你读了这本书并掌握了技巧，你应该能够确定专利申请是否以适当的方式充分描述了发明并主张了权利。

我并不想第一版成为那种包含体现专利申请撰写和申请过程处理中的每个法律原则的、细节详尽的、包罗万象的法律专著。例如，本书对马库什权利要求、装置加功能权利要求等给予了充分的考虑，以使读者清楚了解与这些权利要求相关的宽泛概念和法律意义，但是并不包括与这些权利要求有关的所有细微差别之处。在必要的地方，我让读者参阅其他包含这些主题的、有更深入研究的专著。

由于这是一本实用手册，首先我将解释基本的法律原则，然后提供启发性的方法来掌握各个主题。接着，我会用基于附件中的公开发明之一形成的具体例子进行要点说明。这样，读者应该能够很快将这些要点说明应用到他们的实务中。

最后，我想感谢我的一位同事黎建（Kien T. Le）先生的帮助。如果没有他的帮助，这本书就无法完成。黎建先生在 2000 年于富兰克林皮尔斯法学院获得知识产权法律硕士学位之前，先后在越南和苏联完成了他在电子工程技术（在越南获得 B. S. E. E. 和在苏联获得 M. S. E. E.）上的技术训练。他以前在河内一家有名的知识产权公司工作。之后他在我的事务所参加了培训。我那时对他展现的能力印象颇深，因此他一完成培训我就雇用了他，并且对他的工作从未有过任何失望。

本杰明·皓普曼
美国皓咸律师事务所高级合伙人

# 目　　录

# 第一章
# 美国专利申请的撰写

## 第一节　入门——权利要求的撰写

### 一、从准备专利附图和撰写权利要求开始

大部分人都是视觉型学习者。为了正确地理解发明，作者建议自己的助手和学生们首先准备一张或者多张能够阐明此发明主要特征的附图，以便于理解各种功能和作用。同时，作者还建议撰写一个宽的独立权利要求，而这个权利要求中的元素在附图中都有适当的描绘。以上两个步骤使得专利撰写人员能够针对第一个独立权利要求中所记载的宽的特征来建立一个视觉"参考点"，以及建立一个识别和主张附加权利要求特征的框架。

要想使得专利权利要求（用来定义发明）在美国具有可专利性，该要求保护的发明必须是新的（《美国专利法》第 102 条新颖性）、对于本领域普通技术人员而言是非显而易见的（《美国专利法》第 103 条创造性）、有用的（《美国专利法》第 101 条实用性），以及必须在专利申请中进行充分的描述以使得人们能够在不进行过度实验的情况下实践该发明（《美国专利法》第 112 条）。❶

大多数发明都用已知的元素或者结构加上至少一个与已知元素相关联的元素以不同的或者新的方式来描述其特征，以非显而易见的方式解决本领域中的技术问题。这种新的和非显而易见的关联关系通常被认为是新颖性点或者是可

---

❶　当讨论的话题涉及美国发明法案（AIA）引入的变化时，使用"AIA"或者"pre-AIA"来标识本书中的《美国专利法》条款。如非如此，为了简单起见，省略"AIA"和"pre-AIA"这样的标识。

专利性的明显的限制条件。

以下是在准备撰写专利权利要求时需要考虑的一些重点。

（1）考虑与现有技术的区别能否根据与一个或多个物理元素之间的关联而获得，以及与现有技术的区别到底是什么？

（2）尝试确定是否也可以基于发明的使用方式来描述该发明的特征。换而言之，即便可以将专利权利要求通过一系列具有特定位置和布局的物理元素记载而成，是否可以通过记载被认为新颖并且非显而易见的要实现的功能结果来宽泛地描述该布局的特征呢？

（3）在概念层次和物理层次上考虑发明。换而言之，辨别主体概念以及次要概念。主体概念是对发明元素如何通过一种新的且非显而易见的方式设置，或者如何通过这种设置带来的新功能结果来进行安排的宽泛的特征描述，并且这种宽泛的特征描述可以类比成一个高层次概念图形（例如概述图）。次要概念类似于详细的图形（例如工程图），在其中可以确定更多的精确新颖的布置或者发明的特征。主体概念通常在独立权利要求中进行表述，而次要概念则在从属权利要求中进行表述。作者将在后面讨论权利要求树时再对此进行讨论。

1. 第一独立权利要求的撰写（包含至少一个新颖性点）

第一个独立权利要求应当抓住发明的本质，而且要在现有技术允许的情况下，范围尽可能的宽。基于在申请准备期间的发明人观点和已知现有技术，第一独立权利要求应当包含至少一个新颖性点。第一（或任何）独立权利要求还必须记载足够数量的元素，这些元素共同形成发明以解决工业生产中的一个问题。专利说明书中对发明的详细描述必须提供实施方式说明这些元素是如何布置的，以及是如何以权利要求保护的方式进行配合的。下面作者将对此进行更加详细的讨论。

以下给出了一个没有抓住发明本质的权利要求的示例。该示例和本书中的许多其他示例都是基于附录 1 中的示例性的发明公开和附图（以下称为"围嘴披露"或者"围嘴发明"）。围嘴发明是一个简单的发明，其中沿着围嘴的袖套设置了可松解的扣件，从而使得围嘴能够快速地穿在小孩身上或者从小孩身上脱掉，如图 1 - 1 所示。

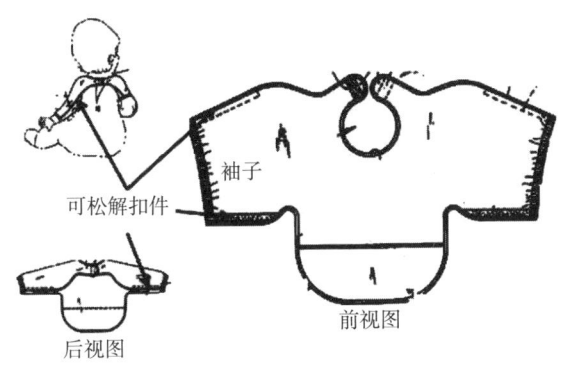

袖子

可松解扣件

后视图

前视图

**图 1-1 围嘴发明图**

我们来考虑下面的权利要求：

1. 一种围嘴，包括：

（a）用于覆盖胸部区域的部分；

（b）用于在颈背处打开和闭合的部分；以及

（c）用于覆盖手臂的部分。

该权利要求没有抓住围嘴发明的本质，即袖套上的可松解扣件。该权利要求中的（b）指向了颈背上的扣件，而非袖套上的扣件。权利要求（c）中指向了袖套，但是却没有限定可松解的扣件。我们要尽量避免这样的独立权利要求，因为这样的权利要求没有提供申请人想要得到的预期保护范围。

---

**测验 1**

为围嘴发明撰写一个独立权利要求。（本书的"测验答案"给出了由非美国专利代理人撰写的独立权利要求的良好示例。）

---

2. 第一独立权利要求的扩展

在写完第一个独立权利要求之后，作者接下来就会对所写的内容进行检查，权利要求中的每个元素都要逐字逐句进行检查。在检查过程中，作者经常发现自己通过给某些特征标上括号（删除）来使权利要求变得更宽，而这些特征对于为了限定该独立权利要求指向的新颖性点而言并不是必需的。

除了将一个或者多个非必需的限定从独立权利要求中移除，作者还以对权利要求元素之间的结构互连进行定义的方式进行检查。例如，在开始撰写权利要求的时候，作者要求权利要求的元素 A 和 B 可枢转地连接在一起，而在"扩展检查"的过程中，作者会问自己，这个可枢转的连接限制对于将发明限定在最宽的专利保护而言是否是必需的。如果这个限制不是必需的，那么作者会用一个更宽的或者更泛泛的描述来替代可枢转的连接，例如，连接或者可移动地连接。

通过扩展检查过程，作者就建立了一个更加详细的结构特征和互连的列表，而这些结构特征和互连将可以被一个或多个从属权利要求记载。通过这种方式，可以建立一系列的从属权利要求。在本章节的后续部分，作者将会说明如何准备一个权利要求树。权利要求树的好处在于使得专利撰写人员能够轻易地将权利要求之间的从属关系形象化，确保所有想要的特征都被包括在权利要求中，并且能够实现对重要的发明特征的优先排序。

---

**测验 2**

你能够从下面的独立权利要求中找出一个或多个应该被移除的特征吗？（由非美国专利代理人撰写）

1. 一种人体的长袖围嘴，其包括：

主体部分，所述主体部分用于覆盖人体的胸部区域；

一对带子，所述一对带子从所述主体部分的相反侧延伸以限定颈部；

一对长袖，所述一对长袖从主体部分延伸至袖口，以包裹人体的手臂；

其中第一钩状固定件设置在所述一对带子中的一个带子的端部，第一环状固定件设置在所述另一带子的端部，所述第一环状固定件附接至所述第一钩状固定件或者从所述第一钩状固定件分离；

其中第二钩状固定件设置在所述一对长袖的每个长袖的前边缘部分或者后边缘部分，第二环状固定件设置在所述另一边缘部分，所述第二环状固定件附接至所述第二钩状固定件或者从所述第二钩状固定件分离。

---

3. 其他独立权利要求的撰写

（1）涵盖多个新颖性点。

在撰写完第一独立权利要求，涵盖了可能最重要的或者是仅有的创造性特征或者概念之后，需要考虑该发明实际上是否包括不止一个新颖点。如果存在其他的新颖性点，则要考虑撰写额外的独立权利要求，以单独地逐个涵盖这些额外的新颖点。

（2）涵盖不同法定种类的发明或者权利要求类型。

同样地，你还应该确定一些法定种类的发明是否可以被要求权利保护，从而也在专利申请中公开。例如，如果主要的发明是一种装置或者产品，那么你还应该针对使用这种装置或产品的方法、组合、子组合、套件、制造工件、制造方法、客户端设备/方法、服务端设备/方法等的可专利性进行考量，并且考虑是否需要包含一些相应的权利要求。由于你会将撰写完成的权利要求书当作撰写余下部分的专利申请模板，因此你必定能够使撰写的申请确保实现并使书面的文字描述变成所有可能的可要求保护的发明专利。

对于每一种权利要求，都应该考虑谁会直接侵犯其权利，以及潜在的使用许可费。通常来说，作者强烈建议至少要提出装置及其使用方法的权利要求。当然，也可以提出制造方法的权利要求。在一些情况下，如果新颖性点存在于更大的一个设备中的一个部件中，例如，存在于一个子系统中，那么专利申请中还应当包括该子系统的权利要求。

还应该使用各种权利要求撰写技巧以确保直接的侵权人是供应商、进口商或者代理商，而非终端用户或者零售客户（通常只购买单个侵权产品的人）。例如，在软件领域，使用"从存储器提供读取信息"来替代"从存储器读取信息"可以更好地将直接侵权人从终端用户转至供应商。❶ 换句话说，应当考虑增加一个或多个权利要求作为单独的权利要求组，从而实现"侵权转移"。

---

**测验 3**
你可以辨别围嘴发明（BIB 发明）中的多种独立权利要求的类型吗？

---

4. 关于限制要求（Restriction Requirements）

如果一个专利申请包括指向可专利性的不同发明（即不相关的新颖性点，不同法定种类的发明）的权利要求，那么审查员很可能会发出限制要求（此处讨论《美国专利法》第 112 条）。为了避免这个限制，就必须仅仅选择指向单个可专利性发明的一组权利要求来进行审查。

而为了保护那些没有被选择的权利要求，你可以在先前提交的包括这些权利要求的申请授权或者放弃专利权之前提交另外的分案申请。对于申请的未决状态的延长以及可能的后续权利要求的撰写而言，分案申请和继续申请（Continuation Application）都是很好的方法。竞争对手的产品可能会对这些后续的

---

❶　"从存储器读取信息"是使用者的行为，而"从存储器提供读取信息"是存储器本身的功能。——编者注

权利要求形成字面侵权，而如果没有这些后续的权利要求，竞争对手的产品则会规避对原始专利的权利要求的字面侵权。

5. 引入附加的图

当作者开始限定附加的发明特征以及其他法定种类的发明时，就可以增加附加的图，用来对从属权利要求以及其他独立权利要求中记载的这些特征进行适当的图示说明。这些附图是非常重要的，因为《美国专利条例法则》第83（a）要求每一个权利要求的元素都必须出现在附图中。如果一个权利要求特征没有在附图中出现，那么就必须将这个特征从权利要求中删除，或者对附图进行修改以示出该特征。然而，由于禁止增加新内容（New Matter）的规定，在专利申请递交以后，想要对附图作出修改是非常困难或者是不可能的。出于此原因，作者建议提供尽可能多的附图，从而确保所主张的所有想要的发明特征至少在一幅附图中示出。更重要的是，包含许多附图可为增加一些之前未主张的特征留有余地，从而可以克服在审查期间基于某个现有技术导致的拒绝授权的问题。

（1）附图的不同类型。

在专利申请中可以使用很多不同类型的附图，在此我们进行详细的讨论。应该注意到的是，目前对于机械类或者电子机械类的案例而言，普遍使用的是透视图、平面图（顶部、底部、左侧正视图、右侧正视图）、剖视图（在之前的一个附图中沿着可识别的剖面线剖开）以及顺序操作视图，这些视图能够帮助识别发明实施操作期间在具体相互作用上的变化。如果你打算要求保护一种制造方法，或者要求使用一种产品或发明，那么附图中还应当包括过程图、原理图、流程图等。

（2）比例图。

这是一个非常有意思的话题。

一般而言，即便确实是比例图，大部分专利附图都不会被当作比例图。在作者看来这是一个非常大的错误。事实上，如果你所使用的附图说明是一个比例图（例如工程图），建议你就把它当成一个比例图。例如，如果图1是一个比例图，建议在申请的附图说明中使用以下的语句：

"图1是沿着图X（X > 1）剖面线1 – 1剖开的本发明的某实施例的剖视图的比例图示。"

这样做有两个理由。第一，由于撰写人在撰写申请的时候可能没有完全认识到发明的一些其他特征的重要性，而事实上，为了区别于现有技术，很有必要主张这些特征的权利，因此这种做法可能为这些特征的权利主张提供了基础。通过将附图当成比例图，可以在不引入新内容的情况下，将两个或多个权利要求特征之间的特定比例或尺寸关系引入权利要求和具体说明书中。第二，这样做可以给后续由第三方（例如竞争者）提交的类似的发明或改进的专利申请制造更加强有力的现有技术障碍。换句话说，如果现有技术的图示没有被当作比例图示，那么专利审查员就不可以依靠该现有技术的附图来揭示其中的部件之间特定的比例或者尺寸关系。

6. 关于权利要求特征和其在说明书中的支持

在美国，权利要求特征必须完全得到提交的说明书的支持（无论是直接的还是间接的）。直接的支持可以从申请文件中找到，包括原始提出的权利要求。对于直接支持的存在，应当有对所讨论的权利要求特征的充分和可实现的书面描述和说明。否则，在审查期间，当你试图主张一个发明特征的权利，而该特征又没有在原始提交的申请中被主张或被完全公开时，审查员就会发出本申请增加了新内容的反对意见，以防止没有明确公开的主题的加入。基于这个原因，在撰写原始专利申请时，提供尽可能多的可实现的公开内容和书面描述是非常重要的，因为这些公开内容和书面描述为后续的发明特征获得授权成为可能留有余地，而在申请准备时又没有完全认识到这些特征的重要性。

7. 什么是新内容

对于本书读者来说，正确理解禁止增加新内容的含义是非常重要的。简单来说，新内容是指在申请递交日之后添加到专利申请中的任何事物（词组或附加图细节形式的插图）。像这样的修改是不允许的，负责审理申请的美国专利审查员也不会接受这种修改。

这就是为什么在开始撰写申请时注重细节是极其重要的，因此你就必须充分并且准确地认识到发明的所有必要特征。从准备附图和撰写权利要求开始，你就能够更加准确地辨别出发明中所有值得主张权利的特征。然后在撰写详细的说明书时，你就可以将完成的权利要求组当作核对清单来使用，以确保主张的发明的全部方面都是可行的并且都进行了适当的描述。

然而，在两种情况下将附加的词组或者图示说明引入专利申请中并不会构成新的内容。这两种情况都是基于原始提交的说明书中的间接支持的内容。

第一种情况是为了改正说明书或者附图中显而易见的错误。为了满足"显而易见的错误"（Obvious Error）这一条件，首先，在浏览了所提交的原始申请后，该错误的性质对于本领域的普通技术人员（Person Having Ordinary Skills In The Art，PHOSITA）来说必须是显而易见的。其次，为了避免该显而易见的错误而做出的准确修正（即原始申请公开内容的改变）对于本领域普通技术人员来说也必须是显而易见的。

第二种情况涉及增加额外的书面公开内容或者附图以符合《美国专利法》

第112条第1段对于新主张特征的书面描述要求。在这种情况下，用"显而易见的错误/显而易见的修正"的条件来克服被认为是增加新内容的审查意见是不够的，因为与使得缺失的主题显而易见所要求的公开内容相比，书面描述要求在这种情况下提供更多的公开内容。换而言之，发明人必须在原始提交的申请文件的基础上证明他已经"占有"了所主张的发明。为了证明"占有"，作者极力建议在说明书中包括尽可能多的可识别特征，例如，整体结构、部分结构、功能特征，或者功能与部分结构之间的已知或公开的相互关系。

8. 撰写一组权利要求来保护商业化的产品/工艺

权利要求撰写的目的之一是防止竞争对手抄袭本公司所发明的并且正在批量销售或使用的产品或者工艺，因此作者建议至少应当包括一个能够直接反映该产品或者工艺的独立权利要求。如果能够包括由"更窄的"独立权利要求和若干从属权利要求组成的权利要求组就更好了。这是一个很好的方法，因为一组较窄的权利要求会在不需要进行修改的情况下增加其在第一次审查意见时就获得批准的可能性。这种未经过修改的授权权利要求实际上要比较宽的权利要求在审查期间经过修改缩小至前述没有经过修改的权利要求的保护范围后更宽，因为这些经过修改的权利要求都会经过字面侵权和等同侵权原则的复查。这是美国联邦最高法院一个裁决❶的结果，即当权利要求的元素被修改成从字面范围上判定不再侵权时，该权利要求不再受到等同侵权原则的保护（某些情况除外）。

上文测验2中的权利要求示例实际上是一个很好的"理想的"（Picture）权利要求，其覆盖了该商业化的产品。但是，该权利要求相对较窄，所以申请中不应该仅包含一个针对围嘴的独立权利要求（除非使用下述要讨论的申请策略，接着提交一个更宽的继续申请）。

9. 考虑提交具有窄范围的权利要求组的初步申请

通过准备一组完整的权利要求（包括所有从宽到窄的可专利的特征并且还包括发明的所有法定类别）来开始申请的撰写是非常重要的，这样可以确保所撰写的申请为所有可能的权利要求提供了实现方式和文字描述。尽管出于此目的，但是在初步申请的时候采用范围较窄的权利要求组还有某些好处。由于费斯托（Festo）案❷的原因，确定专利的保护范围而不对权利要求做任何的修改或抗辩，从而排除对等同侵权原则的依赖，是非常值得的。

---

❶ Festo Corp. v. Shoketsu Kinzoku Kogyo Kabushiki Co., Ltd., 535 U. S. 722（2002）（"Festo"）.

❷ Festo Corp. v. Shoketsu Kinzoku Kogyo Kabushiki Co., Ltd., 535 U. S. 722, 122 S. Ct. 1831, 62 U. S. P. Q. 2d 1705（2002）. 该案的决定在本书第三章中会具体讨论。

为了将在第一次审查意见时就获得批准的可能性最大化，提交具有窄范围权利要求组的申请是有其优势的。尽管审查员只有义务对所提出的权利要求进行审查，但是《专利审查程序手册》（MPEP）会要求审查员对所有创造性特征进行检索。❶ 这意味着审查员将会为你提供一份非常全面的相关现有技术专利的清单。基于审查员的检索结果，你就能够引入一些范围更宽的权利要求（在答复第一次审查意见时如果所有权利要求都没有获得批准，或者通过提交一个保护范围更宽的继续申请或者通过再颁专利程序加宽保护范围）。

重要的是，这个策略让你能够与审查员对潜在更宽的权利要求进行讨论。

我们可以用纸牌游戏（扑克）来做一个类比（想象成七张牌组合）！很显然，如果你是一个扑克玩家，你就会想要知道对手手上的牌是否比你手上的牌好。你就会通过观察所有对手的"人头牌"和他们在出牌和下注或者跟注时候的面部表情来确定。类比来讲，当你看到审查员的检索结果，或者查看审查员针对各种权利要求的拒绝或者批准理由，或者跟审查员进行讨论时，你就会开始站在审查员的角度去思考，从而更好地理解他们对于关于能够获得专利权的主题的观点。

通过在原始申请的时候提交较窄的权利要求，然后等待第一次审查意见，最终的结果可能意味着在答复第一次审查意见和/或讨论时所提出的更宽的权利要求经过稍微的修改或者不需要经过修改就可以被批准！

假设后续能够像所讨论的那样提交一个更宽的继续申请，那么上文测验2中的权利要求示例可以作为这种申请策略的一个很好的权利要求。

10. 尝试主张所有公开的发明/实施例的权利，避免将发明和有创造性的实施例或特征奉献给公众

（1）从属权利要求的使用。

在美国，专利申请中任何被公开但是没有要求保护的发明主题都会被认为奉献给公众。❷ 因此，主张所有被公开的发明特征和实施例的权利是非常重要的。我们可以通过增加从属权利要求来主张每一个特征的权利。另外不要忘记在附图中提供相应的支持。

在上述围嘴发明的示例中，我们假设申请文件中描述了袖套固定件的两个实施例，即钩状固定件和环状固定件，以及可松解的胶带。然而，正如上述测验2中的独立权利要求，其仅仅指向了钩状固定件和环状固定件。如果该专利获得授权，那么其中被公开但是没有主张其权利的"可松解的胶带"的实施

---

❶ MPEP, section 904.

❷ Johnson & Johnston Associates v. R. E. Serv. Co., 285 F. 3d 1046 (Fed. Cir. 2002).

例就很有可能被认为奉献给公众，而专利权人就无法阻止针对这个实施例的销售或制造行为。

为了避免这种情况，作者建议将发明人的所有公开内容都放进说明书中，并且主张所有公开实施例的权利。你可以用 20 个权利要求来完成这个任务。如果 20 个权利要求还不够（对于复杂的发明而言），那么就增加更多的权利要求（需要支付美国专利商标局权利要求附加费）或者记得提交一个继续申请，来对已经公开但是没有主张权利的实施例继续进行权利主张。这种策略应该还可以避免与发明人的争端，或者避免由于在申请中没有包括发明人的重要公开信息并且也没有对其要求保护而可能发生的失职问题。

（2）装置加功能性（Means Plus Function）元素的使用。

对相应的结构或者动作的很多实施例要求保护的另外一种方法是：在一些但不是全部权利要求中使用装置加功能性元素。装置加功能性元素或者限定被解释为在字面上覆盖申请文件中描述的相应的结构、材料或者动作及其等同方式。❶ 在说明书中提供的示例越多（这些示例不必都在附图中示出），装置加功能性限定的范围就越大。如果某一特定的被控侵权结构或动作不是所描述示例中的一个，那么专利权人就必须通过说明被指控结构是结构上的等同方式来证明对该装置加功能性元素的侵权。

需要重点注意的是，只有在实施该要求保护的功能或动作的相应结构、材料或动作的至少一个示例的书面描述中有具体描述的情况下，才可以使用装置加功能性元素。否则根据 35 U. S. C 112 第 1 段和/或第 2 段，该装置加功能性权利要求因为得不到支持、不可行和/或不清楚等原因而被驳回或无效。

装置加功能性元素的字面侵权仅会在一种情况下发生，即被指控结构的等同方式在提交申请时是已知的。如果该被指控结构的等同方式是此后出现的技术的结果，那么就必须在等同侵权原则下对侵权进行证明，该等同侵权原则不覆盖先前的技术。在此，我们将对这个话题进行更加详细的讨论。

为了能够适用 35 U. S. C 112 第 6 段（以下称为 112p6），权利要求元素应当记载用于实现某种"特定功能或动作"的"装置"或"步骤"语句。但是，即使权利要求元素没有使用"装置加功能性"语句，也还是有可能落入 112p6 涉及的范围，理解这一点非常重要。

如果在权利要求的表达中记载了"装置"一词，那么就存在一个可予反驳的推定，即 112p6 适用于此。但是，如果记载了充分的结构或是没有记载功能，那么对这个推定就可进行反驳。

---

❶ 35 U. S. C. 112，第 6 段。该条款在 AIA 法案下重新编号为 112（f），没有太大变化。

相反，如果没有在权利要求的表达中记载"装置"一词，那么就存在一个可予反驳的推定，即 112p6 不适用于此。但是，如果权利要求的表述完全是功能性的，而该表述在本领域中又没有很好理解的含义，并且该表述不含有执行该功能的充分结构，那么就可以对这个推定进行反驳。❶

法院的判决涵盖了上述提到的所有可能性：

A. 符合 112p6 条款的具有"装置"的表达。

　　示例："用于将零件 A 紧固至零件 B 的装置"。

在这个实例中，美国联邦巡回上诉法院认为该权利要求的表述不能适用装置加功能性限定的保护，因为"内部钢挡板"是能够实现增加壳体承重能力功能的特定结构。

B. 不符合 112p6 条款的具有"装置"的表达。

　　示例 1：

"在壳体内部进行处理来增加壳体承重能力的装置，包括内部钢挡板从钢壳壁向内延伸"。❷

在这个实例中，如果单独使用"在壳体内部进行处理来增加壳体承重能力的装置"，则会变成装置加功能性限定语句。

　　示例 2：

"用于拆除的穿孔装置"。

在这个示例中，该权利要求不适用 112p6 条款。因为该权利要求描述了支持该拆除功能的结构（"穿孔"）。❸ ["装置"权利要求的撰写提示：尽管并不是绝对必要的，但是尽量使用"装置"（Means）这个词本身而不加修饰（例如"穿孔"）。]

　　示例 3：

"所述每个锚固件包括：

锚固装置，所述锚固装置将所述锚固件固定至所述骨段；和

锚座装置，所述锚座装置具有可操作地连接至所述骨段的较低的骨接口，以及与所述骨接口隔开的锚座部分，所述锚座部分包括接纳所述杆的槽道。"

---

❶　Apex Inc v. Raritan Computer Inc. , 325 F. 3d 1364 (Fed. Cir. 2003).

❷　Phillips v. AWH Corp. , 415 F. 3d 1303 (Fed. Cir. 2005).

❸　Cole v. Kimberly - Clark Corp. , 102 F. 3d 524 (Fed. Cir. 1996).

在这个实例中，"锚固装置"是一个装置加功能性的限定。❶ 但是，"锚座装置"就不适用功能性限制的规定，因为权利要求的语言充分体现了结构化。❷

示例 4：

"形成在向上延伸的衬管侧壁部分上的装置，包括多个间隔开的、垂直延伸的脊状件，所述脊状件从所述衬管侧壁部分突出，并且在将所述相邻的脊状件分开的间隙中形成装载锁闭。"

在这个实例中，该表述不是功能性限定语言，因为根本没有记载任何功能。❸

C. 符合装置加功能性限定条款但不具有"装置"的表达。

示例 1：

"用于移动杠杆的杠杆移动元件。"

在 Mas - Hamilton Group 案例❹中，该表述被认为是装置加功能性限定，因为其是纯功能性的描述。"杠杆移动元件"这个术语在本领域中并没有一个合理的可被理解的解释，并且也没有记载任何的结构。

示例 2：

在 MIT 案❺中，"用于接收所述改进的形貌信号并且用于选择相应的再现信号的引用颜色和选择机制，所述再现信号表示比色泄露匹配中将在所述介质中将产生的所述再现着色料的值"。

法院认为这种表述是装置加功能性限定，因为所述机制没有充分地解释确切的结构，对机制进行改进的颜色和选择也没有在说明书中进行定义并且也没有词典释义，同时没有任何证据表明其在本领域中具有一般的可以理解的含义。

应该注意到，美国专利商标局现在倾向于将许多权利要求的措辞解释为装置加功能性限定，即使在权利要求中并没有使用"用于……的装置"的格式。大多数经常遇到的例子包括"配置成［执行某种操作］的单元"和"配置成［执行某种操作］的模块"，尤其是在与计算机有关的电子以及通信案例中。

---

❶ 与示例 2 不同，修饰语 "锚固" 并没有描述实现锚固功能的结构。

❷ Cross Med. Prods. , Inc. v. Medtronic Sofamor Danek, Inc. , 424 F. 3d 1293 （Fed. Cir. 2005）.

❸ York Prods. , Inc. v. Central Tractor Farm & Family Center, 99 F. 3d 1569 （Fed. Cir. 1996）.

❹ Mas - Hamilton Group v. LaGARD - 156 F. 3d 1206 （Fed. Cir. 1998）.

❺ Massachusetts Institute of Technology and Electronics for Imaging, Inc. v . Abacus Software, 462 F. 3d 1344, 1351, 80 USPQ2d 1225, 1229 （Fed. Cir. 2006）.

在大部分案件中，尽管美国专利商标局将这种措辞解释成装置加功能性限定的基本原理是值得商榷的，但是在实际操作中很难排除这种解释。因此，在案件的撰写阶段就应该很小心，要为所有的元件提供充分的结构描述，即使这些元件在本领域中是众所周知的。

例如，为了使得"显示器"或"显示单元"在权利要求中得到支持，那么就需要并且也推荐提供各种类型显示器的描述，例如，LCD、OLED、等离子、CRT，等等。为了使得"控制器"或"控制单元"以及其他计算机相关元素得到支持，可以使用以下的示例性描述。

　　　　根据一个或多个实施例，所述存储器包括计算机可读记录/存储介质，如随机存取存储器（RAM）、只读存储器（ROM）、闪存存储器、光盘、磁盘、固态盘，等等。根据一个或多个实施例，所述控制器由编程为用于执行本文所描述的一个或多个操作和/或功能的微处理器来执行。根据一个或多个实施例，所述控制器整个或部分地由专门配置的硬件来执行［例如，由一个或多个专用集成电路或ASIC（s）来执行］。

应该注意，在与计算机相关的电子以及通信案例中，公开一个或多个用于所述"控制器"或"控制单元"等的算法（Algorithms）是非常重要的。对于这些算法而言，可以仅用文字描述来对其进行说明，但是最好通过流程图或者时间表等来进行描述和说明。原因在于，如果没有对算法进行描述，那么计算机相关的权利要求就可能会被解释成装置加功能性限定的权利要求，并且可能以不清楚而被驳回（即使申请人不打算将该权利要求解释成装置加功能性限定）。❶

如上所述，装置加功能性限定的权利要求是有用的，因为它是能显示出对所有公开发明要求保护的努力的最好方法之一。装置加功能性限定的另外一个好处是能够对遍及多种技术的可选方案要求保护。例如，假设公开了一种可拆卸的连接附件，其可以通过黏附连接、静电连接、磁力连接、机械连接等实现效果。你会发现很难找到一个单个的结构性词汇来覆盖所有列举的方法。但是，用"可拆卸的连接装置"结合适当的公开内容就可以很好地进行概括描述。

尽管有用，但是需要注意的是不应该在所有的权利要求中都使用装置加功能性限定，因为如果这样的话，权利要求就会局限于说明书中所记载的相应的结构、材料或者动作及其等价方式。装置权利要求通常都比非装置权利要求保

---

❶　参见 In re Katz, 639 F.3d 1303（Fed. Cir. Jan. 20, 2011）。方法权利要求由于不清楚而被认定无效，因为在说明书中公开的唯一相关的对应结构是一个通用目的的计算机，并且说明书没公开该通用目的计算机如何运行所记载功能的算法。

护范围窄。这是因为装置加功能性限定的等同方式确定于专利授权时，所以包含旧的或已知的技术，而不包含在专利授权后，以及在宣称侵权的时间或其前后产生的技术。而基于等同侵权原则，这些后来产生的技术要作为等同方式被保护范围涵盖。

在撰写权利要求以及具体的说明书时，优选能够使用本领域普通技术人员众所周知的术语。如果某一特定的术语没有众所周知的含义，又或者是具有多个含义，那么对于重点术语要在说明书中进行定义。尽管可以使用字典来定义权利要求的术语，但是法院还是最有可能依靠说明书来解释权利要求的术语。所以，如果你没有给词语一个你想要的定义，那么法院或者审查员就可能会给它一个你不想要的定义。值得注意的是，成功的诉讼往往取决于一个或多个词语的定义。

另外，在权利要求中使用的所有限定在该权利要求或者先前的权利要求中都要能够找到引用基础，这一点非常重要。这样就可以避免基于 35 U. S. C 112 第 2 段❶的驳回。之所以如此重要，原因在于克服 35 U. S. C 112 第 2 段而进行的修改会引发对于费斯托（Festo）案的适用，并且导致在修改后的权利要求不会产生字面侵权的情况下，等同侵权原则在案件中却无法使用。

为了确保权利要求间都能够有正确的引用基础，一个简单的方法就是首次引入一个术语时采用"a""an"或者它们的复数形式（以"s"结尾）。例如，在下面的权利要求 1 中，可以这样来引入词语"主体"：

示例：1. A bib, comprising a main body and a sleeve.

在随后对该词语的引用中，就可以使用"the"或者"said"。例如，权利要求 1 的从属权利要求 2 可以写成下面的形式：

示例：2. The bib of claim 1, wherein the main body includes a pocket.

---

**测验 4**

你能够发现以下权利要求中的缺乏引用基础的问题吗？（由非美国专利代理人撰写）

    1. 一种婴儿围嘴，包括：

袖套；以及

扣件，所述袖套可以利用所述扣件进行打开或者闭合，扣件用于保持所述袖套包裹围绕婴儿的手臂。

---

❶ 这部分在 AIA 法案下重新编号，没有大的变化。

> 2. 根据权利要求 1 所述的婴儿围嘴，其中，
>
> 所述扣件的第一块位于所述袖套的所述顶部边缘，并且所述扣件的第二块位于所述袖套的所述底部边缘。
>
> （1. A baby bib comprising：
>
> a sleeve；and
>
> a fastener with which the sleeve can be opened or closed，for keeping the sleeve wrapped around a baby's arm.
>
> 2. The baby bib of claim 1，wherein
>
> a first piece of the fastener is on the top edge of the sleeves and a second piece of the fastener is on the bottom edge of the sleeves. ）

所有限定要在说明书中找到引用基础，这一点也是非常重要的。这样可以避免基于 35 U. S. C 112 第 1 段❶的驳回，同时也可以避免审查员对说明书提出的异议。一种简单的方法就是在说明书中包括一段，在该段中重复权利要求（为权利要求提供引用基础）并且添加参考标号（为权利要求的词语和附图提供简单的参考）。一些撰写者还在这部分中加入对相关实施方式的优点的简要说明。这样的段落可以在说明书结尾处最后一段之前提供。

例如，为了给上述测验 4 中的权利要求 1～2 提供引用基础，可以在说明书中添加如下的一段：

> 根据第一方面，婴儿围嘴 100 包括袖套 102 和扣件 104，利用所述扣件 104，所述袖套 102 可以被打开或者闭合，用于保持所述袖套 102 包裹围绕婴儿的手臂 106。因此，在一些实施例中，看护者可以很容易地将所述围嘴给所述婴儿戴上或者脱下。
>
> 根据第二方面，所述扣件 104 的第一块 122 位于所述袖套 102 的所述顶部边缘 124 上，并且所述扣件 104 的第二块 126 位于所述袖套 102 的所述底部边缘 128 上。因此，在一些实施例中，当所述袖套 102 包裹围绕在所述婴儿的手臂 106 时，所述顶部边缘 124 被放置在所述袖套 102 的所述底部边缘 128 之上。所以，溢出在所述袖套 102 上的食物在所述顶部边缘 124 与所述底部边缘 128 之间的缝溢流，而不会进入并且弄脏所述扣件 104。

---

❶　这部分在 AIA 法案下被重新编号为 35 U. S. C. 112（a），除了此处讨论的最佳实施方式外，没有大的变化。

应当注意，在上述的说明中将优点描述为<u>具体实施方式</u>（Embodiments）的效果而非本发明的效果。对于这一点，作者将在后面的内容中进行详细讨论。

（3）2019 年美国专利商标局指南。

近年来，美国专利商标局越来越多地使用装置加功能性解读并结合不确定性或书面描述来驳回权利要求。虽然没有装置加功能性驳回这样的说法，但装置加功能性解读会导致美国专利商标局以非常具体的方式审查权利要求，并导致权利要求存在根据《美国专利法》第 112 条其他条款驳回的潜在可能，例如不确定性和书面描述。

提醒一下，每个装置加功能性权利要求都有三个基本要素：

- 非结构性要素
- 一般性占位符（Generic Placeholder）
- 功能

非结构性要素是指不具有明显结构的要素。例如，"照明"是非结构性要素，而"光源"是结构性要素。将要素的名称从非结构性要素更改为结构性要素可以避免装置加功能性解读。前述部分对该主题进行了更详细的描述。

一般性占位符是一个术语，其含义不明确并且一般被用于指定某种类型的结构。最传统的一般性占位符是术语"装置"。但是，最近美国专利商标局扩大了被视为一般性占位符的术语的数量。美国专利商标局发布的一般性占位符清单包括：

- 装置（Means）
- 机制（Mechanism）
- 模块（Module）
- 设备（Device）
- 单元（Unit）
- 部件（Component）
- 元件（Element）
- 构件（Member）
- 仪器（Apparatus）
- 机器（Machine）
- 系统（System）

术语"单元"通常在申请中用于指代处理器的一部分。这种类型的权利要求很有可能被解释为装置加功能性权利要求语言。如上所述，装置加功能性权利要求在本质上无任何不妥之处。但是，如果使用了装置加功能性权利要求，则应该相应地撰写说明书，并且每个装置加功能性元件必须具有某种类型的相关结构。

一旦审查员确定某个特征具有装置加功能性，则审查员被指示查看说明书以确定实现该装置加功能性语言的结构、材料或动作方式。这恰恰导致权利要求存在由于不确定性或不符合《美国专利法》第 112 条（a）款的要求而被驳回的风险。

### 1．不确定性

为了避免特征受制于装置加功能性解读由不确定性而被驳回，2019年美国专利审查指南不仅要求对硬件进行描述，还要求对实现该功能的相应算法进行描述。对算法的描述必须足够详细，以使得能够实施权利要求语言中的每个装置加功能性特征的功能。如果有多个装置加功能性特征，可以使用单个算法来实施所有装置加功能性特征；或者每个装置加功能性特征可以以与单独的算法相关联。

算法可以在图中（如流程图）描述，或在说明书中描述。算法还可以包括数学公式。

### 2．书面描述

必须用足够的细节来对算法进行描述，以表明发明人在提交申请时就已经掌握了所要求保护的主题。例如，对于计算机实施的功能性语言而言，算法必须表明发明人在提交申请时知道如何实现所要求保护的功能。也就是说，将会对装置加功能性特征进行评估，以查看发明人是否描述了计算机如何能够执行该功能而不仅仅是对该功能本身进行描述。

### 3．可实施性

必须用足够的细节对算法进行描述，以使得本领域普通技术人员能够制造和使用本发明。当基于可实施性要求做出驳回时，审查员需要分析 Wands 要素。Wands 要素被列于 MPEP 2164.01（a）中。Wands 要素中一个用来争辩驳回理由的要素是技术的高可预期性。幸运的是，对于申请人而言，2019 年美国专利审查指南明确声明计算机技术具有高度的可预期性，这可以用来反击可实施性驳回意见。

实践技巧：任何时候审查员因缺乏可实施性而作出驳回，请确保审查员已经考虑并讨论了 Wands 要素。

2019 年美国专利审查指南指出，虽然在某些情况下可以用本领域普通技术人员的知识来避免可实施性驳回，但是本领域普通技术人员的知识不能提供用于权利要求语言的新颖性方面的信息。也就是说，必须详细描述当前申请中的关键特征，以避免可实施性驳回，尤其是当权利要求受到装置加功能性解释时。

一些申请人陷入的一个陷阱是试图要求保护比说明书中所支持的更广的范围。例如，如果说明书将部件描述为包含铜，但权利要求试图使用术语"导电的"材料。在这种情况下，权利要求涵盖了所有导电材料，但该说明书仅提供对铜的支持。装置加功能性权利要求限于说明书中的相应特征及其等同物。因此，使用装置加功能性语言是一种避免权利要求过于宽泛而无法得到说明书的完全支持的好方法。

11. 杰普森类型的权利要求

杰普森类型权利要求是以以下格式撰写的权利要求：

> 一种装置 A，包括 B，C，D，其中改进包括 E 和 F。

除非确实十分必要，否则一般不采用杰普森类型的权利要求，因为出现在转折语句"改进包括"之前的任何结构都可能在前序部分中构成公认的现有技术。

12. 方法权利要求

方法权利要求的撰写要非常小心，以免给出一种暗示，即其中的步骤必须严格按照所叙述的顺序来执行。尽管判例法认为方法权利要求的步骤一般不会被解释为需要按照所叙述的顺序来实现，但是当方法步骤隐含地要求按照所述的顺序来执行时，这样的结果会随之而来。❶

例如，以下权利要求中的步骤编号［例如（a）（b）（c）］是不推荐使用的：

10. 一种围嘴的使用方法，所述方法包括：

（a）将所述围嘴置于穿戴者；

（b）将所述围嘴固定在所述穿戴者的颈部；以及

（c）将所述围嘴的袖套围绕所述穿戴者的手臂覆盖并且系紧。

［10. A method of using a bib, the method comprising:

（a）positioning the bib on a wearer;

（b）securing the bib to the wearer's neck; and

---

❶ Interactive Gift Express, Inc. v. Compu Serve Inc., 256 F. 3d 1323, 59 USPQ2d 1401（Fed. Cir. 2000）.

（c）covering and fastening sleeves of the bib around the wearer' arms.］

原因在于这个权利要求意味着步骤（c）在步骤（b）之后执行，但是步骤（c）也可能和步骤（b）一起执行或者在步骤（b）之前执行。将编号（a）（b）（c）从上述权利要求中删除就可以避免这个问题。

13. 权利要求区别解释原则

权利要求区别解释原则是用来确定权利要求范围的重要工具。一般而言，我们假定专利的每个权利要求的范围都不同。当在不同的权利要求中使用不同的词汇或短语时，我们则假定它们的含义和范围都不同。通常情况下，一个收窄的从属权利要求表明独立权利要求的范围更宽。否则，该从属权利要求就是多余的。

例如，在围嘴发明的独立权利要求 1 中记载"可松解的扣件"并且在从属权利要求 2 中记载"其中所述可松解的扣件包括机械扣件"，此时则适用权利要求区别解释原则，并且会产生一个假设，即权利要求 1 中的"可松解的扣件"包括/覆盖除了机械扣件以外的扣件，如胶带。

这就是为什么要在专利申请中使用许多从属权利要求的原因之一，因为从属权利要求的使用可以拓宽独立权利要求的范围。通过提高在申请过程中权利要求之一不做修改而获得批准［避免费斯托（Festo）案的适用］的可能性，权利要求区别解释原则增加了抓获侵权行为的机会。

按照该方法，如果可能的话，我们应该尝试用各种权利要求语言来对发明的特定新颖性点进行定义。这样做的一个原因是，专利审查员可能会对其中一种类型的权利要求语言产生积极或者正面的反应，而对于其他的权利要求语言可能不会。

考虑这个示例：比较"其中所述支撑结构包括第一和第二支撑元件，所述第一和第二支撑元件可彼此相对移动"和"其中所述支撑结构包括第一和第二管状构件，所述第一和第二管状构件之一可伸缩地接纳在另一个中"两种权利要求语言。通过将这两种变形引入不同的权利要求中，就给审查员提供了考虑每个权利要求语句的可专利性的机会，而审查员则可能更积极地考虑第二种语句，而非第一种。

14. 设备权利要求

设备权利要求应该针对装置静态的、非操作状态，而不是针对其操作状态。如此，才可能有制造商而非终端用户的侵权。

示例 1：沿着第二元件滑动（或正在滑动）的第一元件。

示例 2：沿着第二元件可滑动（或配置成滑动）的第一元件。

在示例 1 中描述了第一和第二元件之间正在进行的相互作用，该相互作用为操作状态，因此只会被终端用户侵权。而相较于示例 1 中的操作状态，示例 2 中描述了该装置的静态的、非操作的状态。因此制造商会对示例 2 中的权利要求构成直接侵权，而不会对示例 1 中的权利要求构成侵权。尽管专利权人可以证明制造商通过诱导或共同侵权的方式，间接地侵犯了示例 1 中"操作状态"权利要求的权利，但是这种间接侵权的证明要难于直接侵权。因此，作者更加推荐示例 2 中的"非操作状态"权利要求的形式。

---

**测验 5**

你能找出下面权利要求中需要改正的操作性限定吗？（由非美国专利代理人撰写）

1. 一种婴儿围嘴，包括：

胸布，所述胸布覆盖婴儿的胸部区域，并且<u>保护</u>所述胸部区域免于被食物弄脏；以及

袖套，所述袖套与所述胸布形成一块，其中所述袖套利用可松解的缝线<u>包裹</u>围绕所述婴儿的手臂，并且<u>防止</u>食物沾到所述袖套上。

（1. A baby bib, comprising:

a chest cloth covering a chest area of a baby and protecting the chest area from food stains; and

a sleeve formed in one-piece with the chest cloth, wherein the sleeve is wrapped around an arm of the baby with a releasable seam and keeps food from getting on the sleeve.）

---

每一个独立权利要求最好都应该包括多个段落，每个段落列举发明的一个特征或者步骤，而不要只采用单独的一段。这样更容易避免冗长的限定。在欧洲，这种不断句的限定撰写形式更受欢迎。而如果对每个元素都进行清楚地阐述并且在单独的分段中将其一一列出，对于这样的权利要求，美国审查员会更加积极地应对。

例如，在美国不建议采用下面这种不断句形式的权利要求：

1. 一种喂食围嘴，包括前襟，从所述前襟延伸并且具有用于连接至第二延伸部分的第二扣件的第一扣件的第一延伸部分，从而所述第一延伸部分和所述第二延伸部分形成第一开口，并且……

上述权利要求难于理解并且有可能引起权利要求在美国专利商标局以及诉

讼中的解释问题。另外，此处讨论的权利要求还存在干扰问题，即不清楚是否对"第二扣件"和/或"第二延伸部分"要求保护。下面重新整理后的权利要求解决了这些问题：

　　1. 一种喂食围嘴，包括：

　　前襟；

　　第一和第二延伸部分，所述第一和第二延伸部分从所述前襟延伸；

　　第一和第二扣件，所述第一和第二扣件位于所述第一和第二延伸部分上，并且配置成连接所述第一和第二延伸部分以形成第一开口；以及……

　　在美国，基础申请费包含最多 20 个权利要求的费用，其中 3 个可以是独立权利要求。如果可能的话，最好能够尝试练习撰写 20 个权利要求，其中最多包括 3 个独立权利要求，这样可以缩短申请时间，因为审查员在发出第一次官方意见前有机会去考虑发明的很多方面，并且可能倾向于批准一个或多个权利要求。

　　作者建议不要在申请中包括多项从属权利要求。在美国，多项从属权利要求的附加费相对较贵（自 2019 年 3 月 1 日起，对于大型实体为 820 美元）。此外，当计算索赔的时候，这种倍增效应会不经意地导致在权利要求数量上的急剧的费用增加。另外，多项从属权利要求从属于另一个多项从属权利要求也是不合适的，而在如欧洲或者日本等国家或地区，多项从属权利要求可以从属于其余的多项从属权利要求。

---

**测验 6**

　　你能说明为什么以下的权利要求在美国是不正确或是不推荐的吗？（由非美国专利代理人撰写）

　　4. 根据权利要求 1～3 所述的围嘴，进一步包括颈部部分。

　　5. 根据权利要求 1～4 所述的围嘴，进一步包括两个袖口部分。

　　（4. The bib according to Claims 1 – 3, further comprising a neck portion.

　　5. The bib according to Claims 1 – 4, further comprising two cuff portions.）

---

15. 在权利要求中使用选择性的权利要求语言或者马库什语言

　　示例 1：不正确的马库什语言

　　"从包含/包括 A，B，C 的群组中选择 X"

由于使用了"包含/包括"，因而这种限定是不正确的。需要用"由……组成"来代替。

示例2：正确但是太窄的马库什语言

"从由A，B和C组成的群组中选择X"

在Abbott Labs. v. Baxter Pharm. Prods. , Inc. 案[1]中，美国联邦巡回上诉法院将上面的限定解释成仅包括以下的变量：

$$X = A, \; X = B, \; X = C$$

而不包括以下的这些变量：

$$X = A + B, \; X = A + C, \; X = C + B, \; X = A + B + C$$

示例3：窄的选择性语言

"X包括A，B，C中的至少一个"

在Super Guide Corp. v. Direc TV Enterprises. Inc. , et al. 案[2]中，美国联邦巡回上诉法院将上面的限定解释成仅包括以下的变量：

$$X = A + B + C$$

为了避免上述不正确和/或窄的选择性/马库什语言，建议使用如下的措辞：

"从由A，B，C及其组合组成的群组中选择X"

"X包括A，B或者C中的至少一个"

"X包括从由A，B，C组成的群组中选择的至少一个"

这些建议的措辞应该包括了所有可能的变量，即，

$X = A, \; X = B, \; X = C, \; X = A + B, \; X = A + C, \; X = C + B, \; X = A + B + C$。

## 二、准备权利要求树——为什么需要权利要求树

权利要求树是一个很有用的工具，它能够帮助撰写人想象出权利要求组的整幅图，还可以用来记录独立权利要求的数目以及权利要求的总数。权利要求树的另一个好处是使得撰写人能够确保权利要求中包括了所有想要的特征。出于同样的目的，在申请过程中也可以使用权利要求树。

1. 为权利要求树收集材料

一个推荐的方法是从准备尽可能多的附图开始。发明人一般会给撰写人提供一个或多个草图。然后通常在与发明人讨论后，撰写人会自己准备更多的附

---

[1] Abbott Labs. v. Baxter Pharm. Prods. , Inc. , 334 F. 3d 1274 (Fed. Cir. 2003).

[2] Super Guide Corp. v. Direc TV Enterprises. Inc. , et al. , 358 F. 3d 870 (Fed. Cir. 2004).

图。以下的示例以附录1中的"围嘴披露"或"围嘴发明"为基础。

接着撰写人仔细浏览一遍附图，整理出一张包括公开实施例中所有元素的列表。

例如，从围嘴发明公开的发明草图附图中可以得出下列元素，如图1-2所示。

- 主体
- 具有袖套扣件的可打开的袖套
- 颈部部分
- 颈部扣件
- 口袋
- 袖套端部的松紧袖口

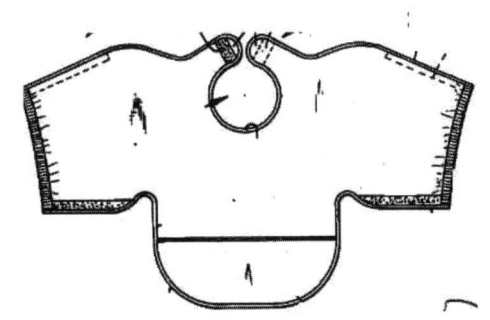

**图1-2　婴儿围嘴发明公开的发明草图附图（1）**

同样地，从围嘴发明公开的其他附图可以得出下列元素，如图1-3至图1-5所示。

 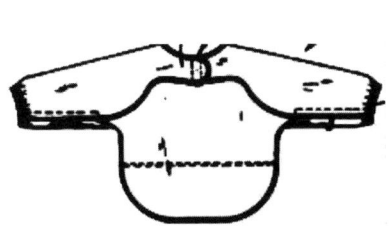

**图1-3　婴儿围嘴发明的附图（2）**　　**图1-4　婴儿围嘴发明的附图（3）**

图 1 – 3 至图 1 – 4 得出的元素：

■ 袖套扣件在闭合袖套上的视线以外的位置

■ 袖套和袖套扣件的长度差不多相等

**图 1 – 5　婴儿围嘴发明的附图（4）**

图 1 – 5 得出的元素：

■ 上边缘将下边缘覆盖在一个闭合的缝中

最终的元素列表如下所示：

最终列表：

■ 主体

■ 具有袖套扣件的可打开的袖套

■ 颈部部分

■ 颈部扣件

■ 口袋

■ 袖套端部的松紧袖口

■ 袖套扣件在闭合袖套上的视线以外的位置

■ 袖套和袖套扣件的长度差不多相等

■ 上边缘将下边缘覆盖在一个闭合的缝中

接下来的一步就是找出旧元素（当前领域中已知）和新元素。在复杂的案例中，对于发明人来说识别出旧元素和新元素是有好处的。

在下面的表格中，对围嘴发明的新特征和旧特征进行了分组，如表 1 – 1 所示。

表 1－1　围嘴发明的新特征和旧特征的分组对比表

| 旧特征 | 新特征 |
| --- | --- |
| ■ 主体 | ■ 口袋 |
| ■ 袖套 | ■ 具有袖套扣件的可打开的袖套 |
| ■ 颈部部分 | ■ 松紧袖口 |
| ■ 颈部扣件 | ■ 袖套扣件在闭合袖套上的视线以外的位置 |
|  | ■ 袖套和袖套扣件的长度差不多相等 |
|  | ■ 上边缘将下边缘覆盖在一个闭合的缝中 |

**2. 对收集的材料进行分类排序**

撰写人在这些新元素中找出最重要的几个元素（新颖性点）。每一个重要的新元素都将形成一个独立权利要求的核心。其他不太重要的元素会被用在重要的从属权利要求中。如果权利要求总数没有达到 20 个，那么就可以将旧特征添加到进一步的、不太重要的从属权利要求中。

在围嘴发明中，基于与发明人的讨论，找出了三个比较重要的新元素。这三个新元素将构成三个独立权利要求的核心。

重要的新元素：

■ 具有袖套扣件的可打开的袖套

■ 袖套扣件在闭合袖套上的视线以外的位置

■ 上边缘将下边缘覆盖在一个闭合的缝中

现在可以将表格重新整理成下面的形式，如表 1－2 所示。

表 1－2　围嘴发明加入三个新元素后的新旧特征分组对比表

| 旧元素 | 新元素 |
| --- | --- |
| ■ 主体<br>■ 袖套<br>■ 颈部部分 | 重要特征——独立权利要求的新颖点<br>■ 具有袖套扣件的可打开的袖套 |
| ■ 颈部扣件 | ■ 袖套扣件在闭合袖套上的视线以外的位置<br>■ 上边缘将下边缘覆盖在一个闭合的缝中<br>不太重要的特征<br>■ 口袋<br>■ 松紧袖口<br>■ 袖套和袖套扣件的长度差不多相等 |

在接下来的部分，作者会讲解如何围绕一个新颖性点来构建权利要求树。读者可以依照此处所描述的相同方法来将权利要求树扩展到其他两个新颖性点。

要围绕一个新颖性点来构建权利要求树，撰写人只需要选择那些便于正确理解该新颖性点的新元素和/或旧元素。

例如，对于新颖性点"具有袖套扣件的可打开的袖套"而言，选择了如下的特征：

- 主体
- 袖套

这些特征为引入该新颖性点提供了适当的环境。

对于其他的新颖性点，则可以在权利要求树中的最重要的从属权利要求中对其进行权利主张。

现在可以将表格重新整理成下面的形式，如表 1 - 3 所示。

**表 1 - 3　围绕新颖性点构建权利要求树的新旧元素对比表**

| 旧元素 | 新元素 |
|---|---|
| 独立权利要求 1 的特征<br>■ 主体<br>■ 袖套 | 权利要求 1 的新颖性点<br>■ 具有袖套扣件的可打开的袖套<br>最重要的从属权利要求——其他新颖性点<br>■ 袖套扣件在闭合袖套上的视线以外的位置<br>■ 上边缘将下边缘覆盖在一个闭合的缝中 |
| 最不重要的从属权利要求的特征<br>■ 颈部部分<br>■ 颈部扣件 | 其他从属权利要求的不太重要的特征<br>　■ 口袋<br>　■ 松紧袖口<br>　■ 袖套和袖套扣件的长度差不多相等 |

基于重新整理的表格，可将最终的元素列表分成如下几部分：

第一独立权利要求的元素：

- 新颖性点
  - 具有袖套扣件的可打开的袖套
- 支持特征
  - 主体
  - 袖套

从属权利要求的元素：

- 最重要的从属权利要求——其他新颖性点
  - 袖套扣件在闭合袖套上的视线以外的位置
  - 上边缘将下边缘覆盖在一个闭合的缝中
- 不太重要的从属权利要求——新元素

- 袖套和袖套扣件的长度差不多相等
- 口袋
- 松紧袖口

■ 最不重要的从属权利要求——旧元素

- 颈部部分
- 颈部扣件

3. 构建权利要求树

在收集和保存了所有必需的材料后，现在撰写人可以构建权利要求树了。权利要求树一般具有如下的形式，如图1-6所示。

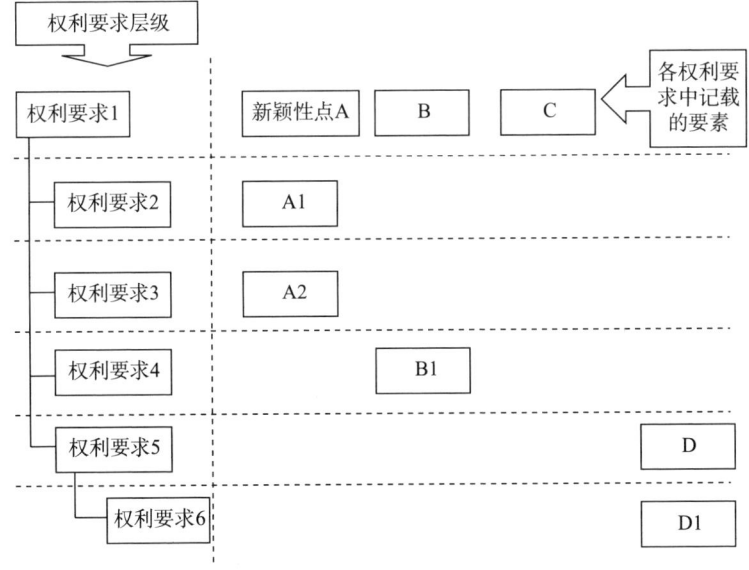

**图1-6　权利要求树构建图**

在上述权利要求树中，每一行代表对一个权利要求的限定。例如，第一行代表权利要求1包括三个限定：A（新颖性点）、B和C。

左边一栏中的权利要求层级表示权利要求是否从属于其他权利要求。例如，权利要求2~5从属于权利要求1，权利要求6从属于权利要求5。

该权利要求树示出了每个从属权利要求如何缩小其所从属的权利要求的范围。例如，通过限定新颖性点A（例如"金属"）的子类A1（例如"铝"），从属权利要求2进一步缩小了权利要求1的范围。在这个例子中，权利要求2的特征A1与权利要求1的特征A被安排在相同的列中。同样地，通过限定新颖性点A（例如"金属"）的子类A2（例如"铜"）。权利要求3进一步缩小了权利要求 1 的范围。在这个例子中，权利要求 3 的特征 A2 与权利要求 1 的特征 A 和权利要求 2 的特征 A1 被排在相同的列中。通过将所有相关的特征，即 A、A1、A2 都安排在同一列中，撰写人很容易就能够看出权利要求之间是如何相互关联的和/或是否对同一属性/类别（A）下所有必要的实施例/子类（A1、A2）都要求了保护。

从属权利要求缩小另一个权利要求范围的另一种方法是记载全新的特征。我们用权利要求 5 来举例，其记载了权利要求 1 中没有记载的新特征 D。权利要求 6 从属于权利要求 5 的方式与权利要求 2 或 3 从属于权利要求 1 的方式类似，即限定权利要求 5 的特征 D（例如"显示器"）的子类 D1（例如"LCD"）。因此，我们将特征 D1 排在同一列中特征 D 的下方。

现在作者将会解释撰写人如何运用上述这些已经确认并且分类好的材料来围绕围嘴发明的一个新颖性点来构建权利要求树。

撰写人要从一个空白的权利要求树开始，如图 1－7 所示。

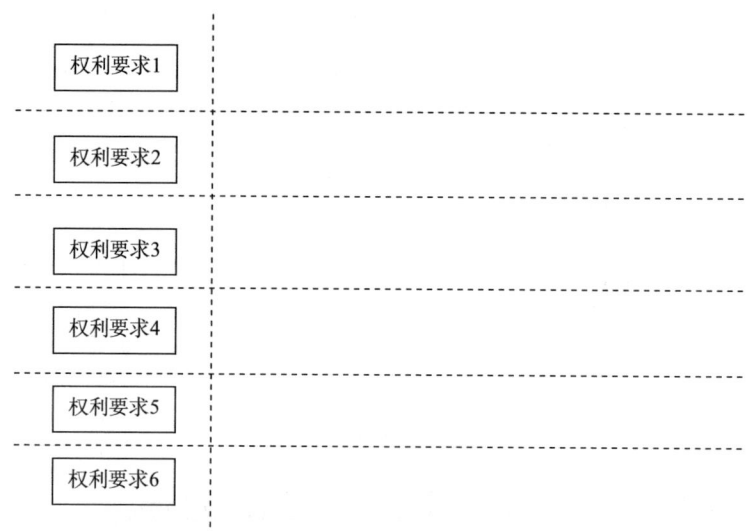

**图 1－7　空白的权利要求树**

接着，撰写人参考元素的分类表找出独立权利要求 1 的：

■ 新颖性点

• 具有袖套扣件的可打开的袖套

■ 支持特征

• 主体

• 袖套

然后将这些特征填入权利要求 1 对应的行，即第一行中。将所填入的特征，即"可打开的扣件""主体"以及"袖套"，以类似于权利要求树示例中的特征 A、B、C 的形式分别进行排列，结果如图 1-8 所示。

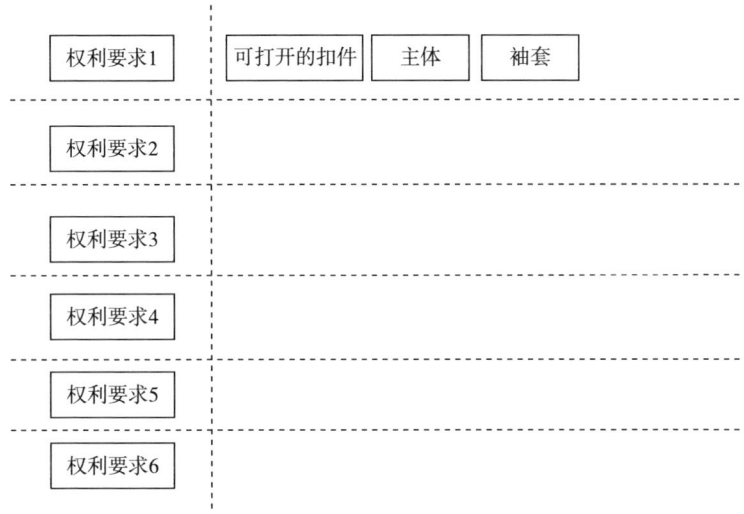

**图 1-8　将特征填入权利要求 1 的权利要求树**

然后，撰写人参考元素的分类表找出：

■ 最重要从属权利要求——其他新颖性点

● 袖套扣件在闭合袖套上的视线以外的位置

● 上边缘将下边缘覆盖在一个闭合的缝中

列表中的每一个特征都填入一个从属权利要求对应的一行中。为了简便，作者仅会在权利要求树中填入其中的一个上述特征，即"视线以外"，如图 1-9所示。

撰写人继续参考元素分类表找出：

■ 不太重要的从属权利要求——新元素

● 袖套和袖套扣件的长度差不多相等

● 口袋

● 松紧袖口

■ 最不重要的从属权利要求——旧元素

● 颈部部分

● 颈部扣件

并且将这些元素填入随后的行中。为了简便，作者仅会在权利要求树中再填两行，如图 1－10 所示。

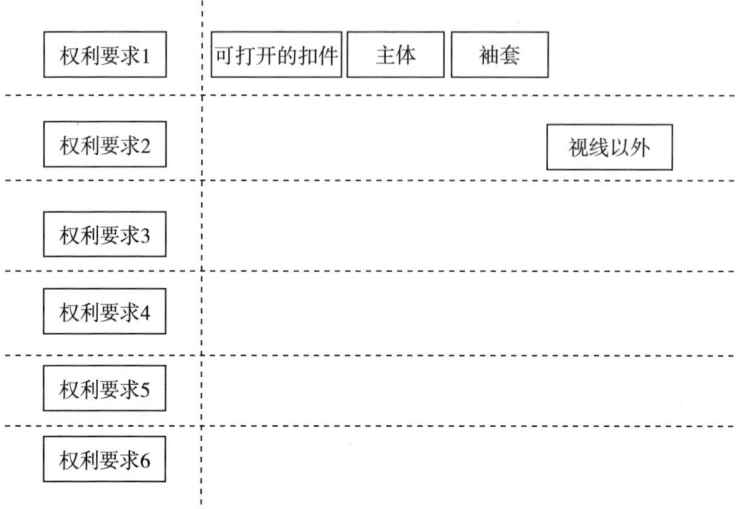

**图 1－9　将特征填入其中一个从属权利要求对应的一行的权利要求树**

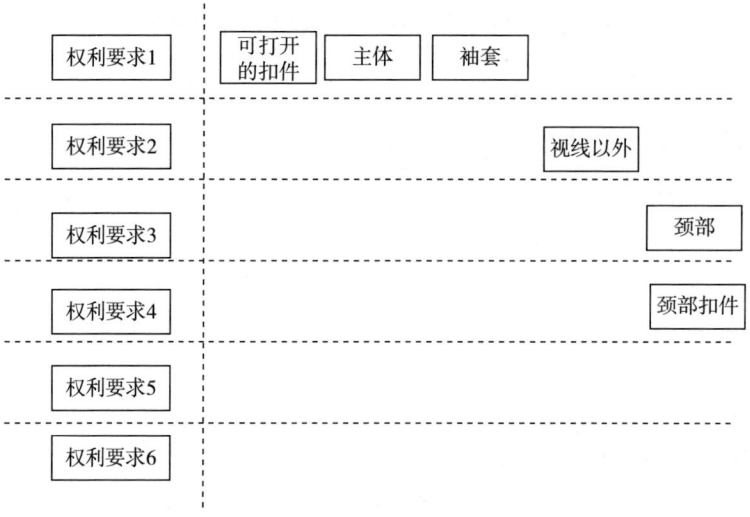

**图 1－10　将不太重要与最不重要的从属权利要求填入权利要求树**

对于独立权利要求 1 及其从属权利要求而言，最后一步是将最左列中的权利要求以层次结构连起来。结果如图 1－11 所示。

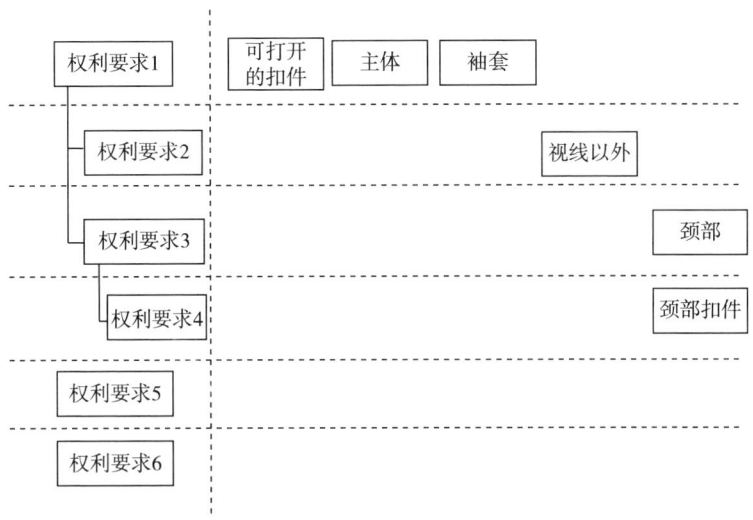

**图 1 - 11　将权利要求以层次结构连起来构建的权利要求树**

对于下一个权利要求组，可以重复这个过程，例如，围绕下一个新颖性点（袖套扣件的视线以外的位置）来构建独立权利要求 5。

### 三、在完整权利要求树的基础上撰写第一稿权利要求

基于完整的权利要求树，撰写人开始撰写权利要求的第一稿，每次一行用于一个权利要求。需要注意的是，第一稿很难完美，后续会进行一些改进。在这个步骤中最重要的是要充实该权利要求树，使用合适的词句来将权利要求树中所列出的特征连接起来。

例如，对于该权利要求树的前两行，如图 1 - 12 所示。

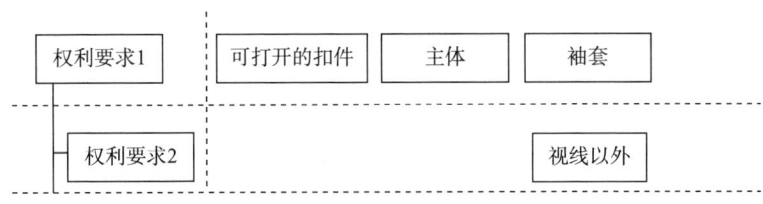

**图 1 - 12　权利要求树的前两行**

可以撰写出如下权利要求：

1. 一种婴儿围嘴，包括：

主体；

一对袖套，所述一对袖套从所述主体侧向延伸，其中所述袖套是<u>可打开的</u>；以及

扣件，所述<u>扣件</u>用于在使用中将所述袖套可松解地围绕婴儿手臂闭合。

2. 根据权利要求 1 所述的婴儿围嘴，其中：

当在使用中将所述围绕所述婴儿手臂的袖套可松解地闭合时，所述扣件限定了一个封闭的缝，所述封闭的缝位于<u>所述婴儿的视线以外</u>。

在权利要求 1 中，增加了"从所述主体侧向延伸"，从而限定了所述主体与袖套之间的连接关系。同样地，"用于在使用中将所述围绕婴儿手臂的袖套可松解地闭合"限定了所述扣件与所述可打开的袖套之间的连接关系。这些增加的语句对权利要求树中列出的特征（划线部分）进行了详细描述。同样的方法适用于权利要求 2。

## 四、修改第一稿权利要求

该步骤要求撰写人或者他/她的主管用<u>批评性的眼光</u>来审阅第一稿中的<u>每一个字</u>，目的在于将不必要的词句从权利要求（尤其是独立权利要求）中删除。

例如，对于第一稿中的权利要求 1 和 2：

1. 一种婴儿围嘴，包括：

<u>主体</u>；

一对袖套，所述一对袖套从所述主体侧向延伸，其中所述袖套是可打开的；以及

扣件，所述扣件用于在使用中将所述围绕婴儿手臂的袖套可松解地闭合。

2. 根据权利要求 1 所述的婴儿围嘴，其中：

当在使用中将所述围绕婴儿手臂的袖套可松解地闭合时，所述扣件限定了一个<u>封闭的</u>缝，所述封闭的缝位于所述婴儿的视线以外。

脑子中就会出现如下问题：

■ 是否存在比"<u>主体</u>"更好/更宽的词？

• 可能没有。

• 该围嘴是否真的需要"一对"袖套？或许一个袖套就足够了？

• 应该使用"至少一个袖套"。

■ 同样地，"至少一个扣件"的表述更好。

- "闭合的"修饰是必须的吗？或许"缝"就足够了？
- 可以将"闭合的"一词删除。

经过批判性思考和改进之后，第一稿看起来就更好了，最重要的是获得了更宽的范围。

1. 一种婴儿围嘴，包括：

<u>主体</u>；

<u>至少一个</u>袖套，所述袖套从所述主体侧向延伸，其中所述袖套是可打开的；以及

<u>至少一个</u>扣件，所述扣件用于在使用中将所述围绕婴儿手臂的袖套可松解地闭合。

2. 根据权利要求1所述的婴儿围嘴，其中：

当在使用中将所述围绕所述婴儿手臂的袖套可松解地闭合时，所述扣件限定了一个封闭的缝，所述封闭的缝位于所述婴儿的视线以外。

这种检查/修改过程可以重复一次或多次，最好由不同专利从业人员完成，从而逐步完善权利要求组。

---

**测验 7**

你能对如下的权利要求进行批判性检查并且给出改正方案吗？（由非美国专利代理人撰写）

1. 一种围嘴，包括：

至少一个袖套，所述至少一个袖套可经由至少一个扣件拆除。

(1. A bib, comprising:

at least one sleeve *detachable* via at least one fastener. )

---

## 五、总结——使用权利要求树撰写权利要求

上述讨论的步骤概括如下：

（1）准备尽可能多的附图；

（2）制作一个所有元素的列表；

（3）对元素进行分类（旧的、新的、新颖的、重要的、不太重要的）；

（4）围绕每个新颖性点构建一个独立权利要求，仅选出便于理解该新颖性点的其他必要元素；

（5）将剩余的元素用在重要的和不是很重要的从属权利要求中；

（6）将这些元素填入权利要求树中，并且利用该权利要求树来撰写第一稿权利要求；

（7）对第一稿权利要求进行批判性的检查并最终敲定；

（8）对下一个新颖性点重复步骤（4）~（7）；

（9）对下一个主题（例如，一种工艺）重复步骤（1）~（7）。

这里需要提醒的是，采用一个独立权利要求和一个或多个从属权利要求的形式进行权利要求撰写需要小心。如上所述，费斯托案（Festo）表明在审查期间对权利要求作出修改（或者作为新颖性点进行抗辩）会导致避免了文字侵权的情况下不可以再依靠等同侵权原则。费斯托（Festo）案是在2002年宣判的。在随后的一个案例❶中，美国联邦巡回上诉法院规定：将从属权利要求改写为独立权利要求的同时将基础独立权利要求删除，则会被推定为构成禁止反悔原则。实际的效果就是，等同侵权原则就不能够适用于该从属权利要求的元素。

那么该如何避免这个问题呢？法官纽曼（Newman）在她的异议中建议，专利申请人可以尝试通过避免使用从属权利要求，而是引入一组具有不同范围的独立权利要求来获得等同侵权原则的保护。由于在超过三个独立权利要求的情况下，每增加一个独立权利要求需要缴纳460美元的官费（自2019年3月1日起），因此即使上述方法能够奏效，其也是一个昂贵的解决办法。然而，美国联邦巡回上诉法院在霍尼韦尔裁决书（Honeywell Decision）第1070页最后一句话中指出，当对权利要求作出修改，而该修改有效地缩小了专利的范围，那么就会产生禁止反悔。因此，要探究的关键或者说焦点不在于修改的方式，而在于专利的范围是否被缩小。

霍尼韦尔裁决正好支持作者之前的建议，即在审查初期引入窄范围的权利要求组来"清除"审查员对于发明可专利性的顾虑，然后，可能的话在与审查员的面试中再引入较宽的权利要求。

尽管这种方法可能是可行的，但是不要忘记，禁止反悔是基于对权利要求元素的限缩而确定的。因此，如果被删除独立权利要求中的一个元素以更窄的形式出现在没有被删除的独立权利要求中，抑或一个元素没有出现在被删除的独立权利要求中，但是出现在了还没有被删除的独立权利要求中，那么美国联邦巡回上诉法院或联邦最高法院就有可能认为等同侵权原则不适用于该元素。

鉴于以上所述，撰写不同的合理数量的表达语句但类型实质相同的独立权利要求可能会更好，或者说更加实际。换句话说，如果一个独立权利要求记载

---

❶ Honeywell International Inc. v. Hamilton Sundstrand Corp., 71 USPQ2d 1065 (Fed. Cir. 2004).

了元素 1 和 2，那么就可以将另一个独立权利要求撰写成引用元素 3 和 4，其中元素 3 和 4 并不仅仅是元素 1 和 2 的限缩版本，而是发明的不同的可专利性区别特征。这两个元素组（1 和 2）和（3 和 4）可以是彼此结构上的变种或者可以是由元素 1 和 2 所实现的功能的结构上的叙述（例如元素 1 和 2），和由元素 1 和 2 所实现的功能的模拟功能上的叙述（例如元素 3 和 4）。

总之，对于权利要求树的使用而言，不仅仅要考虑到在不同的法定权利要求类型（例如方法权利要求和装置权利要求）之间对权利要求的语言进行变化，还要在同一种类型的权利要求中变换权利要求的语言，从而增加捕获侵权行为的机会，这一点很重要。另外，鉴于费斯托（Festo）案，使用不同的权利要求术语增加了审查期间不需要对独立权利要求进行修改的可能性，从而保护了依靠等同侵权原则的可能性。此外，对于基于一个词语的定义的诉讼而言，使用不同的权利要求语言降低了获得成功的诉讼结果的风险。

## 六、类型相同、对发明描述不同的权利要求示例

功能性权利要求：

1A. 一种婴儿围嘴，包括：

主体；

至少一个袖套，所述至少一个袖套从所述主体侧向延伸，其中所述袖套沿着可打开的缝可打开；以及

至少一个扣件，所述至少一个扣件用于在使用中将所述袖套可松解地围绕所述婴儿手臂闭合，并且用于使得溢出的食物能够流过而不进入所述缝。

针对相同特征的结构性权利要求：

1B. 一种婴儿围嘴，包括：

主体；

至少一个可打开的袖套，所述至少一个可打开的袖套从所述主体侧向延伸，其中所述袖套具有相对的内面和外面和相对的上边缘和下边缘；以及

至少一个扣件，所述至少一个扣件用于在使用中将所述沿着所述上边缘的袖套的内面与沿着所述下边缘的所述袖套的外面可松解地接合，从而将所述袖套围绕所述婴儿手臂闭合，并且所述上边缘从上方覆盖所述下边缘。

使用不同权利要求语言的不同类型的权利要求示例：

结构性权利要求：与上述权利要求 1B 相同。

方法权利要求：

2. 一种覆盖婴儿的方法，所述方法包括：

用婴儿围嘴的主体覆盖所述婴儿的胸部部分；

用从所述主体侧向延伸的可打开的袖套覆盖所述婴儿的手臂的至少一部分；以及

将所述袖套的相对的上边缘和下边缘沿着可打开的缝彼此接合以将所述袖套围绕所述婴儿的手臂闭合，<u>从而所述上边缘从上方覆盖所述下边缘，使得溢出的食物流过而不进入所述缝</u>。

## 七、范围

范围限定通常出现在所谓的"参数发明"中，其中与已知技术的主要区别在于一个特定的值，或者一个或多个参数值的特定范围。

撰写一个数字范围的权利要求很容易，例如：

2. 根据权利要求 1 所述的半导体，其中所述介电层具有从 10A 到 50A 的厚度。

然而，很难对这样的一个权利要求进行答辩，尤其是在 KSR 案之后。要想对"范围"权利要求进行成功的答辩，就应该对说明书进行正确的撰写，使说明书能够支持该主张的范围及其子范围。有时候，即便有好的说明书和/或限缩的范围也还是不够的，还要求采用最后的手段（第 132 条声明）来说明所主张范围的意想不到的结果。

为了正确地撰写和支持范围权利要求，撰写人应该知道（并且做好准备）美国专利商标局是如何驳回这种权利要求的。具体而言，如果先前技术教导了所主张的范围内的一个具体的例子，那么所主张的范围就是可预期的（基于《美国专利法》第 102 条的驳回），如图 1 - 13 的 A 所示。❶

现有技术接近但是不在范围内的具体例子（如图 1 - 13 的 B 所示）不会预期到该范围。然而，这样的例子 B 会引发基于《美国专利法》第 103 条（a）款的显而易见问题而驳回。

如果现有技术没有教导具体的示例，而是教导了一个范围，那么美国专利

---

❶ Titanium Metals Corp. v. Banner, 778 F. 2d 775, (Fed. Cir. 1985).

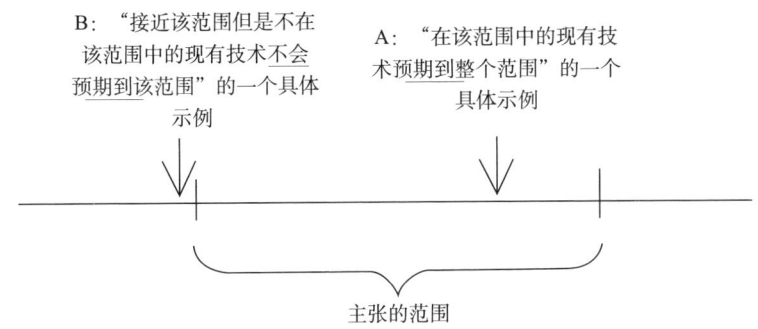

图 1-13　关于"主张的范围"示意图

商标局通常会提出显而易见性的质疑。在大部分显而易见性的驳回中，现有技术公开的范围：（1）与主张的范围重叠，或者（2）与主张的范围足够接近（如果不重叠）使得所属领域的普通技术人员能够预期到先前技术范围和所要求保护的范围具有相同的性质。

　　例如，美国联邦巡回上诉法院发现"1%～5%"的现有技术范围使得"大于5%"的主张范围变得显而易见。❶法院的理由是：现有技术中的"大约"允许一个稍微大于5%的值，因此现有技术中的"1%～5%"与所主张的"大于5%"重合。上述的范围重合是显而易见性问题的初步案例。

　　在另一个例子中，美国联邦巡回上诉法院发现现有技术中"0.75%镍、0.25%钼、余下为钛"的合金与要保护的"0.8%镍、0.3%钼、最多0.1%铁、余下为钛"的合金足够接近，因此使所主张的范围变得显而易见。❷

　　美国专利商标局可能对范围权利要求作出显而易见驳回的第三种方法是其所谓的"范围最优化"基本原理。通常当现有技术范围与所主张范围不重合（不接触）也不足够接近时，可以满足该基本原理。但是，法院和美国专利商标局在许多案件的处理中所持的观点是：对现有技术进行最优化以"通过常规实验来发现最优或者可行的范围"即要求保护的范围，是显而易见的。❸

　　总之，通常在显而易见性规定下范围权利要求很可能被驳回。所以如果撰写人必须依赖一个范围才能获得可专利性，那么甚至是在申请递交之前，他就应该做好应对美国专利商标局潜在的驳回的可能的准备。

---

❶　In re Woodruff, 919 F. 2d 1575(Fed. Cir. 1990).

❷　Titanium Metals Corp. of America v. Banner, 778 F. 2d 775(Fed. Cir. 1985).

❸　In re Aller, 220 F. 2d 454（CCPA 1955）.

以下撰写方法或技巧应该铭记在心。

第一，永远不要对单个值主张权利。这是一个非常常见的撰写错误。单个值的权利要求非常容易被绕过并且其保护范围基本为零。

第二，撰写人不应该公开单个范围并且对其主张权利。更可取的方法是采用多个范围，而这些范围一个套着一个。通过进一步限定或提供另一种可选方案，可以公开该范围内的具体实施例（单个值）。

第三，建议公开一些所公开的范围的临界性（重要性）。❶ 这可以帮助克服审查员层面的驳回。最终可能需要第 132 条声明形式的更广泛的证据来获得授权。

下面给出了根据上面所讨论的推荐格式的范围公开的示例。

> 在一个或多个实施例中，介电层的厚度为从 10 微米至 100 微米。如果厚度小于 10 微米，则该层的强度将不足以承受后续的处理步骤。如果厚度大于 100 微米，则装置的电气性能将会受到很大的影响。

> 在一些实施例中，如果介电层的厚度为从 20 微米至 50 微米，则该层可以通过化学气相淀积（CVP）工艺制成，而这在现有技术中是不可能的。

在上述示例中，第一段中公开了一个较宽的范围以及该范围的临界性，接着在第二段中描述了一个较窄的范围以及该范围的临界性。

考虑到美国专利商标局对于范围权利要求的高驳回频率，限缩修改很可能是需要的，一些嵌套的范围和/或实施例的公开为限缩修改提供了支持。如果没有嵌套的窄范围或者在较宽的范围中没有具体的实施例，那么由于缺乏支持（基于《美国专利法》第 112 条第 1 段），申请人将不能对宽的权利要求范围进行任意限缩。

例如，如果申请人公开了 20%～100% 的范围并主张其权利，而现有技术公开了一个重叠的、可预料的范围 10%～40%，那么申请人不能任意地对要求保护范围进行限缩（例如限缩为 41%～100%）从而避免与现有技术重合，因为美国专利商标局会以得不到说明书支持而驳回修改后的权利要求。原始的对于缺乏支持的理论基础已经在 *Purdue Pharma L. P. v. Faulding Inc.* ❷ 案中进行了详细的说明，即"不可以在原始申请中公开一片森林，然后从森林中挑

---

❶ In re Woodruff, 919 F. 2d 1575, 16 USPQ2d 1934（Fed. Cir. 1990）.（用数值范围限定的权利要求常常会因显而易见而易被驳回。然而，申请人能够通过表明要求保护的范围的关键程度，来反驳初步显而易见性驳回。）

❷ Purdue Pharma L. P. v. Faulding Inc. , 230 F. 3d 1320（Fed. Cir. 2000）.

选出一棵树说'这就是我的发明'，为了满足书面描述的要求，本领域普通技术人员应当知道原始提交的公开中必须要有树"。

在上述实施例中，如果申请人公开了窄的嵌套的范围或者公开了较宽范围内的一个工作实施例，那么他就可以将宽泛的权利要求范围限缩至较窄的范围，从而避免可预期问题导致的驳回。此外，假设存在足够的支持，那么较窄的权利要求范围不需要与所公开的范围完全对应。❶

例如，在 *In re Wertheim* 案❷中，说明书公开了 25% ～ 60% 的范围以及在范围内的 "36%" 和 "50%" 两个具体的实施例。法院认为如果权利要求列举了 35% ～ 60% 的范围，则其可以得到原始公开的支持，即使该权利要求所要求保护的范围下限（35%）并没有与公开的工作实施例范围（36%）完全对应。

在范围权利要求的情况下，作者推荐使用上述讨论的策略，即公开多个范围和工作实施例以及这些范围的临界性。

## 八、由方法限定的产品（Product – by – Process）

一个由方法限定的产品权利要求至少部分地以其制造方法而不是以其结构特征的形式对一个产品进行限定。在美国应当避免使用这种类型的权利要求，除非方法是用于描述该产品的唯一可行的方式（大多是在化学相关或生物相关案件中）。

以下给出了由方法限定的产品的权利要求的实施例。

4. 根据权利要求 1 所述的围嘴，其中每个所述袖套部分通过缝制连接至所述裙部。

措辞"通过缝制"可能被翻译成是一种由方法限定的产品的表述，而该表述方法具有多个弊端，下面将进行讨论。

对于可专利性/有效性而言，美国专利商标局和法院都采用相同的标准，即产品本身必须具有可专利性，而不管记载的方法步骤是否具有可专利性。"即使由方法限定的产品权利要求被该方法限制和限定，对于可专利性的判断还是基于该产品本身……如果由方法限定的产品权利要求中的该产品与现有技术的产品一致或者相比于现有技术的产品是显而易见的，那么即使现有技术的

---

❶　Ralston Purina Co. v. Far – Mar – Co., Inc., 772 F. 2d 1570（Fed. Cir. 1985）.

❷　In re Wertheim, 541 F. 2d 257（CCPA 1976）.

产品是由不同的方法制成的，该权利要求也不具有专利性。"❶ 在美国专利商标局审查期间，由方法限定的产品权利要求中所记载的方法步骤经常会被忽略，即在专利性判断中占比很少或者没有比重。

然而，对于侵权而言，由方法限定的产品权利要求中的方法术语会在判定侵权时作为保护范围的限制来考虑。❷ 换句话说，当竞争对手使用不同的方法来制造与由方法限定的产品权利要求中限定的产品相同的产品时，则不会形成对该由方法限定的产品权利要求的侵权。

出于审查和侵权目的，对由方法限定的产品权利要求的解读具有双重标准，即在审查期间忽略该方法，而在侵权分析时该方法又对权利要求范围产生限制，这就是为什么<u>不</u>推荐使用由方法限定的产品权利要求的主要原因。

为了避免由方法限定的产品的限制，建议以结构特征来描述产品的新颖性并且主张其权利，而不要通过分析技术和/或产品的性能度量等方法来对产品进行限定。如果需要额外的时间来获得结构分析的结果，那么申请人可以先提交一份包含制造方法的临时申请，然后在一年内提交一份包含制造方法和分析结果两者的正式申请，从而能够基于该分析结果来主张该产品的权利。

例如，通过其制造方法来对产品进行权利主张的示例如下：

　　1. 一种通过一种方法制造的产品，所述方法包括：
　　以 1∶1 的重量比例制备物质 A 的颗粒和树脂 B 的混合物；以及
　　在 1200℃烘烤该混合物。

而上述产品可以使用其结构来进行限定，如下所示：

　　1. 一种产品，包括：
　　物质 A 的颗粒；以及
　　树脂 B；
　　其中
　　所述物质 A 的颗粒和所述树脂 B 的重量比例为 1∶1；并且
　　所述树脂 B 完全围住所述物质 A 的颗粒。

---

❶ In re Thorpe 777 F. 2d 695（Fed. Cir. 1985）.

❷ Abbott Labs. v. Sandoz Inc. 2009 U. S. App. LEXIS 10476（Fed. Cir., May 18, 2009）.

---

**测验 8**

你能够对如下由方法限定的产品权利要求作出修正吗？（由非美国专利代理人撰写）

4. 根据权利要求 1 所述的围嘴，其中每个所述袖套部分通过缝制连接至所述裙部。

(4. The bib of claim 1，wherein each said sleeve portion is connected to said apron portion *by sewing*.)

---

以上部分给出了关于美国专利撰写的多个示例和一般性建议。由 Hauptman Ham（LLP）举办的 PADIAS 课程会详细讨论关于在具体领域中，例如，复杂的机械领域；电子、计算机相关领域（包括软件）；通信、化学以及生物技术等领域进行美国专利申请时权利要求撰写的一些建议。

# 第二节　说明书的撰写

在撰写完权利要求后，接下来就要进行说明书的撰写。尽管说明书包括多个部分，如背景技术、发明内容、说明书附图、摘要，但是其中最重要的当属详细说明部分，该部分对支持和实现所主张的主题的实施例进行了详细的描述。撰写人应该特别重视本章节，因为与权利要求不同的是，权利要求在递交日后还可以进行修改（如果需要），但是一般来说在递交日后就不可以对说明书进行实质性的修改，尤其是详细说明部分。因此撰写是仅有的并且是最好的专注于详细说明部分的机会，在这一过程中应确保待提交的申请中包括了足够详细并且足够宽泛的公开内容。以下给出的建议大部分针对详细描述部分。

## 一、避免使用"发明"（Invention）以及诸如此类的词语

非常不建议在美国专利申请中使用"发明"一词。原因在于"发明"一词与权利要求联系在一起。如果将一个特征描述为或称为"发明"，言外之意就是这个特征是权利要求的一部分。法院或者被告侵权人可能会将权利要求解释为包括描述为"发明"的特征，即使权利要求中没有明确地引用该特征。这个撰写技巧可以避免与这种窄的权利要求范围解释相关的不必要问题。

一个将通常使用"发明"一词的非美国专利申请转换成美国专利申请的快速方法是：用"披露"（Disclosure）或者"实施例"（Embodiments）来替

换所有的发明（Invention）。

例如，原始表达"In accordance with the present invention, the device 10 includes..."

可以快速更改为"In accordance with the present <u>disclosure</u>, the device 10 includes..."或者

"In accordance with <u>one or more embodiments</u> of the present application, the device 10 includes..."或者

"In <u>some embodiments</u>, the device 10 includes...".

需要注意的是，不推荐以单数形式使用"实施例"（Embodiment）一词。例如，"the device 10 in the embodiment."这种描述是不建议的。原因在于以单数形式使用实施例（Embodiment）会造成一个暗示，即申请中仅公开了一个实施例，而这会使得公开的范围变得很窄。为了扩大公开的范围（并且最终扩大权利要求的范围），建议使用复数形式实施例（Embodiments），即一个或多个实施例（one or more embodiments）或者一些实施例（some embodiments）。"至少一个实施例"这种表达也是可以接受的。

## 二、段落标题

对于详细描述部分，推荐使用的标题有详细描述（Detailed Description）、披露实施例详细描述（Detailed Description of Disclosed Embodiments）或实施例详细描述（Detailed Description of Embodiments）。段落标题附图详细描述（Detailed Description of the Drawings）也是可以接受的。但是如发明（Invention）或者现行发明（Present Invention）这样的段落标题是不推荐的。例如，发明详细描述（Detailed Description of the Invention）就不是推荐使用的段落标题，原因如上所述。

同样地，对于说明书的其他部分，推荐使用以下段落标题：

- 背景（Background），而非发明背景（Background of the Invention）
- 技术领域（Technical Field）或领域（Field），而非发明技术领域（Technical Field of the Invention）
- 内容总结（Summary），而非发明内容总结（Summary of the Invention）

总之，大部分常用的段落标题都是可以接受的，前提是不可以包含术语"发明"（Invention）。

## 三、开头段落

一般来讲，段落标题详细描述（Detailed Description）之后就是开头段。

下面给出了一个开头段示例。

> 下述公开了多种不同的实施所述的主题技术方案的实施方式或实施例。为简化公开内容，下面描述了各元素和排列的具体实例，当然，这些仅仅为例子而已，并非是对本发明的保护范围进行限制。例如，在说明书中随后记载的第一特征在第二特征上方或上面形成，可以包括第一和第二特征通过直接联系的方式形成的实施方式，也可包括在第一和第二特征之间形成附加特征的实施方式，从而第一和第二特征之间可以不直接联系。另外，这些公开内容中可能会在不同的例子中重复附图标记和/或字母。该重复是为了简要和清楚，其本身不表示要讨论的各实施方式和/或结构间的关系。进一步地，当第一元素是用与第二元素相连或结合的方式描述的，该说明包括第一和第二元素直接相连或彼此结合的实施方式，也包括采用一个或多个其他介入元素加入使第一和第二元素间接地相连或彼此结合。

该段的目的是防止出现一种可能性，即阅读者（例如审查员、法官或者陪审员）对说明书中的具体内容作出较窄的限制。

此外，还可以再包括一个开头段用来对新颖性进行简要的概括。对于一些简单的发明而言，可以对权利要求 1 做一些改述作为开头段，最好再加上一些附图标记，从而帮助读者快速理解新颖性。在该段中对发明的优点进行简要的讨论也是可以的。但是应当注意，对于这些优点的详细描述应该包含在这里所讨论的详细描述部分中。

例如，对于下面的权利要求 1 而言：

> 1A. 一种婴儿围嘴，其包括：
>
> 主体部分；
>
> 至少一个袖套，从主体部分侧向延伸，所述袖套沿着一条可开合的缝可以打开；和
>
> 至少一个扣紧件，用于在使用中可松解地将袖套环绕婴儿手臂并闭合。

我们可快速地撰写出如下的开头段：

> 在一些实施例中，一个婴儿围嘴 100 包括一个主体部分 102，和至少一个袖套 104，从主体部分 102 侧向延伸。袖套 104 沿着一条可开合的缝 106 可以打开。至少一个扣紧件 108，用于在使用中可松解地将袖套环绕婴儿手臂 110 并闭合。在至少一个实施例中，可打开的袖套 104 使得照顾

者能够快速地给婴儿穿上或者脱掉围嘴。

需要注意的是，为了方便阅读并且更加清楚，将权利要求 1 中的用语改写成了多个句子，我们将会在本书的后续部分对此进行讨论。

对于更加复杂的发明而言，权利要求 1 可能会很长，这使得对整个权利要求 1 进行改写并且再加上附图标记就会非常冗长，而且读者并不能立即清楚理解其新颖性点。在这种情况下，可以将开头段写成概括性的句子，不加附图标记，也不用列出权利要求 1 的所有特征，而是把重点放在对新颖性点的描述上。例如，对于上述权利要求 1，可以用下面的开头段替代：

> 在一些实施例中，一个婴儿围嘴包括一个可打开的袖套，用于在使用中可松解地将袖套环绕婴儿手臂并闭合。与其他不能打开袖套的方式相比，可打开的袖套，在至少一个实施例中，使得照顾者能够快速地给婴儿穿上或者脱掉围嘴。

此外，采用其他的方式来撰写开头段也是可以的，前提是不能过分地限制整个公开的范围。为了确保满足这个要求，上述的示例中都包含了如"包括""在至少一个实施方式中""在一些实施例中"等宽泛的词句。另外，在后面的示例中会跟现有技术进行比较，而为了不公开地承认其为现有技术，我们可以使用如"其他方式"的词句。

## 四、遵守《美国专利法》第 112 条第 1 段的规定

《美国专利法》第 112 条第 1 段中有三个要求：文字说明要求、能实施要求和最佳实施方式要求。

大部分案例都能够满足文字说明要求，因为原始权利要求给自身提供支持。另一种确保满足文字说明要求的方法是将权利要求语言和额外的附图标记包含在详细描述部分中。此方法为权利要求的语言提供合适的引用基础的同时还可以用于确保符合文字说明要求。

书面申请未能满足文字说明要求的情况是很少见的。如果出现这种情况，一般会是在复杂的技术领域，如生物技术领域。当在审查期间对权利要求作出修改时，更常会遇到文字说明要求的问题。在这种情况下，就需要删除所谓的得不到支持的主题内容和/或提交第 132 条声明以证明发明人在申请提交时确实拥有所谓的得不到支持的主题内容❶。

---

❶ Vas – Cath, Inc. v. Mahurkar, 935 F. 2d 1555, 1560, 19 USPQ2d 1111, 1114（Fed. Cir. 1991）.

如果说明书能够使相关领域的普通技术人员在不需要过度实验的情况下了解如何制作和/或使用该发明，那么就可以满足能实施要求。❶ 在很多情况下，如果描述了所主张主题的**具体**示例，就可以满足能实施要求。与文字说明要求类似，当在审查期间对权利要求作出修改时，和/或在复杂的技术领域，如生物技术领域，更常会遇到能实施要求的问题。近期，美国专利商标局根据《美国专利法》第 112 条第 1 段的能实施要求对计算机相关申请（尤其是在软件、通信等领域）发出的驳回数量越来越多。在大多数情况下，对计算机硬件进行充分地描述应该可以避免这种问题。本书的别处给出了一个硬件描述的示例。

另外一种可能出现不可实施问题的情况涉及范围限定。例如，一个没有上限的范围限定，如"其中所述基底的密度为至少 $100g/cm^3$"，可能由于不可实施而被驳回（即使该部分内容得到说明书支持），因为说明书没有（并且很可能不能够）包括对无限密度的描述。对于涉及范围限定的案例而言，上限和下限都应该公开，如果公开的上下限不是最宽的范围，那么在需要的情况下可以以实施例为基础作后续的修改。

在说明书中没有提供充分的计算机硬件描述的情况下，需要第 132 条声明，以证明本领域的技术人员可以了解如何制作和使用所谓不能实施的主题。

尽管颁布了《美国发明法案》（以下简称 AIA 法案），但是在提交申请时还是要满足最佳实施方式要求。根据 AIA 法案，最佳实施方式不再是对授权专利的无效理由。但是，在专利授权前，美国专利商标局还是会将最佳实施方式要求作为专利性判定的要求。在撰写申请的时候必须小心谨慎，要充分公开最佳实施方式，使得本领域普通技术人员能够实施该发明。❷ 这种问题在审查期间很少会碰到，而在向发明人询问最佳实施例（最佳实施方式）的时候和对最佳实施例进行描述和权利主张时可能碰到。

我们并不需要从申请中公开的多个实施例中辨别出哪个才是最佳实施方式（最佳实施例）。一些公司有这样的策略，即将最佳实施方式"埋藏"在很多其他次优选的实施方式中。例如，假设 Cu 是一个导体的最佳实施方式（实施例），可以采用这样的描述"在一些实施方式中，该半导体的一种材料选自 Au，Ag，Fe，Cu，Al，Cr，W，Ti 及类似元素"，通过这种方式，虽然公开了最佳实施方式，但是最佳实施方式并没有被明确确定，以减少竞争者试图抄袭

---

❶　In re Wands，858 F. 2d at 737，8 USPQ2d at 1404（Fed. Cir. 1988）.

❷　Eli Lilly & Co. v. Barr Laboratories Inc.，251 F. 3d 955，963，58 USPQ2d 1865，1874（Fed. Cir. 2001）.

该最佳方式来实施该发明的可能性。

如果由于不公平行为而未能在专利公开内容中阐述最佳实施方式，那么不仅专利有被认定无法实施的风险，试图以相同方式实施的处理同一技术的其他专利也会被认定无法实施。❶ 由于这种严重的后果，在提交非美国申请时（提交中国专利申请时）公开发明的最佳实施方式是非常重要的。后续在美国提交该中国申请时就不需要对该最佳实施方式进行更新。

## 五、提供充分详细的附图说明使读者不需要参照附图想象出所公开的实施例

这是一个很实用的技巧。尽管相比于简单地说明"如图所示"，描述一个附图需要更多的时间，但是详细的附图说明可以为权利要求修改提供清楚且积极的支持，而如果没有详细的附图说明则不行。例如，考虑 BIB 发明中的附图，如图 1 – 14 所示。

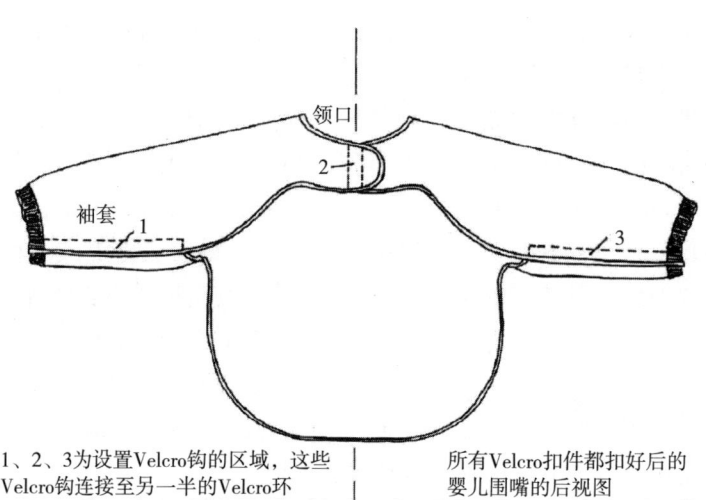

1、2、3为设置Velcro钩的区域，这些 Velcro钩连接至另一半的Velcro环

所有Velcro扣件都扣好后的 婴儿围嘴的后视图

**图 1 – 14 "婴儿围嘴"发明素描图**

该围嘴相对于中央垂直线看起来是对称的。我们假设在审查期间需要用到"对称"来区别现有技术。然而，如果说明书中没有正面描述"所述围嘴相对于垂直中心线对称"，那么在修改时一旦引入"对称"特征，则会被美国专利商标局根据《美国专利法》第 112 条第 1 段由于得不到原始公开的支持而驳回，尤其考虑到附图是非正式的没有按比例绘制的。通过在提交时加入"所

---

❶ Consolidated Aluminum Corp. v. Foseco Inc., 910 F. 2d 804, 15 USPQ2d 1481（Fed. Cir. 1990）.

述围嘴相对于垂直中心线是对称的”这一具体说明，申请人就可能在后续作出提议的“对称”修改而不需要承担根据《美国专利法》第 112 条第 1 段的驳回风险。

加入详细的附图说明，使读者能够想象出所描述的结构，这一做法是为了防范在提交申请时漏掉附图页。然而，这种“附图缺漏”的情况对于大部分案例来说都不再是个顾虑。因为现在美国专利商标局允许在提交之后将中国（或非美国优先权）申请中的附图和/或描述页包含到美国申请中，只要该疏漏是无意的和/或该中国（或非美国优先权）申请以参考的方式并入到了美国申请中。本书的别处会对此进行讨论。

## 六、定义

在一些案例中，如果申请人使用了在本领域中没有被广泛采用的术语（即新词），那么对这个新词的定义就很有用。将这类术语的定义包含在说明书中，能够避免基于《美国专利法》第 112 条引发的各种问题。❶ 如果使用这些定义，那么就应该得到发明人的认同以确保这些定义是准确的，从而提供发明人想要的宽泛的保护范围。

定义还有助于在同族专利或组合专利的多个专利申请中建立一致统一的技术理解。例如，对于一个针对智能手机界面的组合申请而言，可以在该组合申请的每一个申请中开发并且包含一个通用智能手机操作（例如“触摸”“长触”“滑动”“点击”“双击”“快翻”等）的定义的标准列表。这种技巧在苹果公司提交的很多申请中可以看到，这样做有望减少审查和/或侵权期间的不必要的问题。这种定义的标准列表应该随着技术的发展而更新。例如，从基于非接触式触摸（利用接近传感器替代接触传感器或者作为其补充）的智能手机操作的最新发展来看，可以将“接近触摸”或者“非接触式触摸”的定义加入该列表中。

## 七、结构清楚

作者建议具体描述部分要有条理，并且本领域中的非专家能够容易理解。非专家包括法官、陪审员或者非专家审查员。具体描述越容易理解，在审查和执行期间产生不必要的或者可避免的问题（例如权利要求的解释问题）的可能性就越低。一种让具体描述部分容易理解的简单方法是使用简短的句子。一

---

❶　参见 In re Zletz，893 F. 2d 319，321，13 USPQ2d 1320，1322（Fed. Cir. 1989）。权利要求的这些语言必然被赋予了朴素的定义，除非申请人在说明书中提供了清晰定义。

些中国申请将权利要求语句的原文重复包含在其具体描述中，并且插入附图标记。这种做法会产生一个潜在的问题，即如果权利要求既长又复杂（例如有若干子段落），那么描述部分就会更长并且更复杂，从而使得其与权利要求一样难以被理解。为了避免这种情况，建议将权利要求改写为多个句子，以便于阅读。在本节上述"三、开头段落"中给出了一个示例。

此外，作者还建议对实施例进行这样的描述，即这些描述是为权利要求量身定制的。例如，具体描述部分可以先从一个总体概述（对应于独立权利要求）开始，然后接着是越来越多的细节（对应于从属权利要求）。这种方法被称为"自上而下"法。

这种"自上而下"法还可以被用于附图布置。例如，为了描述一个计算机系统的有创造性的处理器，附图 1 可以示出并且描述该计算机系统的概况，包括处理器、存储器、硬盘驱动器和输入/输出设备（如显示器、键盘、鼠标等）。附图 2 可以示出并且描述该处理器的内部架构，如组合逻辑、寄存器、缓存等。附图 3 可以示出并且描述该处理器的创造性特征，如该组合逻辑的进一步内部结构。

## 八、术语

作者建议说明书和权利要求中的术语要保持一致。例如，在 BIB 发明中，独立权利要求可以使用通用的、宽泛的术语，如"紧固件"（Fastener）。接着在从属权利要求中可以使用具体的、窄的术语，如"钩状和环状"（Hook-and-loop）或者"机械扣件"（Mechanical Fastener）亦或"胶带"（Adhesive Tape）。在说明书的大部分描述中可以使用通用的、宽泛的术语［如"紧固件（Fastener）］，而将具体的、窄的术语作为可选实施例简略地提及。

## 九、可替代的工作示例

具体描述部分应该阐述若干可替代的工作示例（如果不是全部，可只对一个工作示例或者实施例进行详细的描述）。例如，在 BIB 发明中，可能只对主要的实施例"钩状和环状"（Hook-and-loop）紧固件进行了详细的描述。然而，对其他的可替代实施例也要进行描述，至少进行简略的描述。例如，可以使用以下的描述："在一些实施方式中，紧固件 104 包含钩状和环状紧固件、胶带、线、纽扣、孔及其他种类可解开的紧固件中的一种或多种。"

这种描述尽可能多的可替代的工作示例的方法保证了根据《美国专利法》第 112 条第 1 段说明书能够支持并且实现宽泛的权利要求保护范围，包括最宽的权利要求用语［"紧固件"（Fastener）］和更窄的权利要求用语［"钩状和环状"（Hook-and-loop）"胶带"（Adhesive Tape）等]。此外，给出的可替代的工作示例越多，那么一旦有装置加功能性限定的话，根据《美国专利法》第112条第6段，这些装置加功能性限定就会被解读得更宽。在申请受制于限制性要求的情况下，可选的可行示例描述得越详细，基于该可选的可行示例的分案申请的审查就会更容易。

*ICU Med.，Inc. v. Alaris Med. Sys.，Inc.*，558 F. 3d 1368，（Fed. Cir. 2009）案说明了为什么要描述多个可替代实施例的原因。在这个案例中，主题涉及不使用针头的用于静脉注射的医用阀门。说明书中仅描述了具有针头的医用阀门，并且原始权利要求中还包括"针头"这一限制。在审查的过程中，显然申请人在知道了竞争者的没有针头的装置后，将"针头"这一限制从权利要求中删除，从而扩大了权利要求的保护范围。法庭认为根据《美国专利法》第112条第1段的规定，该权利要求是无效的，原因在于仅仅根据具有针头的实施例所公开的内容，本领域的普通技术人员不会想到发明人会发明没有针头的医用阀门。而如果在申请中描述了可选的实施例（尽管是次优选的），可能就可以避免这样的结果。

应当注意，<u>不建议确定哪个可替代实施例是比其他实施例更加优选的实施例</u>。换而言之，<u>不建议使用优选实施例</u>（"Preferred Embodiments"）以及优选的是……（"It is preferable that..."）这样的常用词句。原因在于使用优选地（"Preferred"）或者优选的是（"Preferable"）可能表示某个元素/实施例比另外一个元素/实施例更加重要，而这样可能会导致不利的权利要求解释，即权利要求的范围被限定在该优选的实施例中。然而这也不是绝对的，建议可以迅速采用以下这种保护措施。

例如，可以将以下的描述：

优选地，紧固件104为钩状和环状紧固件，尽管也可使用别的种类的可解开的紧固件，如胶带、线、纽扣和孔等。

改写为在美国递交申请时的如下形式：

在一些实施方式中，一些可解开的紧固件104的紧固设置例子包括但不限于环状紧固件，尽管也可使用别的种类的可解开的紧固件，如胶带、线、纽扣和孔等。在至少一个实施方式中，所述可解开的紧固件104包括一种钩状和环状的紧固件。因此所获得的有益效果是……

在上述改写的说明中，简单描述实施例的某些优点暗示了（无须清楚地明示承认）所描述的实施例都是优选的。因此，对权利要求不利的解释，即权利要求的范围被限定在该优选的实施例中的可能性就会降低。

还应当注意的是上述改写的说明中没有包括词语"能够或可以"（"Can"），由于它的"不确定性"作者不建议使用。此外，例如"可能""应该""或许"（"Could""Might""Should""May"）这些类似的词语也应该避免使用。同样地，这种改写方法可以将一个非美国专利申请快速地改写成用于在美国递交的专利申请。例如，可以将具体描述改写成"在一些实施方式中，所述紧固件 104 是一种'钩状和环状'的紧固件（In some embodiments, the fastener 104 is a 'hook-and-loop' fastener.）"，用于替换"所述紧固件 104 可以为一种'钩状和环状'的紧固件（The fastener 104 can be a 'hook-and-loop' fastener.）"。通过使用"在一些实施方式中"（In some embodiments）"在至少一个实施例中"（In at least one embodiment）"根据一些实施例"（in accordance with some embodiments）以及类似的语句，可以避免例如"可以"（Can），"可以"（Could），"或许"（Might），"应该"（Should），"可能"（May）等词语的使用。

## 十、支持范围以及装置加功能的限定

本书的前述章节已经对该主题进行了讨论，相应的部分讨论了权利要求语言的类型。简单来说，对于范围限定而言，建议在详细说明中对公开的/要求保护的范围临界进行描述，并且还要提供嵌套的范围。对于装置加功能的限定（或者可能被解释为装置加功能的限定，例如在计算机相关的申请中）而言，要求有对结构（例如计算机硬件）以及对操作（例如计算机算法）的描述。

## 十一、避免对"安全性"的讨论

在可能的情况下，应当避免讨论权利要求特征或者优点的"安全性"，原因是为了避免产品责任诉讼。例如，当申请中描述了该发明（例如，在建筑工作中用于射钉的射钉枪）确实能为客户/用户/操作者提供增强的安全性，然而该产品并没有实现这些承诺而且具有安全问题，那么就存在产品责任诉讼的可能性。

## 十二、避免/最小化《美国专利法》第 101 条的问题

《美国专利法》第 101 条最重要的要求包括实用性和专利适格性（Patent-eligibility）。这两个问题经常在与计算机以及化学/生物科技相关的申请中产生。

实用性要求与非美国国家中对于工业实用性的要求类似，中国专利申请中

通常也需要满足该要求。因此,大部分中国专利申请在递交至美国时都应该满足实用性要求。即使一个中国专利申请没有包括工业实用性声明,对于简单的发明(例如 BIB 发明)或者众所周知或高度可预期领域(例如机械、电气等领域)中的发明而言,可能也不会是问题。但是,我们应注意,确保发明满足实用性的要求,尤其是对于复杂的发明(例如生物科技、数据挖掘),因为非专家人员可能不知道该发明是否有用。

例如,我们假设该发明与蛋白质的分离有关。作者建议在详细描述部分中公开说明该蛋白质对于一种用于疾病的药物是有用的。如果没有在说明书中公开该蛋白质对于什么有用,那么基于《美国专利法》第 101 条,限定如何分离该蛋白质的权利要求就可能由于缺乏实用性而被驳回。

在最近美国联邦高等法院对于 Alice Corp 案❶作出决定后,专利适格性要求成为一个热门的话题。根据 Alice Corp 案,确定专利权利要求是否指向专利适格主题分为两个步骤:

> 首先,确定所讨论的权利要求是否指向那些专利不适格构思中的一个……如果是,接着搜索一个"发明构思",即一个元素或者元素的组合,该元素或者元素的组合是否"足以确保该专利在实践中达到了显著高于基于'不适格构思'的专利本身"❷。

在 Alice Corp 案之后,被发现专利不适格的案件越来越多,其中大部分是计算机相关以及商业方法相关的案件。美国专利商标局也基于 Alice Corp 案发布了若干指南,供审查员用这些指南来对专利适格性进行审查。美国专利商标局最近发布指南是在 2019 年 1 月。专利界已经对美国专利商标局的专利指南作出了评论,大部分人都批评该指南是不完整和/或不准确的。美国专利商标局似乎对这些评论很重视,并且随着案例法的发展对这些指南作出了修正。考虑到该问题的不确定性,申请人难以调整撰写和/或审查实践来应付潜在的 Alice Corp 案问题。直至该法条、规定以及美国专利商标局的审查指南完全达成一致为止,都难以给出一个解决潜在 Alice Corp 案问题的最好方法。以下是基于美国专利商标局发布的指南给出的建议,以便增加专利获准的可能性。至于如何让这样一个专利抵御 Alice Corp 案的攻击(如果有的话),会在之后适用该攻击当时的判例法来进行处理。随着判例法的发展,作者会对该书进行进一步的补充来解决这个问题。

---

❶ Alice Corporation Pty. Ltd. v. CLS Bank International, et al., 134 S. Ct. 2347 (2014).

❷ Alice Corp, 134 S. Ct. at 2355 (emphasis added).

如以上注意到的，在 Alice Corp 案下，分析分为两个步骤：

（1）权利要求是否指向不符合专利适格性的构思，例如自然规律、自然现象或者抽象概念；

（2）如果是，那么权利要求是否达到显著高于所列举的例外（例如该自然规律、自然现象或者抽象概念）本身。

如果对于步骤（2）的答案为是，那么该权利要求就是专利适格的。否则，基于《美国专利法》第 101 条以及 Alice Corp 案，该权利要求就是专利不适格的。

在大部分案例中，第一个步骤与发明的性质有关。因此，如果发明确实是不符合专利资格的构思，那么很难避免在步骤（1）中作出肯定回答。为了避免/克服 Alice Corp 案的问题，所做的撰写努力就应该集中在步骤（2）上，例如，说明权利要求达到<u>显著高于</u>所列举的抽象概念。对于"显著高于"，美国专利商标局给出了以下的示例：

- 对<u>其他技术或者技术领域</u>的改进，例如，应用于特定橡胶成型工艺中的数学公式；❶
- 对<u>计算机本身的功能</u>的改进，例如，用于对灰度图像进行半色调处理的由计算机实现的方法，该方法允许计算机使用较少的内存并且计算时间更快；❷
- 通过<u>使用特定的机器</u>来运用司法例外，例如，使用具有 GPS 接收器的移动设备的全球定位系统（GPS）；❸
- 使得<u>特定物品转换</u>或者简化为不同的状态或者事物；❹
- 增加<u>特殊限定</u>（本领域公知的、常规的以及传统的除外），或者增加非传统的步骤，而这些步骤将权利要求限定在<u>特定</u>的有效应用中。❺

附录 2 中给出了美国专利商标局的专利适格案例的完整列表。

从美国专利商标局提供的示例来看，建议在撰写阶段按照所提供的至少一个示例来进行说明书的撰写，以提高成功克服《美国专利法》第 101 条/Alice

---

❶ Diamond v. Diehr, 450 U. S. 175（1981）.

❷ Research Corporation Technologies Inc. v. Microsoft Corp., 627 F. 3d 859（Fed. Cir. 2010）.

❸ SiRF Technology Inc. v. International Trade Commission, 601 F. 3d 1319（Fed. Cir. 2010）.

❹ 参见 Diehr, 450 U. S. at 184。要求保护一种"特定的橡胶成型工艺"的权利要求涉及一种物质的转化，在该案例法中，未硫化的合成橡胶变成不同的状态或物质。

❺ 参见 DDR Holdings, LLC v. Hotels. com et al., 113 USPQ2d 1097（Fed. Cir. 2014）。要求保护电子商务外包系统/生成一个复合网页的权利要求，通过记载许多指向特定的网络中心问题的技术特征，证明专利适格。

Corp 案驳回的可能性（如果有的话）。在这些示例中，"对另一项技术或者技术领域的改进"以及"对计算机本身的功能的改进"显得最为有力，即最有可能克服《美国专利法》第 101 条的驳回。因此，如果可行，在撰写被《美国专利法》第 101 条驳回具有高风险性的申请（例如计算机相关申请）时，应该对这两个方面进行详细描述。

为了支持一个工艺权利要求的专利适格性，作者建议对该工艺中使用的硬件组件之间的相互作用进行限定。例如，可以对迭代控制回路（包括前向控制和/或反馈控制）进行描述。另一种方法包括对有形输出的连接进行权利要求和描述，例如，在除了计算机的其他机器中的物理操作。这个建议是根据此处讨论的 Diehr 案而来的。另外还有一个方法包括对计算机功能性改进的描述，例如，提高的速度和/或减少的迭代数目。尽管这种提高的速度和/或减少的迭代数目可能不会直接表述在权利要求中，但是权利要求还是需要与这种改进紧密相关，从而希望避免《美国专利法》第 101 条的驳回。

为了支持一个系统权利要求的专利适格性，作者建议对该系统作一些改进，例如，速度上的改进、精度上的改进以及质量上的改进进行描述和/或进行权利主张。此外，权利要求的用语应该与一个或者多个这些改进联系起来。另一种方法是对元素之间的关系进行描述和/或进行权利主张。例如，作者建议对控制系统（例如计算机）是如何对实际设备（例如 Diehr 案例中的橡胶成型设备）产生影响进行描述和/或进行权利主张。说明书中应该为这些实际设备提供一些真实的示例。此外，对越多特定的物理设备进行描述和/或进行权利主张，那么权利要求被认为指向抽象概念的可能性就越低。

以上对于撰写的建议都是针对可能的基于《美国专利法》第 101 条驳回而给出的，但是并不保证就不会出现基于《美国专利法》第 101 条的驳回。如果审查员发出了基于《美国专利法》第 101 条的审查意见，那么作者建议和审查员进行沟通，而审查员可能会对如何克服该驳回给出提示。毕竟审查员也希望避免复杂的法律问题，例如《美国专利法》第 101 条的问题，该条法律涉及复审的风险会更高，而大部分审查员并不喜欢这样的风险。进一步来说，例如，从专利发布后美国专利商标局可以收缴的不菲的维持费来看，美国专利商标局也希望申请能够被批准，专利能够被授权。从当前《美国专利法》第 101 条问题的不确定性来看，和审查员进行沟通是最经济的方法。

## 十三、避免使用绝对词

绝对词包括但不限于"所有的"（All）、"必须"（Must）、"唯一的"（Solely）、"重要的"（Important）、"必要的"（Essential）、"关键的"（Key）、

"至关重要的"（Vital）、"决定性的"（Critical）、"极其地"（Extremely）。竞争对手或者法庭可能会依靠这些词来将权利要求的范围限制得很窄。

*Tronzo v. Biomet, Inc.*，156 F. 3d 1154，47 USPQ2d 1829（CAFC 1998）的案例给出了为什么不应该使用绝对词的示例。在该案例中，主题涉及人造臀窝，该人造臀窝包括用于插入臀骨中的杯状植入物。该杯状物被公开为具有梯形截顶圆锥形状，或者为圆锥形。说明书中使用的所有术语都描述了一个圆锥形的杯状物。说明书还进一步说明了圆锥形杯状物比所有其他形状的杯状物更加<u>关键</u>。但是，权利要求中并没有要求该杯状物为圆锥形，因此由于不能够根据文字说明来实施，该权利要求是无效的。假设说明书中<u>没有</u>公开圆锥形杯状物的关键性，那么这种情况可能就已经被避免了。

*SciMed Life Systems, Inc. v. Advanced Cardiovasular Systems, Inc.*，58 USPQ2d 1059（CAFC 2001）的案例给出了为什么不应该使用绝对词的另一个示例。该案中的主题涉及如图 1 – 15 所示的用于医用设备的两种布局，即拥有专利的同轴布局以及在被告侵权设备中使用的双重布局。

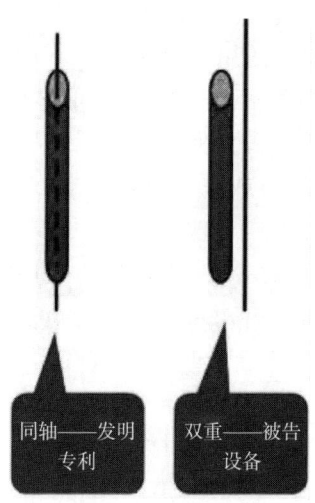

**图 1 – 15　某发明的用于医用设备的两种布局示意图**

该专利是如何撰写美国专利申请的一个很好的反面示例。具体而言，该专利申请的摘要中描述了同轴布局，并且在背景技术部分中对双重布局进行了批评，而概要部分中则将"本发明"描述为同轴布局，并且在详细描述部分中包含了以下陈述"上述同轴结构是此处描述的设计和公开的本发明中所有实施例的基本的袖套结构"［The（coaxial）structure defined above is the basic sleeve structure for <u>all</u> embodiments of the present invention contemplated and disclosed herein. ]。法庭认为该专利对（被告设备中的）双重布局进行了具体的指出、批评和否定，因此既不存在文字上的侵权，也不存在等同侵权原则下的侵权。

## 十四、标题

标题应当反映最宽的权利要求，并且按照《专利审查程序手册》（MPEP）606章节，应当描述所要求保护的发明。不建议在标题中包含最宽的权利要求中所没有引用的特征，因为存在标题被用来限制权利要求的情况。❶

为了满足这些要求，一般有两种方法来提出标题。根据第一种简单些的方法，大部分情况下撰写人花五分钟或者更少的时间就应该想出一个可接受的标题。这种方法中建议的标题由最宽的（独立）权利要求的前序部分构成。例如，假设 BIB 发明包含3个独立权利要求，分别指向围嘴、围嘴的制造方法以及使用方法，那么一个快速简单的标题可以是"围嘴及其制备和使用方法"（BIB，Method of Making and Method of Using the Same）。通过使用由最宽的权利要求的前序部分构成的标题，该标题被用来窄化权利要求的可能性就会更低。但是，一些审查员可能会比较严格地执行《专利审查程序手册》（MPEP）606章节的规定，要求对标题进行修改以使得其能够描述所主张的发明。如果审查员提出了这样的异议，那么可以将标题修改为包含一个所主张的新颖性点。关于第一种方法应该注意的另外一点是像这样的短标题很容易被检索者忽略，从而导致专利权对于第三方的公开更少，因此专利许可的机会也就会更少。由于标题宽泛并且（在不修改的情况下）该标题被用于窄化权利要求范围的可能性很低，从这点来看，以上讨论的"缺点"可以被视为次要的和可以容许的。在所有的案例中都可以推荐使用第一种方法。

根据第二种方法，除了最宽权利要求的前序部分外，标题还要额外包含一个新颖性点。例如，对于 BIB 发明而言，可以使用以下的标题"带有可打开袖套的围嘴，其制备方法及应用"（Bib *With Openable Sleeve*，Method of Making and Method of Using the Same）。相比于第一种方法，这种更长的标题更可能会出现在检索报告中，并且导致专利权可以更多地公开给第三方，因此专利许可的机会也就会更多。此外，美国专利商标局不太可能对这样的标题提出异议。但是，如果没有很认真地选择包含在标题中的新颖性点，抑或在审查过程中对该新颖性点进行变更，那么这种更长的标题可能会导致被解读为对权利要求的过度窄化。相比于检索公开程度或者美国专利商标局的异议，这种潜在的对于

---

❶　Exxon Chemical Patents Inc. v. Lubrizol Corp. , 35 USPQ2d 1801（CAFC 1995）.

权利要求的解读更加令人担忧。因此，第二种方法仅建议有经验的撰写人使用。

需要特别指出，当提交继续的申请（例如继续申请、分案申请或者部分继续申请）时，需要对标题进行更新。例如，假设在 BIB 发明中审查员发出了限制要求（Restriction Requirement）的审查意见，申请人选择了围嘴权利要求并且对制造方法权利要求提交了分案申请，那么该分案申请的标题就应该为"围嘴的制造方法"（Method of Making BIB）。

## 十五、交叉引用的陈述

以下给出了推荐使用的交叉引用的陈述，在提交美国专利申请的时候可以将该陈述呈现在标题的正下方：

> 本申请是以 CN 申请号为＿＿＿＿＿＿，申请日为＿＿＿＿＿＿的申请为基础，并主张其优先权，该 CN 申请的公开内容在此作为整体引入本申请中。

为了确保美国专利申请中有适当的优先权声明，这种陈述曾经是一个必要条件，尤其是当需要更早提交的美国申请的本国（美国）优先权时（例如在继续申请的情况下）。但是，从美国专利商标局最近的规定来看，优先权信息是在申请数据表（ADS）而非交叉引用陈述中列出。

尽管如此，还是需要这样的陈述来明确地将在先申请和/或相关申请通过引用并入。这样一个"通过引用并入"的陈述曾经是为了针对缺页而采取的惯用保护措施，直到美国专利商标局开始允许从优先申请中将意外疏忽的材料（缺失的页）并入美国专利申请中，即使该美国专利申请中没有"通过引用并入"的陈述。尽管如此，还是需要"通过引用并入"的陈述来改正翻译错误，而翻译错误可能不会被认为是意外的疏忽。

需要特别指出，进入美国国家阶段的 PCT 申请中不可以加入"通过引用并入"的陈述。原因在于对于在美国提交申请的目的而言，美国国家阶段和 PCT 申请是一样的，即美国国家阶段的有效申请日就是 PCT 申请日，而该 PCT 申请日在进入美国国家阶段日之前。一旦进入美国国家阶段（在美国国家阶段的有效提交日之后），通过引用将在先申请并入，可能会被认为增加新内容并且可能会引起不必要的问题。在与 PCT 相关的情况下，如果需要，应该在提交 PCT 时就将"通过引用并入"的陈述加入到该 PCT 申请中。

将"通过引用并入"的陈述放在申请的不同位置而不是标题的正下方也是可以接受的。例如，也可以将"通过引用并入"的陈述放在说明书的末尾。

## 十六、技术领域

该部分可以被省略。为了节省时间，美国许多专利从业者，包括我们律师事务所（Hauptman Ham，LLP）都会省略该部分，并且把精力投入到其他更重要的部分，如附图、权利要求以及具体描述部分中。

如果想要包含这个部分，那么和以上所讨论的标题部分类似，有两种方法来进行撰写。第一种方法是简单地将独立权利要求的前序部分列在技术领域的陈述中。例如，对于 BIB 发明而言，建议使用以下的技术领域陈述："本披露涉及一种围嘴，其制备方法及应用"（The present disclosure is related to a bib，a method of making and a method of using the bib. ）。第二种方法是在技术领域陈述中额外地提及新颖性点，即 "本披露涉及一种带有可打开袖套的围嘴，其制备方法和应用"（The present disclosure is related to a bib with an openable sleeve，a method of making and a method of using the bib. ）。这两种方法的优点和缺点与前面所讨论的标题部分使用的两种方法的优点和缺点类似（除了美国专利商标局不会由于认为技术领域陈述为非描述性而对其提出异议之外）。作者推荐使用第一种方法，因为此方法对相关技术领域的定义是最宽泛的。

## 十七、背景技术

背景技术部分不应该对发明进行描述。而对发明进行描述的是其他部分，例如，综述部分（如果包括）和详细说明部分的任务。

如果最接近的技术是申请人自己的先前成果，并且还没有公开，那么就不应该在背景技术部分中对该成果进行描述。原因在于美国专利商标局通常会将背景技术部分中的资料认定为现有技术，并且用来与权利要求进行比对。一旦将资料写在背景技术部分中，很难将其从中移除或者说服美国专利商标局该资料不是现有技术。即使申请人自己的先前成果已经公布，也不建议在背景技术部分中提及该成果。原因在于背景技术部分中的装置通常被认为不如本发明的装置，而我们并不希望贬低申请人自己的先前成果，不管是明确地还是含蓄地。而详细说明部分会是讨论申请人自己的先前成果（或者任何其他相关技术，不管是不是现有技术）的一个更好的地方，可以通过使用在本书的其他地方的示例中给出的 "其他方式" 一词来进行讨论。通过这种方式可以避免对现有技术的公开承认。要知道，一旦做出尤其是书面的消极承认，想要将这些消极承认从记录中移除会非常困难。

同样地，即使要在背景技术部分中讨论一个已知的配置，那么也不要承认这样的一种配置是现有技术。例如，我们可以用 "发明人知晓的一种方法/装置"〔a method/device known to the inventor（s）〕来快速替换经常在非美国申请中遇到的如"惯用手段"（Conventional method）或者"现有技术装置"（Prior art device）等标准词汇，从而缓解承认其是现有技术，同时快速地将非美国专利申请的背景技术部分转换成推荐使用的美国专利申请的格式。可以将以下列出的陈述快速地添加至背景技术部分的开头，从而缓解申请人的成果被认为是公认的现有技术。

　　背景技术
　　这里的陈述仅提供与本发明有关的背景信息，而不必然地构成现有技术。

另外需要重点注意的是，如果背景技术部分被用来描述公知技术，那么如果可能的话，应该<u>不加渲染</u>、实事求是地对该公知技术进行公开，而不应该对该公知技术进行评价或者<u>贬低</u>。*L. B. Plastics, Inc. v. Amerimax Home Products, Inc.*，No. 2006 – 1465.（Fed. Cir. 2007）案例给出了为什么不应该对公知技术进行贬低的原因。该案的主题涉及用于防止树叶进入和阻塞水槽的水槽网，该水槽用于收集来自屋顶的雨水并且将所收集的雨水导至地面。所公开的水槽网如图 1 – 16 所示。

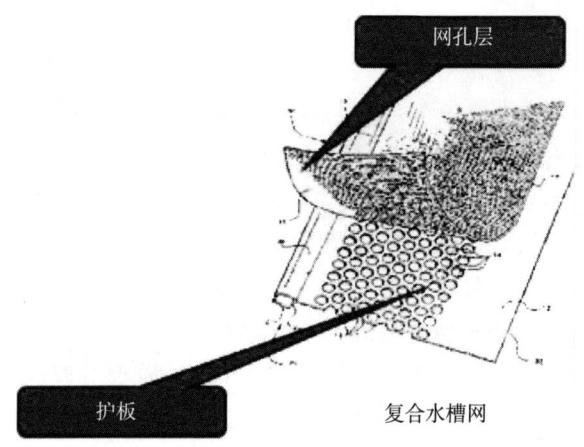

网孔层

护板　　　　　　　　　　复合水槽网

**图 1 – 16　某发明所公开的水槽网示意图**

说明书中描述了一种复合网，该复合网包括护板和<u>通过熔融或加热/超声焊接</u>附接至该护板的网孔层。说明书对现有技术中采用的附接方法进行了批评，认为其不如本发明。权利要求中记载了"加热焊接……将所述网孔层连接至所述护板"。被告装置包括<u>通过黏合剂、胶水</u>附接至护板的网筛。美国联邦巡回上诉法院发现说明书中没有对"焊接"或"熔融"进行定义，于是法庭就采用了这些术语在字典中的含义。字典对于"焊接"和"熔融"的解释要求对熔化或者液化的部件进行接合，即要求对网孔层和护板进行熔化/液化。但是被告产品中的网筛和护板并没有被熔化/液化，被熔化的只是胶水/黏合剂。因此法庭认为并没有字面侵权。进一步，由于说明书对现有技术中的附接方法（包括黏合剂）进行了批评，因此基于等同侵权原则，法庭认为被告产品不侵权。

该案例法阐明了本书中所重点强调的几个要点。第一，极力建议<u>不要批评现有技术</u>，因为这样做有可能会大大限制等同原则的应用。第二，申请中应当包含重要术语的定义。在该案例中，权利要求中使用了术语"焊接"，但是并没有对该术语进行明确的定义，因此使得法庭可以把目光投向其他地方，例如，从字典中找出该术语的一个"不利"的含义。第三，应该/可以在申请过程中包含一个装置加功能性限定的权利要求，例如，"用于将所述护板附接至所述网孔层的装置"。即使法庭认为焊接/熔融等同于黏合剂/胶水，那么被告产品还可能对该装置加功能性限定权利要求存在<u>字面侵权</u>，而不需要凭借等同侵权原则。

撰写一个"不加修饰"的背景技术并不是一个非常艰巨的任务。一般来讲，一个非美国申请的背景技术部分的撰写格式已经可以使其能够快速转换成不加修饰的背景技术部分。例如，一个标准的非美国申请的背景技术部分可以写成以下格式：

中国公开申请号 CN 2000 – 123456 公开了一种用于目的 B 的装置 A，装置 A 包括元素 C 和 D。

然而，在操作上，所述的装置 A 存在 E 缺陷。

因此，就需要提供一种装置，其能够避免缺陷 E。

通过删除对现有技术的批评内容以及有关"需要"（Need）的语句，这个标准的背景技术部分可以快速地转换成一个不加修饰的背景技术部分。例如，以下不加修饰的背景技术部分简单地描述了现有技术，而没有对其进行贬低，这样就足够了。

中国公开申请号为 CN2000 – 123456 的专利申请公开了一种用于目的 B 的装置 A。所述的装置 A 包括元素 C 和 D。

需要注意，该"不加修饰"的背景技术部分中不仅删除了对于现有技术的批评内容，并且有关"需要"（Need）的语句也被删除。作者不建议使用这种"需要"（Need）语句，原因在于其可能被美国专利商标局作为提示来搜索用于驳回权利要求的现有技术（例如从这种需要来看是显而易见的）。基于上述给出的与"需要"（Need）类似的原因，例如"值得要的"（Desirable）和"要求"（Demand）这些类似的词语也应该避免使用。此外，在背景技术部分或者说明书的其他部分中提及的任何参考文献都应该记载在信息披露声明（IDS）中。否则该参考文献（如上述示例中的 CN 2000 – 123456）可能就不会被美国专利商标局纳入考虑范围，而这会对申请人的告知义务产生不利的影响。

在一些情况下，当在美国递交专利申请的时候，申请人可能不愿意从其非美国专利申请的背景技术部分删除过多的内容。例如，申请人可能想要保留其申请中对于现有技术所存在问题的"批评性"描述（即使根据上述讨论的原因，这种"批评性"描述可能弊大于利）。在这种情况下，该问题就应该被描述为发明人所认为的问题，而非现有技术中存在的问题。具体而言，可以将上述标准的背景技术部分改写如下：

中国公开申请号为 CN 2000 – 123456 的专利申请公开了用于目的 B 的装置 A。所述的装置 A 包括元素 C 和 D。

然而，发明人认识到，在操作上，装置 A 存在缺陷 E。

将这些问题归结为发明人自己的认知❶也是为了防止美国专利商标局将这些问题认知作为驳回权利要求显而易见的理由。

撰写背景技术部分时还需要考虑一些其他的方面，如该部分的长度以及是否清楚。例如，有些美国专利从业人员倾向于撰写一个非常长的背景技术。很长的背景技术使法官、陪审团或者非专家的审查员能够正确地理解所涉及的技术。但是，考虑到撰写这个不是太重要的部分所花费的时间和成本，还是应该避免将背景技术部分写得过长，尤其考虑到当下大部分申请人都倾向于控制专利成本。一些美国专利从业人员喜欢在背景技术部分中使用附图来帮助法官、陪审团或者非专家的审查员更容易地理解该发明。与之相反，其他的专利从业人员（包括我们律所）则反对在背景技术部分中使用附图，一方面是考虑到成本问题，另一方面更重要的原因在于，这些附图可能会被解读成申请人承认的现有技术而被用来对抗本发明的权利要求。

正如上面所提出的，最实用的方法就是将对于现有技术的批评从非美国专

---

❶ "一种可专利性发明可基于一个问题来源的发现，即使一旦该问题被确定，解决方式是显而易见的。这是'作为整体的主题'的部分，在确定《美国专利法》第 103 条关于发明的显而易见性上始终应予考虑"。参见 In re Sponnoble，405 F. 2d 578，585，160 USPQ 237，243（CCPA 1969）。

利申请的背景技术部分中删除，从而快速地得到一个"不加修饰"的美国专利申请的背景技术。

---

**测验9**

根据以上讨论的内容，你能改正以下的背景技术部分吗？（由非美国专利代理人撰写）

### 本发明的背景技术

围嘴能够帮助防止在就餐时食物弄脏婴儿或幼儿或残障人士的衣服，当婴儿或者幼儿或者残障人士用手指或者勺子吃饭时，传统的长袖围嘴是有用的，因为长袖围嘴能够避免食物弄脏手臂或者衣服。

但是，给幼儿或者残障人士穿戴传统的长袖围嘴是很困难的，因为他们不习惯将他们的手臂穿入到袖套开口中。即使在父母的帮助下，穿戴传统的长袖围嘴也是困难的，因为在把一个手臂穿入到袖套开口之后，还需要艰难地把另一个手臂穿入到另一个袖套开口之中。

此外，传统的长袖围嘴还有一个问题，就是从婴儿或幼儿或残障人士身上脱下传统的袖套围嘴是困难的，因为婴儿或幼儿或残障人士不习惯把他们的手臂从袖套中抽出来，因为当父母或者照顾者试图把婴儿或幼儿或残障人士的手臂从袖套中拉出来时，他们的肘部通常弯曲起来很困难。

进一步地，传统的袖套围嘴还有一个问题，就是围嘴尺寸只能短时间内适合婴儿或幼儿的身体尺寸，因为婴儿或幼儿长得很快。

因此，需要对这种传统的袖套围嘴进行改进，使其能够轻松地穿上或者脱下。

---

## 十八、发明内容

该部分可以省略。原因之一是因为该部分不是必需的，另外一个原因是发明内容部分经常会被用来限制权利要求的保护范围。那些没有在独立权利要求中记载，但是在发明内容部分中讨论的特征（如目标、优点、从属权利要求等）可能被解读成暗含在独立权利要求中。

*Gentry Gallery, Inc. v. Berkline Corp.*, 45 USPQ2d 1498（CAFC 1998）案给出了为什么发明内容部分中记载的发明目的或者重要方面会被用来限制权利要求的保护范围的原因。在该案例中，主题涉及一种组合式躺椅。说明书记载如下：

本发明的另一目的是提供……一个位于躺椅之间的控制台，其能容纳两个躺椅的控制器。[Another object of the present invention is to provide... a console positioned between (the reclining seats) that accommodates the controls for both of the reclining seats.]

美国联邦巡回上诉法院将该陈述解释为"只要将控制器安放在除控制台之外的位置都不是本发明的目的"。但是，在审查过程中，专利权人对权利要求进行了修改，将涉及躺椅控制器位置的内容从中删除。而美国联邦巡回上诉法院认为修改后的权利要求无效，原因在于美国联邦巡回上诉法院认为控制器的位置是该发明的"必要元素"，必须包含在权利要求中，否则权利要求的保护范围会过于宽泛。

该判例法说明了为什么不建议在说明书中提及"目的"（Object）和/或"发明"（Invention），更不用说"本发明的目的"（Object of the Present Invention）。该判例法还进一步强调，在可能被解读用来限制权利要求保护范围的部分中，必须要消除那些不必要的语句。

由于发明内容部分被用来限制权利要求保护范围的风险非常高，因此建议将发明内容部分完全省略。

如果想要在申请中保留发明内容部分，那么建议在该发明内容部分换一种方式，即仅对独立权利要求进行表述，不要将独立权利要求中没有的目的、优点或者特征（如从属权利要求的特征）包含在发明内容部分中。

尽管惯用的对于问题和目的的描述可以帮助读者更容易地理解发明，但是这种描述被用来限制权利要求保护范围的风险要多于容易理解发明所带来的好处。例如，法庭可能会对权利要求进行解释，从而需要侵权产品/方法满足权利要求中所有陈述的目的才能算侵权，那么会使得证明侵权更加困难。因此，不建议对目的、优点、问题进行讨论。如果这些讨论包含在在先申请中，那么可以将其移到具体实施方式部分中，并且参照实施例而不是参照发明对其进行改述。例如，上述 Gentry 案的发明内容部分的陈述可以被移到说明书中，并且改写成如下形式：

一种或多个实例提供了……一种位于躺椅间的控制台，其可容纳两个躺椅的控制器。

显然，这样的陈述传递给读者的内容是相同的，同时其被用来限制权利要求保护范围的可能性也大大降低。

想要在发明内容部分中用不同的表达方式对独立权利要求进行表述，最好的方法是将独立权利要求改写成多个句子，从而易于阅读。此外，在发明内容部分对所有的独立权利要求都要进行改述。有些专利从业人员将发明内容部分省略，但是在说明书的末尾加入类似于发明内容部分的语句，从而为独立权利要求提供引用基础。

---

**测验 10**

　　根据以上讨论的内容，你能对以下发明内容部分进行改正吗？（由非美国专利代理人撰写）

　　　**发明内容**

　　　　虽然幼儿不能帮助父母穿上长袖围嘴。他们通过日常的重复可以学会这个动作。他们还没有学会怎样把手臂穿入袖套开口中，以及在合适的时机伸出来。要依赖于父母把婴儿的手臂穿到袖套之中，并且把婴儿的手从袖口中拉出。穿第二个袖套总是比穿第一个袖套更棘手，因为父母必须进一步地弯曲婴儿的手臂，将手臂穿入到袖套开口中。

　　　　鉴于以上原因，本发明的目标是提供一种能够方便穿上和脱下的围嘴。

　　　　为了达到上述目的，根据本发明的围嘴包括中心部分，该中心部分具有一个设置成围绕穿戴者脖子的绑带，以及两个延伸部分，分别从所述中心部分的上部左边和上部右边延伸出来用于折叠穿戴者的手臂。每一个伸长部分有两个纵向边缘，该纵向边缘带有成对的能够相互间扣合或脱离的扣件。

---

## 十九、附图及其简要说明

　　在附图的简要说明中应该明确表示附图是用于对实施例进行说明，而非发明本身。例如：

　　　图 1 示出了本发明的一种装置。

　　这样的表述可能会将发明和权利要求限制为附图 1 中所示的内容。另外，附图只是一些视图，它们并不能显示出什么。建议采用以下的方式对附图 1 的简要说明进行改写：

　　　图 1 是根据一个或多个实施方式的装置的框图。

为了避免对权利要求不必要和不利的解释，每一个附图都要进行标号和说明。❶

此外，在权利要求中详细说明的发明的每个特征都必须显示在附图中。❷美国专利商标局大概有一半的审查员会执行这样的要求。建议在递交申请的同时提交足够多的视图以显示所有主张的特征，从而满足该要求，但是在复杂的申请中几乎不可能这样做。因此，要对那些包含在权利要求中但没有显示在附图中的重要特征进行尽可能详细的描述。如果审查员后续决定执行该要求，我们还可以增加/修改附图以显示该特征。

如上所述，不建议将现有/公知技术的图包含在附图中。但是如果需要这样的图，那么也不应该将该图标识为"现有技术"，除非该图所显示的内容确实属于公共领域。在申请人/发明人对于附图的现有技术状态不是很确定的情况下，不应该对该附图进行标识，也不应该在背景技术部分中对该附图进行描述，这样美国专利商标局可能不会将该附图解释成申请人所承认的现有技术。一些专利从业人员可能会采用其他的备注，例如"相关技术"，但是事实上这是一个不正确的标识，并且审查员可能会对此提出异议。

## 二十、摘要

摘要中不应该包含法律术语，如装置（Means）、所述（Said）、包括（Comprise）等，并且不应该超过 150 个单词［37 CFR 1.72（b）］。在大多数情况下，如果将中国专利申请的摘要部分直译成英文，那么这个直译的摘要将会过于详细而不能用作美国专利申请的摘要部分。原因在于（2003 年 7 月 30 日之后）美国审查员可以使用摘要部分来解释权利要求，并且美国联邦巡回上诉法院也经常参照摘要部分来确定发明的保护范围。❸ 考虑到这种用摘要部分来解释权利要求的潜在风险，作者建议在摘要部分中对最宽的权利要求（例如权利要求 1）进行简单的改述，从而将摘要被用来限制权利要求的可能性最小化。

尽管相比于用易懂、易于检索的方式来对新颖性和/或优点进行描述的传统摘要撰写方法，这种"改述权利要求"的方法可能会使得摘要部分变得枯燥、难以理解以及难以检索到，但是传统方法可能带来的限制权利要求解释的

---

❶ 参见 Sun Tiger Inc. v. Scientific Research Funding Group，51 USPQ2d 1811（一个附图的名称被用于权利要求的解释）。

❷ 37 CFR 1.83（a）.

❸ Hill－Rom Co. v. Kinetic Concepts Inc.（CAFC）54 USPQ2d1437.

潜在风险比其他考虑都更加重要。此外，基于发明内容部分（如果包含在美国申请中），采用该"改述权利要求"的方法可以快速地形成摘要部分，因为发明内容部分也是对独立权利要求的一种改述。在实践中，通过将发明内容部分中对权利要求的改述复制粘贴到摘要部分中，并且（如果需要）将其中的法律术语去掉，大部分案例的摘要部分在 5 分钟或者更短的时间内就可以完成。

例如，可以简单地将以下发明内容部分中的"comprises"替换成"includes"，"said"替换成"the"来快速地形成摘要部分，从而使得所获得的摘要部分中不包含法律术语。

A bib comprises a center portion having a tie to be placed around a wearer's neck, and two elongate portions respectively extending from an upper left side and an upper right side of said center portion for folding wearer's arms. Each of the elongate portions has two longitudinal edges with paired fasteners which can be attached and detached to each other.

总而言之，此处所讨论的内容提供了用于撰写专利申请中非必要部分（例如标题、技术领域、背景技术、发明内容以及摘要）的快速撰写方法，而这些方法几乎不会出错，从而使撰写人员可以将精力集中到专利申请的必要部分（例如附图、权利要求以及详细说明）中。这是一种节省成本的撰写方法。

---

**测验 11**

　　基于以上所讨论的内容，你能列出在美国专利申请中<u>不建议</u>使用的术语清单吗？

---

**测验 12**

　　基于以上所讨论的内容，你能说出美国专利申请中各部分（如标题、权利要求、摘要等）推荐使用的撰写顺序吗？

---

附录 2 给出了一个简短的美国申请撰写清单示例。关于更加详尽的申请撰写清单以及其他有用的实战技巧，美国皓咸律师事务所每年举办的 PADIAS 课程都会给出。

# 第二章
# 专利申请审查处理

专利申请审查处理最重要的要求是保持审查处理的历史尽可能的干净，即今后没有或者极少有可能被第三方用来缩小解释权利要求范围的消极的承认。这个要求来源于那些一直基于审查处理的历史来解释权利要求范围的大量案例法，尤其是美国最高法院在费斯托（Festo）案（在本书后面的另一章节会详细讨论该案件）中所做的著名判决之后。由于答辩理由（Argument）或修改可能导致消极的审查处理历史结果，因此如果可能的话，这样的答辩理由和修改都应当注意避免。因此，在答复审查意见时应考虑以下要点：❶

（1）对比文件的现有技术状态。（对比文件是现有技术吗？）

（2）答辩理由。（审查意见可以被反驳吗？）

（3）将修改作为最后手段。

## 第一节　对比文件是现有技术吗

对这个问题的否定回答（对比文件不是现有技术）就能直接克服审查意见，而无须任何答辩理由和/或修改。

然而，首先有人会问"什么是现有技术？"答案基于法律，当法律改变时，现有技术的范围也随之改变。

### 一、《美国发明法案》（AIA 法案）

在 2011 年 9 月 16 日，时任总统奥巴马将 Leahy – Smith《美国发明法案》

---

❶　注意：这一章节解决典型美国专利申请的审查处理过程中常见的问题。在这一章节限定的篇幅内讨论美国专利法的所有问题是不可能的。因此，一些主题，例如，出售后权利丧失（On-sale Bar）、公开使用后权利丧失（Public Use Bar）、极少应用的出版物的公开日（例如论文、杂志）、复杂的发明人身份争议等，尽管可能涉及，但不会详细讨论。

（AIA 法案）签署成为法律。AIA 法案使得采用"先发明制"的美国专利系统更接近采用"先申请制"的世界上其他国家的专利系统。新的美国专利系统继续强调发明人身份的作用，因此并不是完全的"先申请制"系统，而是"发明人先申请制"系统。朝着广泛认同的"先申请制"的转变使得根据 AIA 法案的现有技术的定义更接近于美国之外的国家所惯用的定义。它也简化了定义新颖性要求的《美国专利法》第 102 条。

## 二、AIA 法案对现有技术的定义

在 AIA 法案之前，《美国专利法》第 102 条，特别是 102 条（a）款和 102 条（b）款中给出了现有技术的定义。AIA 法案第 102 条（a）款定义了现有技术。AIA 法案第 102 条（b）款定义了现有技术的例外情况。

1. AIA 法案第 102 条（a）款——现有技术

具体而言，AIA 法案第 102 条（a）款内容如下：

第 102 条 专利性的条件：新颖性

（a）新颖性；现有技术。发明人应享有专利权，除非：

（1）权利要求中的发明在其有效申请日之前已经获得专利，在印刷的出版物上已有描述，或者公开使用、销售，或者以其他方式为公众所知；或

（2）权利要求中的发明在根据法案第 151 条已经获得授权的专利中，或者在根据法案第 122 条（b）款而公开或者被视为公开的专利申请中已有描述，而在此情况下，该专利或者申请的署名为其他发明人，并且在该主张权利的发明的有效申请日之前已经有效提出申请。

AIA 法案第 102 条（a）（1）款基于非专利活动对现有技术进行了定义。关于（美国或者非美国的）专利文献和印刷出版物，即在美国专利审查期间最有可能遇到的两种现有技术而言，AIA 法案第 102 条（a）（1）款将它们的出版日期定义为现有技术日期。

AIA 法案第 102 条（a）（2）款基于美国专利文献对现有技术进行了定义。具体而言，AIA 法案第 102 条（a）（2）款将美国专利或者专利申请公开的有效申请日定义为它们的现有技术日期。AIA 法案第 102 条（d）款对美国专利或者专利申请公开的"有效申请日"进行了定义以覆盖国外申请日。

因此，与许多国家的新颖性要求类似，AIA 法案第 102 条（a）款如今使用发明的有效申请日（而非 AIA 法案之前法律下的发明日）来与现有技术活动/参考文献进行比较。根据 AIA 法案，现有技术的范围被扩大到适用于发生

在世界任何地方的活动/参考文献（而非 AIA 法案之前《美国专利法》第 102 条（b）款规定的仅限于美国）。此外，美国专利文本的国外申请日如今可以被用作现有技术日期，而由于 Hilmer 原则，在 AIA 法案之前的法律中是不适用的。❶

图 2 - 1 至图 2 - 3 表示出了根据 AIA 法案第 102 条（a）款的现有技术的一般情况。

**图 2 - 1　根据 AIA 法案第 102 条（a）款的现有技术认定图（1）**

在图 2 - 1 中，在 AIA 法案之前，X 在欧洲的销售行为并不是现有技术，因为该销售行为没有发生在美国。而根据 AIA 法案 102 条（a）（1）款的规定，X 在欧洲的销售行为被认为是现有技术。

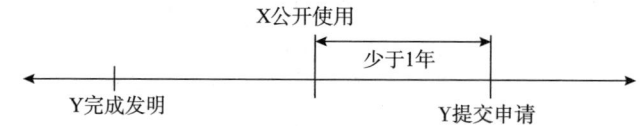

**图 2 - 2　根据 AIA 法案第 102 条（a）款的现有技术认定图（2）**

在图 2 - 2 中，在 AIA 法案之前，根据"先发明制"，在 X 公开使用后，Y 还可以宣誓说明发明在先。而根据 AIA 法案第 102 条（a）（1）款的规定，X 的公开使用被认为是现有技术。

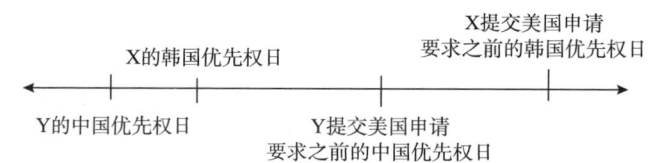

**图 2 - 3　根据 AIA 法案第 102 条（a）款的现有技术认定图（3）**

在图 2 - 3 中，在 AIA 法案之前，由于 Y 更早的中国优先权日不能被用作现有技术日期，所以 Y 提交的美国申请不能作为 X 提交的美国申请的现有技术。而 X 依靠更早的韩国优先权日反而早于 Y 的更早的美国申请日。根据

---

❶　第 119 条规定的申请人的外国申请日可以用作现有技术的日期，但是根据 AIA 之前的专利法第 102 条（e）款，其不能确定的用作现有技术。参见案例 re Hilmer, 53 C. C. P. A 1288.（1966）。

AIA 法案第 102 条（a）（2）款的规定，Y 的中国优先权日如今可以作为现有技术日期，并且该 Y 申请如今是该 X 申请的<u>现有技术</u>。

需要注意，上述讨论的情况（非美国优先权日为现有技术日期）仅适用于美国专利文件（即专利或者专利申请公开）。换而言之，非美国专利或者非美国专利申请公开的公开日仍然被作为其现有技术日期。根据 AIA 法案，非美国专利文件的非美国优先权日<u>不是</u>现有技术日期。

2. AIA 法案第 102 条（b）款——现有技术的例外情况

AIA 法案第 102 条（b）款定义了现有技术的例外情况并且包括两个款项：AIA 法案第 102 条（b）（1）款覆盖了 AIA 法案第 102 条（a）（1）款定义的现有技术的例外情况，AIA 法案第 102 条（b）（2）款覆盖了 AIA 法案第 102 条（a）（2）款定义的现有技术的例外情况。

AIA 法案第 102 条（b）（1）款内容如下：

第 102 条　专利性的条件：新颖性

（b）例外情况

（1）在主张权利的发明的有效申请日之前 1 年或 1 年以内所作的披露。在主张权利的发明的有效申请日之前 1 年或 1 年以内所作的披露不属于根据（a）（1）款所规定的主张权利的发明的现有技术，如果：

（A）该披露系由发明人或合作发明人作出，或者由从发明人或合作发明人那里直接或间接得到所披露的该主题的他人所作出；或者

（B）在该披露作出之前，被披露之对象已经由发明人或合作发明人披露，或者由从发明人或合作发明人那里直接或间接得到所披露的该主题的他人公开披露。

AIA 法案第 102 条（b）（1）款对由发明人作出或者来源于发明人的披露提出了一年的宽限期。其还定义了在第 102 条（a）（1）款中定义的现有技术的几个例外情况。

AIA 法案第 102 条（b）（2）款内容如下：

第 102 条　专利性的条件：新颖性

（b）例外情况

（2）在专利申请或专利中所出现的披露——以下披露不属于根据第（a）（2）款所规定的主张权利的发明的现有技术，如果：

（A）披露的主题系从发明人或合作发明人处直接或间接获得；

（B）该被披露的主题在根据第（a）（2）款而被提出有效申请之前，已经由发明人或合作发明人，或者由直接或间接从发明人或合作发明人处

获得该披露的主题从而获得该发明的他人公开披露；或者

（C）在主张权利的发明的有效申请日以前，被披露的主题与该主张权利的发明已经归为同一人所有或者负有向该同一人转让的义务。

AIA法案第102条（b）（2）款定义了在AIA法案第102条（a）（2）款中所定义的美国专利文献现有技术的三种例外情况，即派生、先前披露以及共同所有权。

以下将给出一些示例来说明根据AIA法案第102条（b）款现有技术的例外情况。

例如，在有效申请日之前1年或1年以内由发明人或者共同发明人，或者从发明人或共同发明人处获得该发明的另一人所作的披露不属于现有技术。图2-4示出了这种情况。

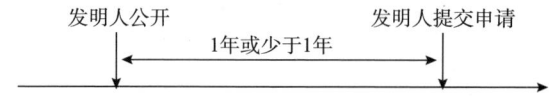

**图2-4 根据AIA法案第102条（b）（1）（A）款规定示意图**

根据AIA法案第102条（b）（1）（A）款的规定，图2-4中由发明人所作的披露不属于现有技术。该规定与AIA法案之前的法律一致，而通过第132条声明条款说明该披露"不是由他人"所作的陈述，则由发明人在美国申请日之前1年或1年以内所作的披露可以被认定为非现有技术。

根据AIA法案第102条（b）（1）（B）款的规定，上述情况中在申请日之前的披露还能够防止第三方的独立披露的主题成为现有技术。存在两个条件：第一，第三方的独立披露中的主题应当包含在申请之前的由发明人所作（或者来源于发明人）披露中；第二，第三方的独立披露应当发生在发明人的披露之后。图2-5表示出了这种情况。

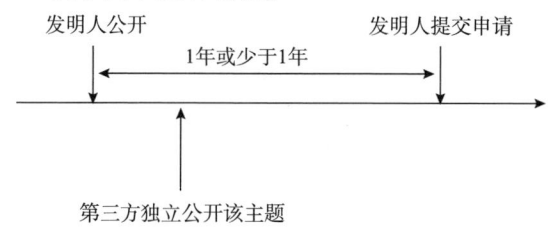

**图2-5 AIA法案第102条（b）（1）（B）款规定示意图（1）**

在图2-5中，如果没有发明人（或来源于发明人）的披露，那么该第三方的独立披露就会成为随后提交的申请的现有技术。但是，由发明人所作的在有效申请日之前 1 年或 1 年以内的更早的披露致使该第三方的独立披露成为<u>非</u>现有技术。

　　根据 AIA 法案第 102 条（b）（2）（B）款，如果该第三方的独立披露被美国专利或专利申请公开所取代，而该美国专利或专利申请公开的有效申请日在由发明人所作的披露和发明人的有效申请日之间，那么也会得到相同的结果，如图 2 - 6 所示。

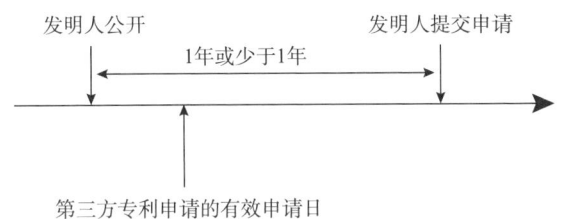

**图 2 - 6　AIA 法案第 102 条（b）（2）（B）款规定示意图（2）**

　　在图 2 - 6 中，如果发明人事先作出披露，然后（在披露 1 年以内）再提交申请，那么该第三方申请就<u>不能</u>作为该发明人申请的现有技术。这就是 AIA 法案中第 102 条（b）（2）（B）款的效果。

　　AIA 法案第 102 条（b）（2）（A）款规定，在先美国专利文献中披露的主题不能作为在后提交的美国申请的现有技术，如果该在先披露的主题来源于该在后提交的申请的发明人。图 2 - 7 示出了此种情况。

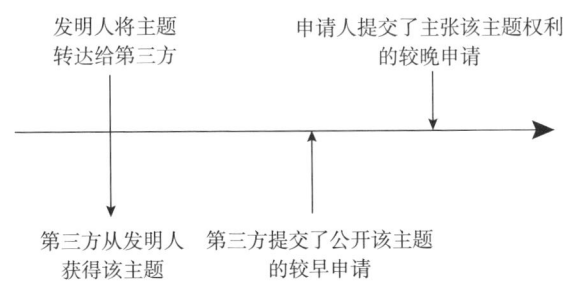

**图 2 - 7　AIA 法案第 102 条（b）（2）（A）款规定示意图**

　　在图 2 - 7 中，按照 AIA 法案第 102 条（b）（2）（A）款的规定，如果发明人将主张权利的主题传达给了第三方，那么该第三方的在先美国申请就<u>不能</u>作为该发明人的在后提交的美国申请的现有技术。

　　AIA 法案第 102 条（b）（2）（C）款定义了最后一种例外情况，即共同所有权，其与 AIA 法案之前的《美国专利法》第 103 条（c）款所定义的共同所有权规定类似。最主要的区别在于，AIA 第 102 条（b）（2）（C）款的共同所有权的例外情况<u>更宽</u>，并且适用于新颖性判定和非显而易见性判定两者，而 AIA 法案之前的《美国专利法》第 103 条（c）款仅取消了共同所有的现有技术用于非显而易见性判定的资格。

具体而言，AIA 法案第 102 条（b）（2）（C）款规定，如果在在后提交的申请的有效申请日❶当天或之前，在先申请的美国专利文件和该在后提交的美国申请为共同所有，那么该在先申请（但是在后公开）的美国专利文献<u>不能</u>作为该在后提交的美国申请的现有技术。图 2 - 8 很好地说明了这一点。

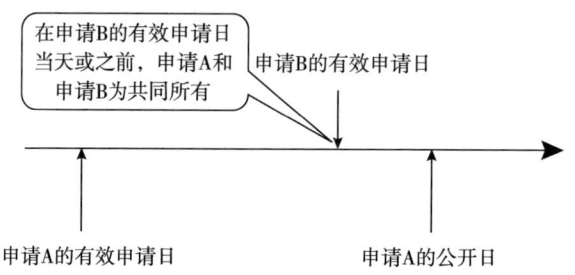

图 2 - 8　AIA 法案第 102 条（b）（2）（C）款规定示意图

在图 2 - 8 中，申请 A 的有效申请日在申请 B 的有效申请日之前（但是公开日在申请 B 的有效申请日之后），如果在申请 B 的有效申请日当天或者之前这两个申请是共同所有的，那么该申请 A 就<u>不能</u>作为该申请 B 的现有技术。这就在该申请 B 的提交之前为该申请 B 的受让人提供了获得该申请 A 所有权的机会（该申请 A 可能成为相关的现有技术），从而使得申请 A 不能被用来反对申请 B 的权利要求。

需要注意，仅当申请 A 在申请 B 的有效申请日<u>之后</u>被公开时，AIA 法案第 102 条（b）（2）（C）款的共同所有权例外情况才适用。

如果申请 A 在申请 B 的有效申请日之前被公开，那么 AIA 法案第 102 条（b）（2）（C）款的共同所有权例外情况就<u>不适用</u>，如图 2 - 9 所示。原因在于，当申请 A 在申请 B 的有效申请日之前被公开，该申请 A 也由于其在 AIA 法案第 102 条（a）（1）规定下的公开日而成为现有技术。如上所述，AIA 法案第 102 条（b）（2）（A）～（C）款仅定义了 AIA 法案第 102 条（a）（2）款的例外情况。

---

❶ 非 AIA 法案之前的专利法中的"发明日"。

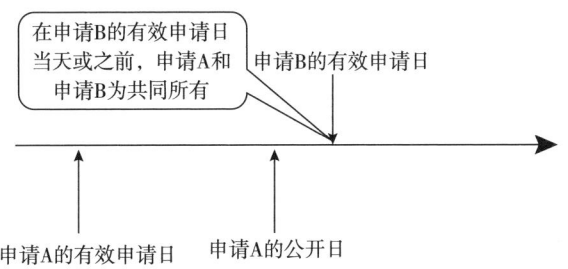

在申请B的有效申请日当天或之前，申请A和申请B为共同所有

申请B的有效申请日

申请A的有效申请日　申请A的公开日

**图 2-9　AIA 法案第 102 条（b）（2）（C）款规定不适用的情形示意图**

如果申请 A 的公开日在申请 B 的有效申请日之前不满 1 年并且根据 AIA 法案第 102 条（b）（1）款规定的某个例外情况可用，那么上图情况中的申请 A（该申请 A 在申请 B 的有效申请日之前被公开）可能会被认为不是现有技术。如果申请 A 的公开日在申请 B 的有效申请日之前超过 1 年，那么根据 AIA 法案第 102 条（b）款的规定，该申请 A 作为现有技术的资格就不会被取消。

上述讨论的情况清楚地说明美国专利文献（即专利或专利申请公开）具有两个现有技术日期，即（根据 AIA 法案第 102 条（a）（2）款）该美国专利文献的有效申请日以及（根据 AIA 法案第 102 条（a）（1）款）该美国专利文献的公开日。每个现有技术日期分别受制于由 AIA 法案第 102 条（b）（2）款以及 AIA 法案第 102 条（b）（1）款所定义的不同的例外情况规则。在许多案例中，更早的有效申请日会被作为现有技术日。但是，如果由于例外情况（如根据 AIA 法案第 102 条（b）（2）（C）款规定的共同所有权）使得该有效申请日不是现有技术日，那么后续的公开日可能还可以被作为现有技术日。因此，需要对美国专利文献的有效申请日和公开日两者进行核对，从而确定是否存在适用的例外情况。

还需要注意，尽管根据 AIA 法案第 102 条（b）（1）款，发明人的申请前披露（有效申请日之前 1 年或 1 年以内所作的披露）具有取消现有技术资格的作用，但是这种发明人的申请前披露不应该在没有美国临时申请的情况下单独作出。原因在于，虽然该发明人的申请前披露在美国可能不会被作为现有技术，但是在许多其他国家会被作为现有技术而不会批准宽限期。通过与发明人的申请前披露一起提交或在其之前提交临时申请，在美国以外国家的利益就可以得到保障。

实际上，一旦发明人的披露可以实施，就建议提交美国临时申请。该发明人的披露可以是英文或者英文以外的其他语言。这样一个临时申请的目的是确保在美国和美国以外的其他国家都能够有早的有效申请日。临时申请采用与根据 AIA 法案第 102 条（b）（1）款规定的例外情况类似的一种方式提供保障措施来抵制潜在的现有技术，而不会对美国以外的专利权造成危害。

即使对于非美国申请人而言，也应当考虑在其本国提交申请之前提交一个美国临时申请。相对于通常花费在准备和提交非美国优先权申请上的时间而言，美国临时申请可以给予申请人时间上的优势。在"发明人先申请制"生效日之后，由于所有的申请人都会争相申请，因此这样一种时间上优势会变得至关重要。

需要注意的是以上对于 AIA 法案的讨论已经被大大简化。AIA 法案的许多方面都没有被很好地定义或者不是很好理解，需要法院给出进一步的解释。例如，仅仅基于法律文字，很难确定一个"披露"是否可以作为现有技术的例外情况，部分原因在于 AIA 法案没有具体阐明由发明人/共同发明人作出（或者来源于发明人/共同发明人）的"披露"的定义。在接下来的几年中，判例法需要对更复杂的情况作出解释。

表 2 - 1 对美国专利商标局的 AIA 法案第 102 条进行了总结，反映了以上的讨论。

表 2 - 1　美国专利商标局 AIA 法案第 102 条的总结表

| 现有技术<br>35 U. S. C. 102（a）<br>（驳回依据） | | 例外<br>35 U. S. C. 102（b）<br>非驳回依据 |
| --- | --- | --- |
| 102（a）（1）<br>具有在先的公众可<br>获知日期的披露 | 102（b）（1） | （A）<br>由发明人作出或来源于发明人的宽限期披露 |
| | | （B）<br>由第三方作出的宽限期干预披露 |
| 102（a）（2）<br>美国专利，公开的美国<br>专利申请，以及公开的具有<br>在先的申请日的 PCT 申请 | 102（b）（2） | （A）<br>从发明人获得的披露 |
| | | （B）<br>由第三方作出的干预披露 |
| | | （C）<br>共同拥有的披露 |

**3. AIA 法案日期示例**

推荐使用以下的步骤来确定对比文件是否为现有技术。

（1）步骤1：对正在被审查的申请的最早申请日进行核查来确定适用何种法案（AIA 法案或者 AIA 之前的法案）。需要注意，最早申请日是指外国优先权日或者最早的美国临时申请日/申请日。

a. 如果最早申请日为 2013 年 3 月 16 日或之后，则适用 AIA 法案。

b. 如果最早申请日为 2013 年 3 月 16 日之前，则适用 AIA 之前的法案。

（2）步骤2：确定对比文件日期。

a. 如果适用 AIA 法案，则对比文件日期为该对比文件的最早（例如非美国）申请日或公开日。

b. 如果适用 AIA 之前的法案，则对比文件日期为该对比文件的美国申请日或公开日。

（3）步骤3：将对比文件日期与申请的最早（例如非美国）申请日进行比较。

a. 如果对比文件日期早于申请的最早申请日，则该对比文件为现有技术，受以下第（4）点讨论的例外情况的约束。

b. 如果对比文件日期不早于申请的最早申请日，则该对比文件不是现有技术。

（4）步骤4：如果对比文件日期早于申请的最早申请日，检查根据 AIA 法案潜在的现有技术的例外情况。最常见的例外情况包括在先发明披露、相同发明人以及相同受让人。

a. 在对比文件日期之前但在申请的最早申请日前 1 年之内的在先发明披露不属于现有技术。这个方案相当于 AIA 之前法案中基于在先发明活动的在后宣誓。

b. 由相同发明人作出并且在申请的最早申请日之后公开的美国/WIPO 专利/公开不是现有技术。需要注意，如果（在对比文件和申请之间）存在一个不同的发明人，发明人就是不相同。这个方案相当于 AIA 之前法案的第 102 条（a）/（e）款，其规定"不是由他人作出的"对比文件不是现有技术。

c. 根据第 102 和 103 两条的规定，在申请的最早申请日之后公开的共同拥有的美国/WIPO 专利/公开不是现有技术。这个方案相当于 AIA 之前法案第 103 条（c）款/第 102 条（e）款规定的唯一的情况。

基于以上给出的指南，我们来探究几个与 AIA 法案日期相关的例子。

示例 1：先前发明披露

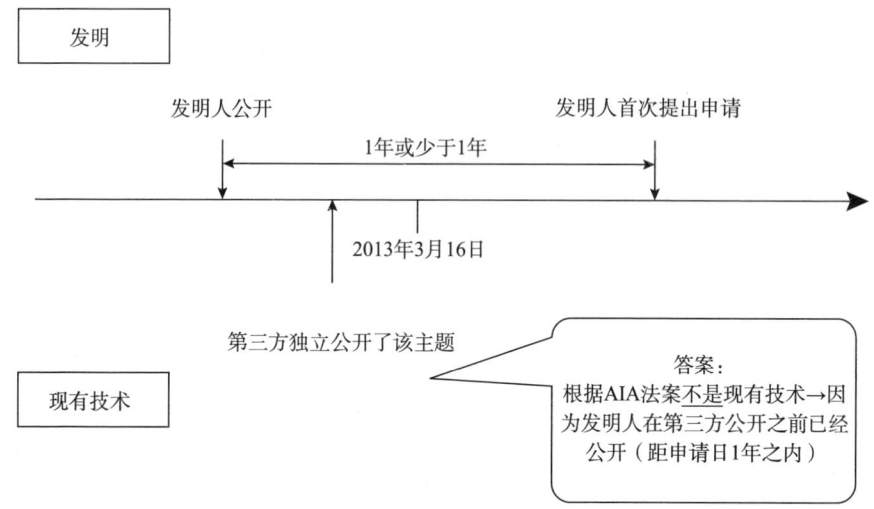

根据上述指南中的步骤 1，首先我们核查该申请的最早申请日，其最早申请日在 2013 年 3 月 16 日之后，因此适用 AIA 法案。

根据上述指南中的步骤 2，然后我们可以确定对比文件日期。在这个示例中，对比文件日期即为该对比文件的公开披露日期。

根据上述指南中的步骤 3，接着我们将该对比文件日期和该申请的最早申请日进行比较。因为该对比文件日期早于该申请的最早申请日，因此该对比文件有可能是现有技术，接下来我们需要执行步骤 4。

根据上述指南中的步骤 4，我们核查是否可能有根据 AIA 法案的现有技术例外情况。考虑到该现有技术为一个披露（而非一个美国/WIPO 专利/公开），基于上述给出的 AIA 法案第 102 款的总结表可以得出该情况适用第 102 条（a）（1）款。基于上述给出的 AIA 法案第 102 条的总结表我们还可以得出与第 102 条（a）（1）款对应的第 102 条（b）（1）款中规定的例外情况可能适用于此。由于事实表明该发明人（而非第三方）在该对比文件日期之前作出了一个披露，因此（基于上述给出的 AIA 法案第 102 条的总结表）可以知道第 102 条（b）（1）（A）款规定的例外情况适用于此。

因此，答案就是第 102 条（b）（1）（A）款规定的例外情况适用于此，并且该对比文件不是现有技术。原因在于该发明人在该对比文件日期之前（在最早申请日之前的 1 年之内）公开了该发明。

**测验 13**

如果该发明人对该发明的首次申请是在 2013 年 3 月 16 日之前，并且除了这点以外其他事实都与示例 1 相同，那么该对比文件是否为现有技术？

示例 2：对比文件为美国专利/美国申请公开

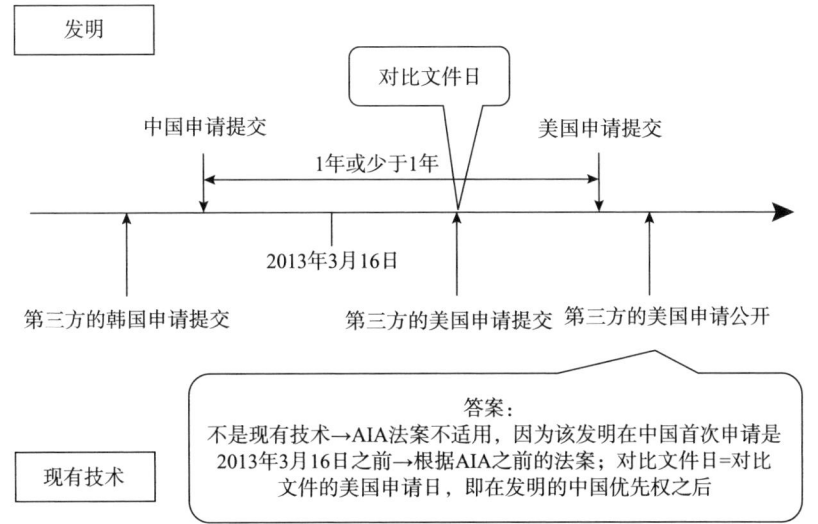

根据上述指南中的步骤 1，该申请的最早申请日为其中国申请的申请日，并且早于 2013 年 3 月 16 日。因此，适用 AIA 之前的法案。

根据上述指南中的步骤 2，根据此处适用的 AIA 之前的法案，该对比文件日期为其美国申请日。

根据上述指南中的步骤 3，该对比文件日期在该最早申请日（中国申请日）之后。因此答案就是该对比文件不是现有技术，并且也不需要执行步骤 4。需要注意，为了能够依靠该中国申请日，该申请人应该提交一份经认证的优先权申请的文本，以及经宣誓的该优先权申请的英文翻译。

**测验 14**

如果 2013 年 3 月 16 日刚好位于该申请的中国申请日和该申请的韩国申请日之间，并且除了这点以外其他事实都与示例 2 相同，那么该现有技术是否为现有技术？

示例3：基于发明人归属对现有技术的排除

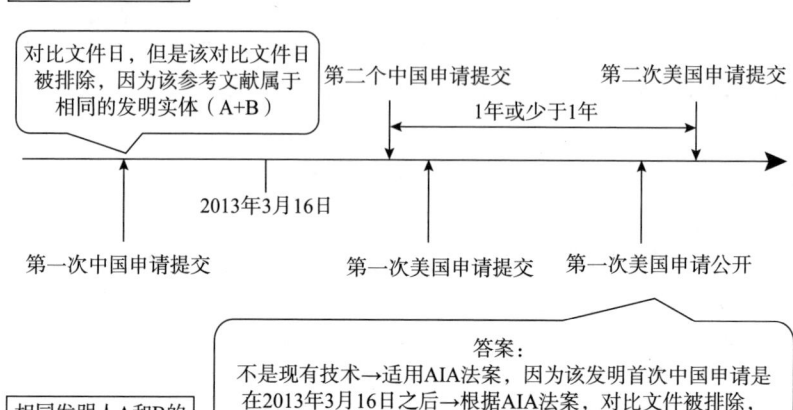

根据上述指南中的步骤 1，该申请的最早申请日为第二次中国申请的申请日，并且在 2013 年 3 月 16 日之后。因此，AIA 法案适用于此。

根据上述指南中的步骤 2，根据 AIA 法案的规定，该对比文件日为其最早（第一次中国申请）申请日。

根据上述指南中的步骤 3，该对比文件日早于该申请的最早（第二次中国申请）申请日。考虑到该对比文件为美国专利申请公开，并且基于上述给出的 AIA 法案第 102 条的总结表（表 2－1）可以得出该情况适用第 102（a）（1）款。

第 102 条（a）（2）款规定：

（a）新颖性；现有技术。发明人应享有专利权，除非：

……

（2）权利要求中的发明在根据法案第 151 条已经获得授权的专利中，或者在根据法案第 122 条（b）款而公开或者被视为公开的专利申请中已有描述，而在此情况下，该专利或者申请的<u>署名为其他发明人</u>，并且在该主张权利的发明的有效申请日之前已经有效提出申请。

由于事实表明该对比文件和该申请是由<u>相同</u>归属的发明人（相同发明人人）所作出的，即该对比文件的署名不是其他发明人，没有满足第 102 条（a）（2）款的所有要求。因此该对比文件<u>不是</u>现有技术，并且也不需要执行步骤 4。

**测验 15**

如果该对比文件（第一次中国申请）的署名中还有一个另外的发明人 C，并且除了这点以外其他事实都与示例 3 相同，那么该对比文件是否为现有技术？

示例 4：基于所有权对现有技术的排除

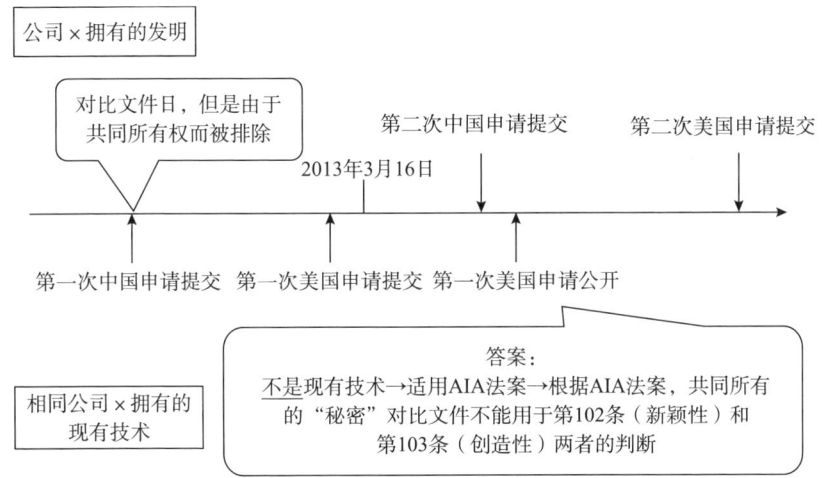

根据上述指南中的步骤 1，该申请的最早申请日为第二次中国申请的申请日，并且在 2013 年 3 月 16 日之后。因此，法案 AIA 适用于此。

根据上述指南中的步骤 2，根据 AIA 法案的规定，该对比文件日为其最早（第一次中国申请）申请日。

根据上述指南中的步骤 3，该对比文件的日期早于该申请的最早（第二次中国申请）申请日。考虑到该对比文件为美国专利申请公开，并且基于上述给出的 AIA 法案第 102 条的总结表（表 2－1）可以得出该情况适用第 102 条（a）（2）款。基于上述给出的 AIA 法案第 102 条的总结表（表 2－1）我们还可以得出与第 102 条（a）（2）款对应的第 102 条（b）（2）款中规定的例外情况可能适用于此。由于事实表明在该申请的最早（第二次中国申请）申请日，同一公司 x 拥有该对比文件和该申请两者，因此，基于上述给出的 AIA 法案第 102 条的总结表（表 2－1），可以得出第 102 条（b）（2）（C）款规定的例外情况适用于此。

因此，答案就是第 102 条（b）（2）（C）款规定的"共同所有权"例外情况适用于此，并且根据《美国专利法》第 102 条和 103 条的规定，该对比文件<u>不是</u>现有技术。

> **测验 16**
>
> 如果 2013 年 3 月 16 日刚好位于第二次中国申请的申请日和第二次美国申请的申请日之间，并且除了这点以外其他事实都与示例 4 相同，那么该对比文件是否为现有技术？

以上示例仅示出了美国专利实践中可能遇到的一些情况。而这些示例的目的在于提供一个指南，用于确定对比文件的现有技术状态、适用法律（AIA 法案或者 AIA 法案之前的法律），以及在对比文件为现有技术的情况下用来克服该对比文件的其他一些考量。关于更加详细完整的讨论以及更多的示例，美国皓咸律师事务所每年举办的 PADIAS 课程中都会给出。

## 三、AIA 法案之前的法律——为何依然相关

本书之所以还要对 AIA 法案之前的法律进行讨论，原因在于从 AIA 法案颁布"发明人先申请制"到该制度生效（2013 年 3 月 16 号）需要 18 个月的时间，而 AIA 之前的法律逐渐退出则需要更长的时间。

具体而言，以下所有的美国专利以及美国专利申请依然遵从 AIA 法案之前的法律，并且受 AIA 法案之前法律对于现有技术的定义的约束（例如"旧版"《美国专利法》第 102 条（b）款禁止销售的规定、《美国专利法》第 102 条（d）款"过早国外专利"的规定、《美国专利法》第 102 条（g）款"抵触现有技术"的规定等）：

（1）现有美国专利；

（2）直到 2013 年 3 月 16 日悬而未决的美国专利申请，以及由此产生的任何美国专利；

（3）于 2013 年 3 月 16 日或此后递交，但是要求更早的优先权日的美国专利申请，以及由此产生的任何美国专利。

例如，美国专利号 8000000 将会受到 AIA 法案之前的法律中对现有技术定义的约束，并且永远不会受 AIA 法案中对现有技术定义的约束。

在另一个示例中，对于 2013 年 3 月 15 日（"发明人先申请制"生效的前一天）提交的美国专利申请，将会根据 AIA 法案之前的法律对其进行现有技术的审查。由该申请衍生出的任何专利将会受制于因 AIA 法案之前法律规定的可用的现有技术发起的无效攻击。

在另一个示例中，对于 2013 年 3 月 16 日之后递交，但是要求 2013 年 3 月 16 日之前的中国优先权日的美国专利申请，将会根据 AIA 法案之前的法律

对其进行可用的现有技术的审查。同样地，对于 2013 年 3 月 16 日之后递交，但是要求 2013 年 3 月 16 日之前递交的美国母案申请的本国优先权日的美国专利申请，将会根据 AIA 法案之前的法律对其进行可用的现有技术的审查。由该申请衍生出的任何专利将会受制于因 AIA 法案之前法律规定的可用的现有技术发起的无效攻击。

为了能够对一个 AIA 法案之前的案例可能持续多久有一个直观的感受，我们假设有一个于 2013 年 3 月 15 日（"发明人先申请制"生效的前一天）提交的中国优先权申请。大约 1 年之后，于 2014 年 3 月 14 日（也就是在 AIA 法案完全生效后）提交了一个美国申请，该美国申请要求该中国申请的优先权，那么对该美国申请的审查就要根据 AIA 法案之前的法律来进行。假设在该美国申请日 3 年之后（典型的未决）专利获得授权，即 2017 年 3 月 14 日。就在该专利授权之前，申请人于 2017 年 3 月 13 日及时地提交了一个继续申请，要求 AIA 法案之前法律下的中国申请的优先权。那么尽管该继续申请的实际申请日比"发明人先申请制"生效日期大约晚了 4 年的时间，但是对该继续申请的审查会根据 AIA 法案之前的法律来进行。第二代或者第三代的继续申请的实际申请日会更晚（例如 2020 年），然而对于这些继续申请的审查还是会根据 AIA 法案之前的法律来进行。

因此，AIA 法案之前的案例不会立即消失。在一段时间中 AIA 法案下的申请和 AIA 法案之前法律下的申请会大量混合，为了在这段时间中能够顺利地进行美国专利申请的工作，具有 AIA 法案和 AIA 法案之前法律的双重思维是非常重要的。本书中对于 AIA 法案之前法律的讨论不会很快就过时。

## 四、AIA 法案之前的法律对于现有技术的定义

为了正确地确定参考文献是否为现有技术，专利从业人员需要查看该对比文件的以下信息：

（1）对比文件日期；

（2）发明归属；

（3）受让人。

### 1. 对比文件日期

对比文件日期对于确定该对比文件是否为现有技术和/或该对比文件是否会被取消作为现有技术的资格来说是至关重要的。AIA 法案之前法律下的现有技术通常包括：

　　　　*AIA 法案之前的《美国专利法》第 102 条（a）款*

该人应有权获得专利，除非……

（a）在发明完成之前，该发明已经在本国为他人所知道或者使用，或者在国内外已经获得专利或者被描述在印刷出版物上……

AIA 法案之前的《美国专利法》第 102 条（e）款

该人应有权获得专利，除非……

（e）该发明在以下之处已有描述：

（1）发明完成之前由他人在美国提出申请并根据第 122 条（b）款公开的专利申请中，或者

（2）在发明完成之前由他人在美国提出并获得授权的专利中；

对于根据第 351 条（a）款所定义之条约而提出的国际申请来说，只有当国际申请指定美国并且根据该条约第 21 条（2）款以英文公开，才应具有在本条款中的上述美国专利申请的相同效力；

AIA 法案之前的《美国专利法》第 102 条（b）款

该人应有权获得专利，除非……

（b）在本国申请专利日之前一年以上，该发明已经在国内外获得专利或者被描述在印刷出版物上，或者已经在本国公开使用或者销售……

以上 AIA 法案之前的《美国专利法》第 102 条规定中的划线部分内容指出了至关重要的对比文件日期，专利从业人员应该将其与申请日和/或申请的优先权日进行比较，从而确定该对比文件的现有技术状态。

（1）美国对比文件。

设想以下的美国对比文件，如图 2－10 所示。

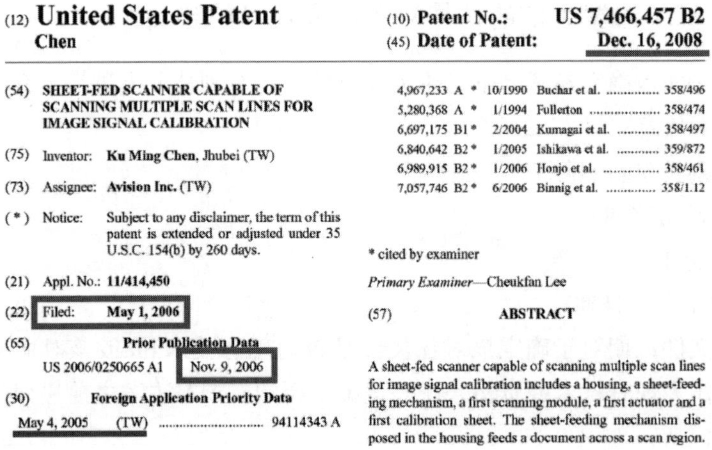

(12) United States Patent
Chen

(10) Patent No.: US 7,466,457 B2
(45) Date of Patent: Dec. 16, 2008

(54) SHEET-FED SCANNER CAPABLE OF SCANNING MULTIPLE SCAN LINES FOR IMAGE SIGNAL CALIBRATION

(75) Inventor: Ku Ming Chen, Jhubei (TW)

(73) Assignee: Avision Inc. (TW)

( * ) Notice: Subject to any disclaimer, the term of this patent is extended or adjusted under 35 U.S.C. 154(b) by 260 days.

(21) Appl. No.: 11/414,450

(22) Filed: May 1, 2006

(65) Prior Publication Data

US 2006/0250665 A1 Nov. 9, 2006

(30) Foreign Application Priority Data

May 4, 2005 (TW) .............................. 94114343 A

4,967,233 A * 10/1990 Buchar et al. ............... 358/496
5,280,368 A * 1/1994 Fullerton ..................... 358/474
6,697,175 B1 * 2/2004 Kumagai et al. ............ 358/497
6,840,642 B2 * 1/2005 Ishikawa et al. ........... 359/872
6,989,915 B2 * 1/2006 Honjo et al. ................ 358/461
7,057,746 B2 * 6/2006 Binnig et al. .............. 358/1.12

* cited by examiner

*Primary Examiner*—Cheukfan Lee

(57) ABSTRACT

A sheet-fed scanner capable of scanning multiple scan lines for image signal calibration includes a housing, a sheet-feeding mechanism, a first scanning module, a first actuator and a first calibration sheet. The sheet-feeding mechanism disposed in the housing feeds a document across a scan region.

图 2－10 美国对比文件图

我们注意到以下的这些日期：

● 美国申请日：2006 年 5 月 1 日。这是 AIA 法案之前的《美国专利法》第 102 条（e）款中的日期。

● 美国公开日：2006 年 11 月 9 日。这是 AIA 法案之前的《美国专利法》第 102 条（a）款或第 102 条（b）款中的日期。

● 美国专利授权日：2008 年 12 月 16 日。该日期通常在美国公开日之后并且通常来说不重要。

● 外国优先权日：2005 年 5 月 4 日。该日期不是对比文件日期（除了在抵触审查程序中，而这种情况很少碰到）。为了使审查处理更加有规律，可以将该日期安全地忽略。

总之，对于大部分案例而言，只需要考虑美国对比文件的两个日期，即

● 用于 AIA 法案之前的《美国专利法》第 102 条（e）款中的美国申请日，以及

● 用于 AIA 法案之前的《美国专利法》第 102 条（a）款或第 102 条（b）款中的美国公开日。

另外在专利申请中还需要注意两个日期：

● 最早美国申请日❶，以及

● 外国优先权日❷（如果有）。

然后专利从业人员会将专利申请的这两个日期和美国对比文件的这两个日期进行比较，从而确定该对比文件是否为现有技术。

首先，针对 AIA 法案之前的《美国专利法》第 102 条（b）款的规定，专利从业人员将该申请的美国申请日和该美国对比文件的美国公开日进行比较。

如图 2 - 11 所示，如果该申请的美国申请日在该美国对比文件的美国公开日一年以后，则该美国对比文件为 AIA 法案之前《美国专利法》第 102 条（b）款所规定的现有技术（并且不可以被取消现有技术的资格）。专利从业人员此时应该转向问题 2——可以反驳该审查意见吗？在上述具体的示例中，不管该申请有没有要求任何的外国优先权，只要其美国申请日为 2007 年 11 月 10 日或者之后（在该美国对比文件的美国公开日 2006 年 11 月 9 日一年以后），

---

❶　最早美国申请日可以是：（1）被当前美国申请要求优先权的任何美国临时申请的临时申请日，或者（2）在母案—子案情形下，一个母案/授权母案申请的最早美国申请日，其中当前美国申请为母案/授权母案申请的分案申请、继续申请或者部分继续申请，或者（3）在 PCT - US 情形下的 PCT 申请日，其中当前美国申请为该 PCT 申请的国家阶段或者继续申请。

❷　注意：一个外国优先权日，其没有对比文件的日期那么重要，但对于正在审查中的发明来说是非常重要的。

那么该美国对比文件为 AIA 法案之前《美国专利法》第 102 条（b）款所规定的该申请的现有技术。

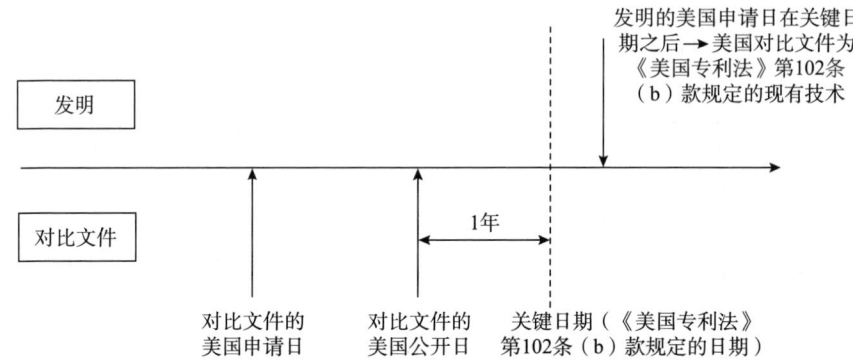

**图 2 - 11　美国申请日在该美国对比文件的美国公开日
一年后的对比文件是否为现有技术认定示意图**

如图 2 - 12 所示，如果该申请的美国申请日在该美国对比文件的美国公开日之后的一年之内，那么该美国对比文件不是 AIA 法案之前的美国专利法第 102 条（b）款所规定的现有技术。专利从业人员此时应该转而去确定该美国对比文件是否为 AIA 法案之前的《美国专利法》第 102 条（a）款或者第 102 条（e）款所规定的现有技术。在上述具体的示例中，对于申请日为 2007 年 11 月 9 日或者更早的申请来说，该美国对比文件<u>不是</u> AIA 法案之前的《美国专利法》第 102 条（b）款所规定的现有技术。

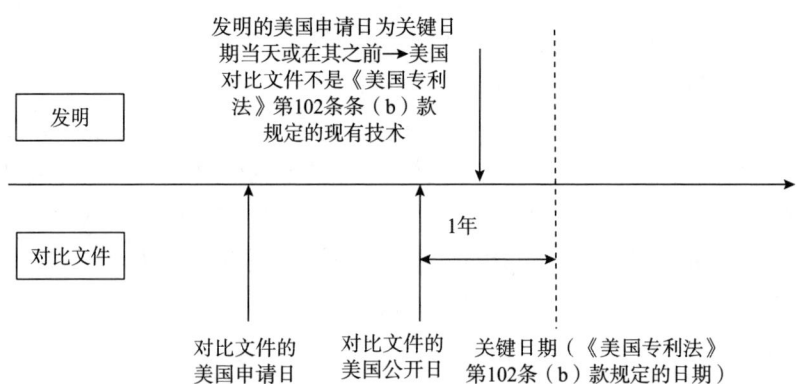

**图 2 - 12　美国申请日在该美国对比文件的美国公开日之后的
一年内的对比文件是否为现有技术认定示意图**

其次，针对 AIA 法案之前的《美国专利法》第 102 条（a）款和第 102 条

（e）款的规定，专利从业人员将该申请的**外国优先权日❶**与该美国对比文件的美国申请日和美国公开日进行比较。

如图 2-13 所示，如果该申请的外国优先权日在该美国对比文件的美国公开日之后，那么该美国对比文件为 AIA 法案之前的《美国专利法》第 102 条（a）款和第 102 条（e）款两者所规定的现有技术。

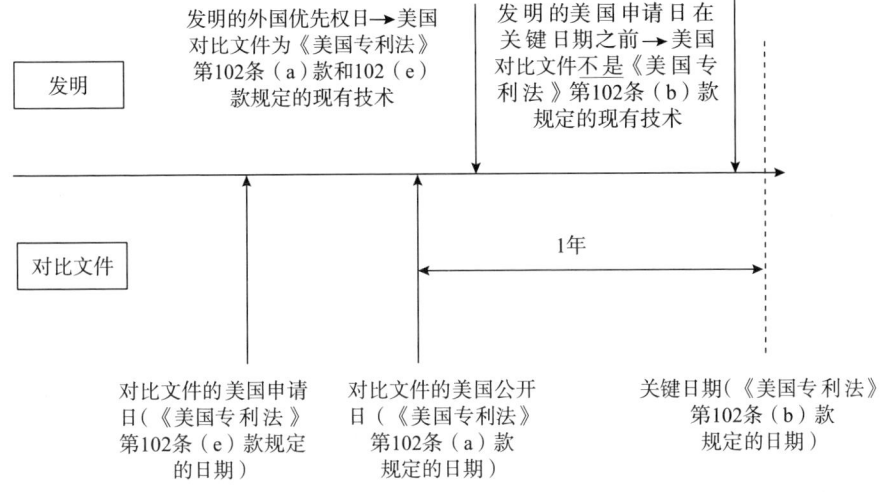

**图 2-13　外国优先权日与该美国对比文件的美国申请日和美国公开日对对比文件是否为现有技术认定的示意图**

专利从业人员应该考虑该美国对比文件的发明人问题，看看此处讨论的该美国对比文件的现有技术资格能否被取消。在上述具体的示例中，对于外国优先权日为 2006 年 11 月 10 日或之后并且美国申请日在 2007 年 11 月 10 日之前的申请而言，该美国对比文件为 AIA 法案之前的《美国专利法》第 102 条（a）款和第 102 条（e）款两者所规定的现有技术。

如图 2-14 所示，如果该申请的外国优先权日在该美国对比文件的美国申请之前，那么该美国对比文件不是 AIA 法案之前的《美国专利法》第 102 条（a）款或第 102 条（e）款所规定的现有技术。此时，专利从业人员可以反驳该审查意见，因为根据 AIA 法案之前的《美国专利法》第 102 条（a）款、第 102 条（b）款或第 102 条（e）款中任意一款的规定，该美国对比文件都不是现有技术。在上述具体的示例中，对于外国优先权日为 2006 年 5 月 1

---

❶ 或最早的美国申请日，如果没有外国优先权存在的话。

日或者更早的申请而言，该美国对比文件不是现有技术。❶

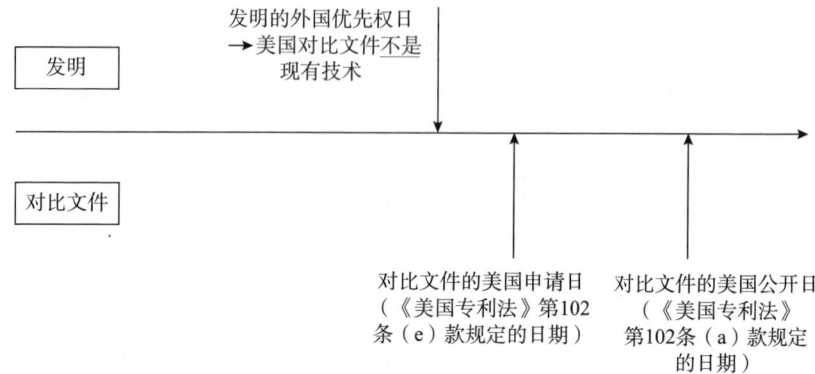

**图 2 – 14　外国优先权日在该美国对比文件的美国申请日之前的现有技术认定示意图**

如图 2 – 15 所示，如果该申请的外国优先权日在该美国对比文件的美国申请日和美国公开日之间，那么该美国对比文件仅为 AIA 法案之前的《美国专利法》第 102 条（e）款所规定的现有技术。专利从业人员应该考虑该美国对比文件的发明人和受让人，看看是否可以取消该美国对比文件的现有技术资格，对于这点本书稍后部分会进行讨论。在上述具体的示例中，对于外国优先权日在 2006 年 11 月 9 日（包括）与 2006 年 5 月 2 日（包括）之间的申请而言，该美国对比文件仅为 AIA 法案之前的《美国专利法》第 102 条（e）款所规定的现有技术。

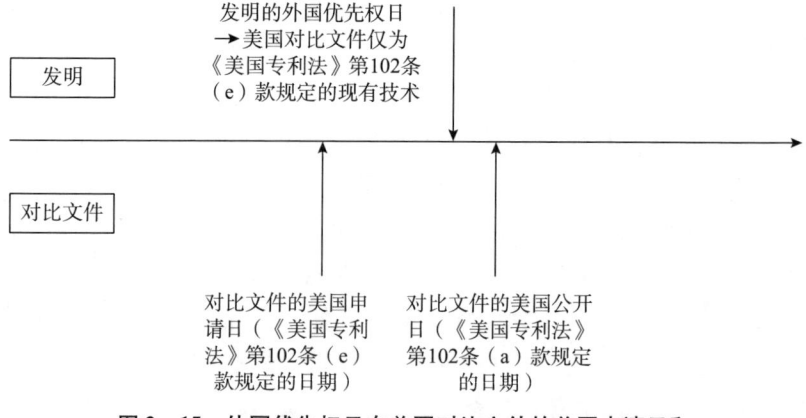

**图 2 – 15　外国优先权日在美国对比文件的美国申请日和**

**美国公开日之间的现有技术认定示意图**

---

❶ 请再次注意：对比文件的中国台湾地区的优先权日（2005 年 5 月 4 日）并不重要。

（2）非美国对比文件。

由于非美国对比文件没有 AIA 法案之前的《美国专利法》第 102（e）款中规定的日期，因此对于非美国对比文件的考量更加简单。我们只需要关心 AIA 法案之前的《美国专利法》第 102 条（a）款和第 102 条（b）款。

考虑以下的非美国对比文件，如图 2-16 所示。

(19) Europäisches Patentamt
European Patent Office
Office européen des brevets

(11)  **EP 1 795 845 A2**

(12)  **EUROPEAN PATENT APPLICATION**

(43) Date of publication:
13.06.2007  Bulletin 2007/24

(51) Int Cl.:
*F28D 1/06* *(2006.01)*    *B01J 19/00* *(2006.01)*

(21) Application number: 07006790.5

(22) Date of filing: 15.12.2000

(84) Designated Contracting States:
DE FR GB IT

(30) Priority: 14.01.2000 JP 2000005447
14.01.2000 JP 2000005450
14.01.2000 JP 2000005451
14.01.2000 JP 2000005455
10.08.2000 JP 2000242191

(62) Document number(s) of the earlier application(s) in accordance with Art. 76 EPC:
00981790.9 / 1 162 425

(71) Applicant: TLV CO. LTD.
Kakogawa-shi,
Hyogo-ken (JP)

(72) Inventor: Kumamoto, Tadaaki
Kakogawa-shi,
Hyogo-ken (JP)

(74) Representative: Blumenröhr, Dietrich et al
Lemcke, Brommer & Partner
Patentanwälte
Bismarckstrasse 16
76133 Karlsruhe (DE)

Remarks:
This application was filed on 31 - 03 - 2007 as a divisional application to the application mentioned under INID code 62.

图 2-16 非美国对比文件

我们注意到该非美国对比文件的以下日期：

● 公开日：2007 年 6 月 13 日。这是唯一需要担心的日期。

● 申请日：2000 年 12 月 15 日。在大部分案例中，该日期都是无关紧要的（除了在抵触审查程序中，而这种情况很少碰到）。为了使审查处理更加常规，可以将该日期安全地忽略。

● 外国优先权日：2000 年 1 月 14 日和 2000 年 10 月 8 日。在大部分案例中，该日期都是无关紧要的（除了在抵触审查程序中，而这种情况很少碰到）。为了使审查更加常规，可以将该日期安全地忽略。

总而言之，在大部分案例中，只需要考虑非美国对比文件的一个日

期，即，

● 针对 AIA 法案之前的《美国专利法》第 102 条（a）款和第 102 条（b）款中规定的公开日。

此外，在专利申请中还需要注意两个日期：

● 最早美国申请日❶；以及

● 外国优先权日❷（如果有）。

专利从业人员接下来会将该专利申请的这两个日期与该非美国对比文件的公开日进行比较，从而确定该对比文件是否为现有技术。比较的方法与上述讨论的方法类似，此处就不再赘述。

（3）PCT 对比文件。

如果满足以下所有条件，那么 PCT 申请的国际公开文本自其申请日开始就为 AIA 法案之前的《美国专利法》第 102 条（e）款所规定的现有技术：

● 该 PCT 申请的申请日为 2000 年 11 月 29 日或之后；并且

● 该 PCT 申请指定美国；并且

● 该 PCT 申请公布文本为英文。

如果上述条件中的任意一条没有得到满足，那么该 PCT 对比文件自其公开日起为 AIA 法案之前的《美国专利法》第 102 条（a）款或第 102 条（b）款所规定的现有技术。在此种情况下，该 PCT 对比文件没有 AIA 法案之前的美国专利法第 102 条（e）款所规定的日期。

考虑以下的 PCT 对比文件示例，如图 2 – 17 所示。

图 2 – 17 中 PCT 对比文件自其申请日 2004 年 8 月 25 日起为 AIA 法案之前的《美国专利法》第 102 条（e）款所规定的现有技术，因为以下所有的条件都被满足：

● 该 PCT 申请的申请日（2004 年 8 月 25 日）为 2000 年 11 月 29 日或之后；并且

● 该 PCT 申请指定美国；并且

● 该 PCT 申请公布文本为英文。

如果以上条件中有任意一条没有被满足，那么该 PCT 对比文件不具有 AIA

---

❶ 最早美国申请日可以是：（1）被当前美国申请要求优先权的任何美国临时申请的临时申请日，或者（2）在母案—子案情形下，一个母案/授权母案申请的最早美国申请日，其中当前美国申请为母案/授权母案申请的分案申请、继续申请或者部分继续申请，或者（3）在 PCT – US 情形下的 PCT 申请日，其中当前美国申请为该 PCT 申请的国家阶段或者继续申请。

❷ 注意：一个外国优先权日，其没有对比文件的日期那么重要，但对于正在审查中的发明来说是非常重要的。

(12) INTERNATIONAL APPLICATION PUBLISHED UNDER THE PATENT COOPERATION TREATY (PCT)

(19) World Intellectual Property Organization
International Bureau

(43) International Publication Date
3 March 2005 (03.03.2005)

PCT

(10) International Publication Number
**WO 2005/020452 A1**

(51) International Patent Classification⁷: **H04B 1/38**

(21) International Application Number:
PCT/KR2004/002132

(22) International Filing Date: 25 August 2004 (25.08.2004)

(25) Filing Language: Korean

(26) Publication Language: English

(30) Priority Data:
10-2003-0058715     25 August 2003 (25.08.2003)     KR
10-2003-0062941
                    9 September 2003 (09.09.2003)     KR
10-2003-0098725
                    29 December 2003 (29.12.2003)     KR
10-2004-0026729     19 April 2004 (19.04.2004)     KR
10-2004-0027516     21 April 2004 (21.04.2004)     KR
10-2004-0053563     9 July 2004 (09.07.2004)     KR
10-2004-0055521     16 July 2004 (16.07.2004)     KR

(71) Applicant (for all designated States except US): **M2SYS CO., LTD** [KR/KR]; 3rd Fl., Seoul Electronics Communication Building, 68-2, Nae-dong, Ojeong-gu, Bucheon-si, Gyeonggi-do 421-160 (KR).

(72) Inventors; and
(75) Inventors/Applicants (for US only): **LEE, Jun-Hong** [KR/KR]; 3rd Fl., Seoul Electronics Communication Building, 68-2, Nae-dong, Ojeong-gu, Bucheon-si, Gyeonggi-do 421-160 (KR). **PARK, Jae-Young** [KR/KR]; 3rd Fl., Seoul Electronics Communication Building, 68-2, Nae-dong, Ojeong-gu, Bucheon-si, Gyeonggi-do 421-160 (KR). **PARK, Chun-Soo** [KR/KR]; 3rd Fl., Seoul Electronics Communication Building, 68-2, Nae-dong, Ojeong-gu, Bucheon-si, Gyeonggi-do 421-160 (KR).

(74) Agent: **NAM, Sang-Sun**; 9th Fl., Maekyung Media Center, 30, 1-Ga, Pil-dong, Jung-Ku, Seoul 100-728 (KR).

(81) Designated States (unless otherwise indicated, for every kind of national protection available): AE, AG, AL, AM, AT, AU, AZ, BA, BB, BG, BR, BW, BY, BZ, CA, CH, CN, CO, CR, CU, CZ, DE, DK, DM, DZ, EC, EE, EG, ES, FI, GB, GD, GE, GH, GM, HR, HU, ID, IL, IN, IS, JP, KE, KG, KP, KZ, LC, LK, LR, LS, LT, LU, LV, MA, MD, MG, MK, MN, MW, MX, MZ, NA, NI, NO, NZ, OM, PG, PH, PL, PT, RO, RU, SC, SD, SE, SG, SK, SL, SY, TJ, TM, TN, TR, TT, TZ, UA, UG, US, UZ, VC, VN, YU, ZA, ZM, ZW.

[Continued on next page]

图 2-17　PCT 对比文件示例图

法案之前的《美国专利法》第 102 条（e）款所规定的日期，而仅具有 AIA 法案之前的《美国专利法》第 102 条（a）款或第 102 条（b）款所规定的日期，即自其 PCT 公开日 2005 年 3 月 3 日起，这个日期比该 PCT 申请日 2004 年 8 月 25 日晚很多。在确定该 PCT 对比文件能否作为一个专利申请的现有技术时，这种时间上的差异往往被证明是至关重要的。

　　由于现如今大部分 PCT 对比文件的申请日在 2000 年 11 月 29 日之后，并且几乎每个 PCT 申请都指定了所有的 PCT 成员国（或者至少指定了大的 PCT 成员国，例如美国），因此前两个条件几乎都会被满足。于是问题归根结底都在于最后一个条件，即该 PCT 申请的公布文本是否为英文。如果是，则该 PCT 申请具有比较早的 AIA 法案之前的《美国专利法》第 102 条（e）款所规定的对比文件日期，即自其 PCT 申请日起。如果不是，则该 PCT 申请具有晚得多的 AIA 法案之前的《美国专利法》第 102 条（a）款或第 102 条（b）款所规定的对比文件日期，即自其 PCT 公开日起。正是出于这个原因，PCT 申请人可以考虑寻求其 PCT 申请的英义公开文本（尽管该 PCT 申请并不是用英文提交），从而增加其 PCT 申请被作为现有技术的效果，用来对付其竞争对手的美国申请。

　　总而言之，该"对比文件日期"解释了专利从业人员如何首先检查美国专利商标局所使用的对比文件的对比文件日期。如果该对比文件日期不足够早（不早于正在被审查的专利申请的最早申请日/最早优先权日），那么专利从业人员可以反驳美国专利商标局是在非现有技术的基础上给出的审查意见。并且除此以外，不要做任何的修改或者争辩［修改或争辩可能会导致与费斯托（Festo）案类似的问题］。

　　但是，如果该对比文件日期足够早（早于正在被审查的专利申请的最早申请日/最早优先权日），那么专利从业人员不应该放弃取消该对比文件的现有技术资格的希望，从而将其变为非现有技术。专利从业人员应该继续考虑其他的因素，例如发明所属和发明所有权。❶

　　2. 发明所属

　　该因素仅适用于 AIA 法案之前的《美国专利法》第 102 条（a）款和第102 条（e）款所规定的现有技术。AIA 法案之前的《美国专利法》第 102 条（b）款所规定的现有技术的资格则不可以基于发明所属和/或发明所有权而被取消。❷

　　　　AIA 法案之前的《美国专利法》第 102 条（a）款

　　　　一个人应有权获得专利，除非……

　　　　（a）在发明完成之前，该发明已经在本国为他人所知道或者使用，或者在国内外已经获得专利或者被描述在印刷出版物上……

　　　　AIA 法案之前的《美国专利法》第 102 条（e）款

　　　　一个人应有权获得专利，除非……

　　　　（e）该发明在以下之处已有描述：

　　　　（1）发明完成之前由他人在美国提出申请并根据第 122 条（b）款公开的专利申请中，或者

　　　　（2）在发明完成之前由他人在美国提出并获得授权的专利中；对于根据第 351 条（a）款所定义之条约而提出的国际申请来说，只有当国际申请指定美国并且根据该条约第 21 条（2）款而以英文公开，才具有在本条款中的上述美国专利申请的相同效力；

---

　　❶ 本书的后续部分将会讨论基于对比文件日和发明日的比对来取消《美国专利法》第 102 条（a）款和第 102 条（e）款规定的现有技术资格的另一种实践方法，即在后宣誓。

　　❷ AIA 法案提供了一种用于取消现有技术对比文件的类似机制，即如果（1）现有技术对比文件中披露并且用于对付所主张发明的主题是从发明人处获得的，并且（2）现有技术对比文件的公开不早于所主张发明的有效申请日 1 年。

以上 AIA 法案之前的《美国专利法》第 102 条规定中的划线部分内容给出了专利从业人员为什么应该慎重考虑正在被审查的申请的发明所属和被采用的美国对比文件的发明人权利的原因。如果发明人相同，则 AIA 法案之前的《美国专利法》第 102 条（a）款或第 102 条（e）款所规定的现有技术的资格就可以被取消，并且不需要任何的修改或实质性的争辩就可以反驳该审查意见。

一般来讲，如果发明所属（或发明实体）相同，则所有的发明人都在申请和对比文件中列出。如果在申请或对比文件中列出了某一发明人，而在另一个中没有列出，则足以导致不同的发明所属（或发明实体）。❶ 一个或者多个（但不是全部）共同发明人还不足够，想要使得发明实体相同，则所有的发明人都应该在发明实体上相同。❷ 如果发明所属不同，专利从业人员此时还不应该放弃。尽管发明实体不同，但是存在一个共同的发明人并且该共同的发明人发明/制造了主张权利的发明和采用了现有技术教导两者的情况也不罕见。在这种情况下，AIA 法案之前的《美国专利法》第 102 条（a）款或第 102 条（e）款所规定的对比文件可以被克服，原因在于所采用的现有技术的教导并不是由他人提出。❸

让我们考虑以下的示例：

• 权利要求 1 由发明人 A 提出；

• AIA 法案之前的《美国专利法》第 102 条（a）款或第 102 条（e）款所规定的对比文件包括两部分，即由发明人 A 提出的 RA 部分和由发明人 B 提出的 RB 部分；

• 美国专利商标局使用 RA 部分来驳回权利要求 1。

由于所采用的对比文件的教导（RA 部分）与所主张权利的发明都是由同一发明实体（发明人 A）提出的，因此发明人 A 通过提交一份法规 132 声明来说明权利要求中的发明和该采用的对比文件的教导（RA 部分）都是由其提

---

❶ 注意：如果不是所有的发明人都一样，发明实体是不同的。申请与对比文件存在一个或多个共同发明人的事实是不成熟的。

❷ 如果对比文件是非专利公开，对于确定专利主体来讲，专利的作者就是发明人。

❸ "一个申请和一个专利相比有一个不同的署名的发明实体，这样的事实不必然地使该专利成为现有技术。"见案例 Applied Materials Inc. v. Gemini Research Corp. ，835 F. 2d 279，15 USPQ2d 1816（Fed. Cir. 1988）。这个问题取决于关于谁发明了相应主题的证据记录如何显示。见案例 In re Whittle，454 F. 2d 1193，1195，172 USPQ 535，537（CCPA 1972）。事实上，即使申请人的工作在他或她的专利申请之前公开，申请人自己的工作不会被用作对抗他或她自己的申请，除非超过了《美国专利法》第 102 条（b）款规定的时间。见案例 In re DeBaun，687 F. 2d 459，214 USPQ 933（CCPA 1982）［在案例 re Katz，687 F. 2d 450，215 USPQ 14（CCPA 1982）中引用］。

出的，则可以克服该审查意见。所以，该教导不是由他人所提出的，并且没有资格作为对付权利要求 1 的现有技术。

在另外一个示例中，除了美国专利商标局采用 RA 部分和 RB 部分两者来驳回权利要求 1 以外，其他条件与上述列出的条件相同。发明人 A 不能作证其提出了主张权利要求中的发明和该对比文件的教导（因为 RB 部分并不是发明人 A 提出的）。因此，所采用的该对比文件的教导是由 "他人提出的"，并且是 AIA 法案之前的《美国专利法》第 102 条（a）款或第 102 条（e）款所规定的现有技术。所以并不能通过取消该对比文件资格的方法来克服对权利要求 1 的审查意见。

在另一个示例中，除了所采用的教导，即 RA 部分是由发明人 A 和发明人 B 共同提出的以外，其他条件与上述列出的条件相同。由于所主张权利要求中的发明（发明人 A）和所采用的教导（发明人 A 和发明人 B）是由不同的发明实体提出的，因此该对比文件的资格不会被取消。

在进一步的另一个示例中，除了权利要求 1 是由发明人 A 和发明人 C 共同提出的以外，其他条件与上述列出的条件相同。由于所主张权利要求中的发明（发明人 A 和发明人 C）和所采用的教导（发明人 A）是由不同的发明实体提出的，因此该对比文件的资格不会被取消。

还在另一个示例中，包含了以上列出的所有条件，此外，权利要求 2 由发明人 A 和发明人 C 共同提出，并且与权利要求 1 类似，权利要求 2 基于对比文件的 RA 部分被驳回。由于所主张权利要求中的发明（发明人 A）和所采用的教导（发明人 A）是由同一发明实体提出的，因此通过采用对比文件的 RA 部分不是由 "他人提出" 这一理由可以取消该对比文件的资格，从而克服对权利要求 1 的审查意见。然而，由于所主张权利要求中的发明（发明人 A 和发明人 C）和所采用的教导（发明人 A）是由不同的发明实体提出的，因此不能克服对权利要求 2 的审查意见。

最后这一示例说明了将每个<u>单独的权利要求</u>的发明实体与所采用的对比文件的教导进行比较是非常重要的。

如果在上述提到的分析之后，专利从业人员发现该对比文件具有很好的现有技术日期（在最早申请日／最早优先权日之前）和／或该对比文件确实是由他人提出的，基于共同所有权，该专利从业人员还是有一些希望能够使得该对比文件的资格被取消。

3. 所有权——共同受让人

有经验的专利从业人员应该检查对比文件的所有权（或受让人），并且当

发现对比文件与申请为共同所有时应当额外小心，原因有两点。❶

原因一是为了避免破坏该共同所有的对比文件的权威性。正如本书中讨论的，像费斯托（Festo）案那样的问题不仅会由于对正在被审查的申请进行修改或者争辩而产生，还会由于对其他相关的申请或专利进行修改或者争辩而产生。在以下情况中，即一个共同所有的对比文件 R（例如美国专利或申请）被用来对付另外一个被受让给同一受让人的申请 A，如果该受让人试图通过对比文件 R 没有公开所引用的特征 T 这一理由来将该申请 A 从该共同所有的对比文件 R 区分开来，那么这一争辩理由可能可以用来对付该对比文件 R。例如，竞争者或者被控侵权人可能会利用受让人在申请 A 中的争辩理由，即对比文件 R 没有公开所引用的特征 T，使得特征 T 不包含在对比文件 R 的权利要求的解释范围中，从而避免侵权。因此，当引用共同所有的对比文件来对付申请人/受让人自己的申请时需要特别小心。

原因二是为了确定是否可以根据 AIA 法案之前的《美国专利法》第 103 条（c）款的规定来取消对比文件的资格。❷ 该条款可以适用，如果：

• 共同所有的对比文件仅为 AIA 法案之前的《美国专利法》第 102 条（e）款、第 102 条（f）款或第 102 条（g）款所规定的现有技术；并且

• 正在被审查的申请的申请日在 1999 年 11 月 29 日之后。

现在处于审查阶段的大部分申请的申请日都在 1999 年 11 月 29 日之后。因此第二个条件基本都会满足。

至于第一个条件，由于很少会碰到 AIA 法案之前的《美国专利法》第 102 条（f）款或第 102 条（g）款所规定的现有技术❸，AIA 法案之前的《美国专利法》第 103 条（c）款实际上主要适用于 AIA 法案之前的《美国专利法》第 102 条（e）款。

需要注意，该 AIA 法案之前的《美国专利法》第 103 条（c）款适用于取消仅由 AIA 法案之前的《美国专利法》第 102 条（e）款所规定的现有技术的资格，从而使该现有技术不能被用在 AIA 法案之前的《美国专利法》第 103

---

❶　还有第三个原因，其超出了这部分的范围，是为了避免当一个客户的对比文件被用来对抗另一个客户的申请时的利益冲突。

❷　如上述讨论的，AIA 法案提供了一种类似将一个共同所有的美国专利文件的现有技术的资格取消的机制，且该美国专利文件在要求保护的发明的有效申请日之前申请，但在该有效申请日之后公开。AIA 法案的条款［AIA 法案的第 102 条（b）（2）（C）款］要宽于 AIA 法案前的范围，因为 AIA 允许针对新颖性和非显而易见性问题均可进行取消资格，而 AIA 法案前的法律仅允许针对非显而易见性问题进行取消现有技术资格。

❸　AIA 法案之前的《美国专利法》第 102 条（f）款是针对非发明人自己将要求保护的主题发明出来的有关派生的情形，第 102 条（g）款是关于不同发明主体要求保护实质相同的发明的抵触情形。

条（a）款（显而易见性）的审查意见中。AIA 法案之前的《美国专利法》第 103 条（c）款并不能取消仅由 AIA 法案之前的《美国专利法》第 102 条（e）款所规定的现有技术的资格而使该现有技术不能用在 AIA 法案第 102 条（新颖性）的审查意见中。并且如果对比文件不仅适用于 AIA 法案之前的《美国专利法》第 102 条（e）款的规定，也适用于 AIA 法案之前的《美国专利法》第 102 条（a）款或第 102 条（b）款的规定，那么 AIA 法案之前的《美国专利法》第 103 条（c）款根本不能取消该对比文件的资格。

总而言之，如果对比文件

- 为共同所有（与申请具有同一受让人）；并且
- 仅为 AIA 之前的《美国专利法》第 102 条（e）款所规定的现有技术。

那么该对比文件不能够被用在针对该申请的 AIA 法案之前的《美国专利法》第 103 条（a）款（显而易见性）的审查意见中，不管该对比文件被美国专利商标局作为主要的对比文件还是作为教导性的对比文件。

考虑以下的美国对比文件，如图 2－18 所示。

(12) **United States Patent**
**Chen**

(10) **Patent No.: US 7,466,457 B2**
(45) **Date of Patent: Dec. 16, 2008**

(54) **SHEET-FED SCANNER CAPABLE OF SCANNING MULTIPLE SCAN LINES FOR IMAGE SIGNAL CALIBRATION**

(75) Inventor: **Ku Ming Chen**, Jhubei (TW)

(73) Assignee: **Avision Inc.** (TW)

( * ) Notice: Subject to any disclaimer, the term of this patent is extended or adjusted under 35 U.S.C. 154(b) by 260 days.

(21) Appl. No.: **11/414,450**

(22) Filed: **May 1, 2006**

(65) **Prior Publication Data**

US 2006/0250665 A1 Nov. 9, 2006

(30) **Foreign Application Priority Data**

May 4, 2005 (TW) ............................ 94114343 A

(51) **Int. Cl.**
***H04N 1/04*** (2006.01)
***H04N 1/40*** (2006.01)

(52) **U.S. Cl.** ...................... **358/461**; 358/496; 358/498; 358/406; 358/483; 358/408; 358/474

(58) **Field of Classification Search** ................ 358/461, 358/496, 498, 406, 504, 471, 474, 505, 482, 358/483; 399/367, 374; 355/23; 382/274
See application file for complete search history.

(56) **References Cited**

U.S. PATENT DOCUMENTS

3,681,608 A * 8/1972 Derderian et al. ........ 250/201.1
4,967,233 A * 10/1990 Buchar et al. .............. 358/496
5,280,368 A * 1/1994 Fullerton .................... 358/474
6,697,175 B1 * 2/2004 Kumagai et al. ........... 358/497
6,840,642 B2 * 1/2005 Ishikawa et al. ........... 359/872
6,989,915 B2 * 1/2006 Honjo et al. ............... 358/461
7,057,746 B2 * 6/2006 Binnig et al. ............. 358/1.12

* cited by examiner

*Primary Examiner*—Cheukfan Lee

(57) **ABSTRACT**

A sheet-fed scanner capable of scanning multiple scan lines for image signal calibration includes a housing, a sheet-feeding mechanism, a first scanning module, a first actuator and a first calibration sheet. The sheet-feeding mechanism disposed in the housing feeds a document across a scan region. The first scanning module rotatably mounted in the housing scans a front side of the document fed across the scan region. The first calibration sheet is fixed in the housing and disposed in the scan region. The first actuator drives the first scanning module to rotate such that the first scanning module senses a plurality of scan lines on the first calibration sheet to obtain a first calibration standard for calibrating a first image signal of the front side of the document. Thus, it is possible to avert any flaws in image quality caused by the contaminated calibration sheet.

**12 Claims, 3 Drawing Sheets**

**图 2－18　美国对比文件图**

我们在本节的稍早部分中已经见到过该对比文件，即图 2-10。该对比文件具有：

• 可能的 AIA 法案之前的《美国专利法》第 102 条（a）/（b）款所规定的日期，即其公开日（2006 年 11 月 9 日）；以及

• 可能的 AIA 法案之前的《美国专利法》第 102 条（e）款所规定的日期，即其美国申请日（2006 年 5 月 1 日）。

我们假设该对比文件与正在被审查的申请为共同所有，那么唯一需要考虑的问题就是该对比文件是否仅适用于 AIA 法案之前的《美国专利法》第 102 条（e）款。

以上已经给出了对比文件仅适用于 AIA 法案之前的《美国专利法》第 102 条（e）款所规定的现有技术的示例，如图 2-15 所示。

更具体而言，如果该申请的优先权日为 2006 年 8 月 1 日（即在 AIA 法案之前的《美国专利法》第 102 条（a）款/第 102 条（b）款所规定的该对比文件日（2006 年 11 月 9 日）和 AIA 法案之前的《美国专利法》第 102 条（e）款所规定的该对比文件日（2006 年 5 月 1 日）之间），则该对比文件仅可作为 AIA 法案之前的《美国专利法》第 102 条（e）款所规定的现有技术。但是该对比文件不可以用在 AIA 法案之前的《美国专利法》第 103 条（a）款（显而易见性）的审查意见中。

让我们进一步假设该申请包括权利要求 1 和 2，其中权利要求 1 根据 AIA 法案之前的《美国专利法》第 102 条（e）款，由于相对于该对比文件来说是可被预期的（缺乏新颖性）而被驳回；权利要求 2 根据 AIA 法案之前的《美国专利法》第 103 条（a）款，由于相对于该对比文件显而易见而被驳回。根据 AIA 法案之前的《美国专利法》第 102 条（e）款对权利要求 1 的驳回是正确的，必须通过争辩和/或修改来解决。❶ 但是根据 AIA 法案之前的《美国专利法》第 103 条（a）款对权利要求 2 的驳回是不正确的，因为 AIA 法案之前的《美国专利法》第 103 条（c）款取消了共同所有的、AIA 法案之前的仅为《美国专利法》第 102 条（e）款所规定的对比文件的资格，使得该对比文件不能被用在显而易见性的审查意见中。通过将权利要求 1 删除（并且如果权利要求 2 为权利要求 1 的从属权利要求，则将权利要求 2 改写为独立权利要求的形式）可以克服该对比文件。下述语句可以用在争辩部分中以向审查员解释为什么根据 AIA 法案之前的《美国专利法》第 103 条（a）款对权利要求 2 的驳回是不正确的：

---

❶ 当然除非对比文件为在后宣誓或者由相同的发明实体做出，本示例的目的不在于此。

申请人尊敬地不同意根据 AIA 之前的《美国专利法》第 103 条（a）款对剩下的权利要求的驳回理由，因为对比文件为共同所有的、仅由 AIA 之前的《美国专利法》第 102 条（e）款所规定的现有技术，而这样的对比文件不可以被用在根据 AIA 法案之前的《美国专利法》第 103 条（a）款所作出的驳回中。申请人在此通过署名律师声明，在完成该发明时，该主张权利的发明和对比文件已经归为同一公司所有或者负有向该同一公司（即受让人）转让的义务，则 AIA 法案之前的《美国专利法》第 103 条（c）款用于取消在根据 AIA 法案之前的《美国专利法》第 103 条（a）款的显而易见性驳回中的对比文件的资格。应该注意，单单上述对于共同所有权的陈述足以证明在该发明作出时已经建立了共同所有权。参见 MPEP706.02（I）（2）。因此，申请人尊敬地请求审查员撤回基于对比文件根据 AIA 法案之前的《美国专利法》第 103 条（a）款所作出的审查意见。

这其中最关键的语句是："在完成该发明时，该主张权利的发明和对比文件已经归为同一人/同一实体所有或者负有向该同一人/同一实体转让的义务"。

例如，如果权利要求 2 的主题过窄，为了克服该共同所有的、仅由 AIA 法案之前的《美国专利法》第 102 条（e）款规定的对比文件，建议向权利要求 1 中添加一个不重要的特征，从而避免权利要求 1 的新颖性问题，同时也不会明显改变该权利要求的文字保护范围。如果审查员想要驳回修改后的权利要求 1，他就需要根据 AIA 法案之前的《美国专利法》第 103 条（a）款提出显而易见性的驳回理由。但是，由于使用了 AIA 法案之前的《美国专利法》第 103 条（c）款来取消由 AIA 法案之前的《美国专利法》第 103 条（a）款所规定的对比文件的资格，那么此时就不可以提出根据 AIA 法案之前的《美国专利法》第 103 条（a）款的审查意见。因此通过最小程度地修改权利要求 1 完全克服了该对比文件，从而避免了新颖性问题。❶

例如，权利要求 1 如下：

1. 一种计算机，包括：

中央处理单元（CPU）；以及

显示器。

一个共同所有的、仅由 AIA 法案之前的《美国专利法》第 102 条（e）款

---

❶ 该不重要的修改会产生 Festo 案的问题，而这在修改时也必须考虑到。当然，如果 Festo 案的问题很重要，修改就不是不重要的了，且也不应作出。

所规定的对比文件公开了具有 CPU 和 CRT（阴极射线管）显示器的计算机。审查员认为该对比文件中的 CRT 也可以解读为权利要求 1 中的显示器，因此权利要求 1 相对于该对比文件不具备新颖性。此时，专利从业人员可以将权利要求 1 修改如下：

> 1.（当前修改）一种计算机，包括：
>
> 中央处理单元（CPU）；以及
>
> 平板显示器。

此处增加的特征"平板"避免了新颖性问题，并且没有明显改变修改后的权利要求所希望的文字保护范围，而该保护范围依然覆盖了大部分的商业化实施例，如等离子、LCD、OLED、LED 显示器等。由于权利要求的文字保护范围并没有受到明显的影响，申请人可能不需要考虑等同侵权原则下的保护，因此修改可能带来的类似于费斯托（Festo）案的问题的可能性也被最小化。

审查员可能想要对稍作修改的权利要求 1 提出驳回。然而，审查员需要根据 AIA 法案之前的《美国专利法》第 103 条（a）款提出驳回，理由就是用平板显示器替代该对比文件中的 CRT 显示器是显而易见的。但是，根据 AIA 法案之前的《美国专利法》第 103 条（c）款的规定，这样的显而易见驳回是禁止使用的，原因在于该对比文件是共同所有的，并且仅可以作为由 AIA 法案之前的《美国专利法》第 102 条（e）款所规定的现有技术。假设审查员没有找到其他相关的对比文件，那么他就必须批准权利要求 1。因此，通过这样一个不论是在文字上还是实质上都几乎没有对权利要求保护范围造成明显负面影响的细微修改，该申请就变得适于授权。

如果，专利从业人员在分析了问题一（该对比文件是现有技术吗？）的各个方面之后发现，该对比文件就是现有技术（或者很难取消其现有技术的资格），那么从业人员就应该考虑接下来的问题，即问题二——审查意见可以被反驳吗？

## 第二节 审查意见可以被反驳吗

本部分的讨论适用于 AIA 法案和 AIA 之前的法案两种情况（这两种法案最大的区别在于对现有技术的定义）。

让从业人员问自己问题二的目的在于使他们明白，如果可以使用好的答辩理由来对驳回进行反驳，那么就不要对权利要求作出任何限制性的修改。这样做的原因很清楚，即避免不必要的修改可能带来的类似于费斯托（Festo）案的问题。但是，需要注意的是争辩也可能带来类似于费斯托（Festo）案的问题，因此在形成答辩理由的时候需要加倍小心。

以下是在形成答辩理由的过程中推荐使用的实战技巧：

（1）不要针对权利要求中没有的特征或者说明书内容进行争辩；

（2）针对权利要求而非"发明"进行争辩，并且对每个独立权利要求进行单独争辩；

（3）参考说明书中描述的元素/优点以及附图，并将它们作为权利主张的发明的支持内容；

（4）在争辩中对于文字内容的突出显示不要过多；

（5）不要仅仅简单地对权利要求中的特征进行重复，而要给出为什么对比文件没有给出该特征的启示的理由；

（6）不要对批准的权利要求进行争辩；

（7）避免对申请人自己的对比文件进行严重贬低。❶

我们现在将对这些技巧逐一进行详细讨论。

## 一、不要针对权利要求中没有的特征或者说明书内容进行争辩

在美国以外的许多其他国家，针对权利要求中没有具体引用或者仅在说明书中有所描述的特征进行争辩是一种惯常做法，但是这种做法在美国几乎不适用。原因在于，美国审查员审查的对象是<u>权利要求</u>，而不是说明书或附图。虽然可能所争辩的特征隐藏在权利要求的语言中，但是只要权利要求中没有明确地引用该特征，美国审查员就很可能会忽略它。

例如，说明书中描述了一种计算机，该计算机具有 CPU 和平板显示器，如 LCD。权利要求 1 如下：

> 1. 一种计算机，包括
> 中央处理单元（CPU）；以及
> 显示器。

由于对比文件公开了一种具有 CPU 和 CRT 显示器的计算机，审查员认为权利要求 1 相比于对比文件缺乏新颖性而将其拒绝。专利从业人员提出了如下的争辩理由：

---

❶ 注意上述讨论中，关于为何专利从业者应当检查申请的对比文件的受让人，目的是看对比文件是否由申请人共同所有。

针对权利要求 1 的驳回理由，我们保持尊重且认为是可以反驳的，因为虽然对比文件公开了 CPU，但是没有公开本申请中记载的平板显示器，如 LCD。相比于对比文件中的 CRT，平板显示器，如 LCD 的使用大大地减小了计算机的尺寸。

审查员将会维持所作出的拒绝，原因在于所争辩的特征（平板显示器，如 LCD）并没有出现在权利要求中。

专利从业人员不应该针对权利要求中没有的特征进行争辩的另外一个原因在于，这种没有出现在权利要求中的特征会造成不必要的审查历史。在上述示例中，即使权利要求中仍然引用"显示器"，但是竞争者或者被控侵权人可能会将该从业人员（不成功）的争辩理由用来将权利要求的保护范围限制为要求使用平板或 LCD。

如果专利从业人员想要针对权利要求中没有的特征进行争辩，那么他就应该将该特征添加到待争辩的权利要求中。在上述示例中，如果专利从业人员想要针对特征"平板或 LCD"进行争辩，那么他就应该将权利要求 1 修改如下：

1.（当前修改）计算机，包括：
中央处理单元（CPU）；以及
平板显示器。

还有一种方法就是增加从属权利要求，将想要争辩的特征包含在其中，例如，

1.（原始）一种计算机，包括：
中央处理单元（CPU）；以及
显示器。

2.（新增）根据权利要求 1 所述的计算机，其中所述显示器为平板显示器。

然后仅针对新增加的特征（权利要求 2）进行争辩。

## 二、针对权利要求而非"发明"进行争辩，并且对每个独立权利要求进行单独争辩

一个常见的错误是专利从业人员会针对"发明"而非权利要求进行争辩。正如在前述有关申请的撰写章节所讨论的，如今的趋势是避免在申请中使用"发明"一词。同样地，在审查过程中也应该避免使用"发明"一词，即在所作修改的评述部分或复审概述等部分中避免使用该词。这是为了防止出现一种

情况，即法庭或者被控侵权人将针对"发明"的争辩理由适用到所有的权利要求中，而不管该争辩所指向的特征是否在这些这些权利要求中有所记载。

在上述包含权利要求1和2的示例中，采用以下的争辩理由是错误的：

　　　　但是，<u>本发明</u>包括平板显示器，而使用的对比文件中并没有公开平板显示器。

错误的原因在于，由于在争辩理由中使用了"本发明"一词，那么法庭或者被控侵权人就可能将"平板显示器"这一特征解读为也适用于权利要求1，尽管权利要求1中并没有记载"平板显示器"。

建议使用以下的方式来进行争辩：

　　　　但是，<u>权利要求2</u>的主题包括平板显示器，而使用的对比文件中并没有公开平板显示器。

为了防止类似情况的发生，即针对某一权利要求的争辩理由可能会被强加于另一个没有记载该特征的权利要求中，建议对每一个权利要求进行单独地争辩。对于具有多个独立权利要求，并且这些独立权利要求各自指向不同的区别特征的复杂案例而言，这个建议尤其有用。我们经常遇到一种情况，即专利从业人员针对所有的权利要求进行了"总体的"争辩，而却并没有特别注意是否所有的独立权利要求中都引用了争辩的特征。这样的错误一旦发生，将会允许法庭或者被控侵权人将争辩的特征强加到并没有记载该特征的权利要求中。

例如，一个具有两个独立权利要求的申请，其中权利要求1引用了特征A、B、C，权利要求10引用了特征A、B、C′，以下针对该申请的争辩理由是错误的：

　　　　但是，<u>独立权利要求</u>的主题包括特征C，而使用的对比文件没有公开该特征C。

上述的争辩理由适用于权利要求1，但是并不适用于权利要求10，因为权利要求10中没有包括特征C。

建议使用以下的方式针对每个权利要求进行单独地争辩：

　　　　但是，对于独立权利要求1而言，其主题包括特征C，而使用的对比文件中没有公开该特征C。

　　　　对于独立权利要求10而言，其主题包括特征C′，而使用的对比文件中没有公开该特征C′。

我们经常发现专利从业人员会将权利要求1的争辩理由复制粘贴到针对权

利要求 10 的争辩部分中。这样简单的复制粘贴非常容易产生错误，因为专利从业人员实际上并没有检查进行争辩的特征（针对权利要求 1）是否也包括在权利要求 10 中。

一种推荐的方法是将权利要求 10（或者进行争辩的其他权利要求）复制粘贴到争辩理由中。这种方法需要的时间会稍长，但是能够防止由于疏忽大意而产生的错误。

### 三、参考说明书中描述的元素/优点以及附图，并将它们作为所主张权利的发明的支持内容

申请人经常想要将审查员的注意力吸引到说明书或者附图中，从而解释发明与对比文件之间的不同。但是，直接采用类似下述争辩理由是错误的。

> 但是，对于独立权利要求 1 而言，其主题包括元件 C（附图 5 中的501），该元件 C 连接在元件 A（附图 5 中的 502）和元件 B（附图 5 中的503）之间，而使用的对比文件中没有公开这样的布置。

上述争辩理由的写法有一个缺陷，即（法庭或者被控侵权人）可能会将权利要求 1 的范围解读得很窄，会要求提供附图 5 中的具体细节。

推荐使用的进行争辩的写法是参考附图（或说明书），并将其作为发明的支持内容，示例如下：

> 但是，对于独立权利要求 1 而言，其主题包括元件 C，该元件 C 连接在元件 A 和元件 B 之间，而使用的对比文件中没有公开这样的布置。该权利要求的布置至少可以从附图 5 中得到支持，该附图 5 公开了元件 501连接在元件 502 和元件 503 之间。

因此通过以上的陈述，申请人就会使得审查员去参阅附图/说明书，从而更好地理解本发明，而不会公开地给法庭或者被控侵权人以机会，将说明书/附图读入权利要求中来限制其保护范围。

### 四、在争辩中对于文字内容的突出显示不要过多

对重要的权利要求的语言进行突出显示以吸引审查员的注意在争辩理由的撰写中是一个很好的技巧。但是，过多的文字突出显示会扰乱审查员，并且会分散审查员的注意力。对于非美国的专利从业人员而言，将说明或者答复草稿中的大部分语句都加上下划线和/或斜体和/或加粗的做法并不罕见，示例如下：

发明的特征在于：<u>LCD 包括 TFT 基板、LC 层以及滤光片基板</u>。但是对比文件并没有教导 LCD 包括 TFT 基板、LC 层以及滤光片基板。因此，本发明具有新颖性。

在上述语句中很难看出想要争辩的点。

推荐使用的写法是仅对强调发明和现有技术之间区别的关键词进行突出显示，示例如下：

权利要求 1 的主题指向 LCD，该 LCD 包括 TFT 基板、LC 层以及<u>滤光片基板</u>。但是对比文件并没有教导至少下划线部分的特征。因此本发明具有新颖性。

这样，审查员就可以立即看出（不需要通读整个争辩理由）申请人想要表达的区别，即滤光片基板。

## 五、不要仅仅简单地对权利要求中的特征进行重复，而要给出为什么对比文件没有给出该特征的启示的理由

这条技巧的重点在于，申请人应该帮助审查员理解发明以及发明和现有技术的区别。这恰恰是能够使审查向前推进最有效的方法。仅仅简单地对权利要求中的特征进行重复，而不给出为什么对比文件没有给出该特征的启示的理由，这样的做法对于审查员而言没有任何帮助，相反地，会阻碍申请在美国专利商标局的进程。

让我们考虑以下针对前述示例性的争辩。

发明的特征在于：<u>LCD 包括 TFT 基板、LC 层以及滤光片基板</u>。但是对比文件并没有教导 LCD 包括 TFT 基板、LC 层以及滤光片基板。因此，本发明具有新颖性。

申请人认为发明具有新颖性，但是并没有给出其他的理由，这是一个没有证据的陈述。在大部分案例中，审查员已经花了适当的时间来完成审查意见通知书，向申请人解释为什么他认为每个权利要求的元素都已经被现有技术公开。虽然审查员对于现有技术的解读可能是不正确的，但是他至少向申请人解释了他的观点（尽管是错误的）。出于礼貌，申请人应该以如下的方式向审查员表明他的观点（争辩理由）作为回应。

权利要求 1 的主题指向 LCD，该 LCD 包括 TFT 基板、LC 层以及<u>滤光片基板</u>。但是对比文件并没有教导至少下划线部分的特征。例如，正如对比文件的附图 1 所示，LCD101 具有 TFT 基板 102 和 LC 层 103。但是，图

1 中并没有公开滤光片基板。对比文件的其他附图和说明书中也没有提及滤光片基板。因此，权利要求 1 具有新颖性。

审查员会非常感谢申请人切题、简明扼要的解释/争辩，而不是在没有给出理由的情况下对权利要求语言进行毫无意义的重复。

## 六、不要对批准的权利要求进行争辩

对已经批准的权利要求进行争辩的情况并不罕见，这种做法完全是在浪费时间。例如：

> 但是，申请人对独立权利要求 1 做了修改，使其包含批准的权利要求 6。现有技术文献不论是单独地还是结合地，都没有教导权利要求 6 中的特征，即第一三极管 T1 经由放大器连接到第二三极管 T2。具体而言，对比文件 A 公开了三极管 101，但是没有公开第二三极管。对比文件 B 公开了第二三极管 102，但是并没有说明其如何连接至第一三极管。因此，申请人尊敬地认为修改后的权利要求 1 相对于所用的对比文件具有创造性。

推荐使用的争辩陈述如下：

> 审查员指出权利要求 6 可以被批准，申请人对此表示感谢。申请人已经将该权利要求 6 包含在独立权利要求 1 中。因此，申请人尊敬地认为修改后的权利要求 1 相对于对比文件具有可专利性。

同样地，在从属权利要求 2 的争辩中完全重复独立权利要求 1 中使用的争辩理由是没有意义的。我们应该使用如下更高效的陈述"基于至少前述针对独立权利要求 1 的争辩理由，权利要求 2 具有可专利性"，除非申请人想要针对权利要求 2 中独有的特征进行单独的争辩。

## 七、避免对申请人自己的对比文件进行严重贬低

至于为什么要这样做，我们在解释从业人员为什么要检查对比文件的所有权的章节中已经进行了讨论，即为了避免做出与申请人自己的发明相反的争辩。

如果专利从业人员必须要对一个共同所有的对比文件（如 Huang）进行争辩，那么他应该避免采用如下的方式对该对比文件进行直接攻击。

> 但是，对比文件 Huang 没有教导主张权利的 GaN 基板。该对比文件甚至没有提及任何的 GaN 材料。

建议使用以下方式来进行争辩：

但是，审查员所采用的对比文件 Huang 似乎没有清楚地教导主张权利的 GaN 基板。

通过这样的方式，从业人员并没有公开地承认该共同所有的对比文件 Huang 没有公开主张权利的材料，而是认为审查员在此处采用对比文件 Huang 不满足权利要求的要求。由于该争辩针对的是审查员的理论基础而不是对比文件本身，因此不会带来严重的费斯托（Festo）案问题。

如果专利从业人员在考虑了对比文件是否为现有技术以及审查意见是否可以被克服之后，认为仅仅通过争辩不能克服（或很难克服）该对比文件/驳回，那么最后的手段就是修改权利要求。

# 第三节　最后的手段——修改权利要求

在面对审查意见的时候，专利从业人员的脑子里最后想到的才应该是对权利要求进行限制性修改。正如上述所讨论的，专利从业人员首先应该尝试取消审查意见的资格。如果发现很难或者不可能取消其资格，那么接下来就应该尝试对该审查意见进行反驳。只有在没有好的争辩理由的情况下，专利从业人员才应该考虑对权利要求进行限制性修改。

至于该如何对权利要求进行修改（引用基础、范围权利要求、方法限定的产品、不可操作状态下的装置权利要求等），作者给出的建议与本书中如何撰写申请的建议类似。针对审查过程中遇到的具体的权利要求修改问题，本章节致力于提供一些实战技巧，即，

（1）不要过度修改；

（2）增加新的权利要求来对所有创造性特征/公开实施例要求保护；

（3）在不做实质性修改的情况下将批准的从属权利要求改写为独立权利要求的形式；

（4）在多个权利要求中以不同的语句对相同的区别特征进行定义；

（5）为针对除可专利性以外原因所作的权利要求的修改提供一些解释；

（6）指出对权利要求修改的支持内容；

（7）确保新增的/修改后的权利要求特征在附图中有所显示。

## 一、不要过度修改

这样做的原因很简单：除了那些必须要放弃的部分，申请人不需要做出更多的舍弃。假设申请人有两个同样好的区别特征 A 和 B，那么他就不应该将这两个区别特征都放在独立权利要求 1 中。作者建议是将其中的一个区别特征（例如特征 A）放在独立权利要求 1 中，而将其他的区别特征（例如特征 B）包含在另一个独立权利要求，亦或新的独立权利要求中。另外作者还建议增加一个独立权利要求 1 的从属权利要求，并且将特征 B 包含在该从属权利要求中。由于这样一个新的从属权利要求包含了区别特征 A 和 B，因此应该很可能被批准。

## 二、增加新的权利要求来对所有创造性特征/公开实施例进行要求保护

关于这样做的原因，我们已经在申请撰写章节中进行了讨论，即（1）单次审查，即审查员能够在一次检索中对所有的创造性特征进行检索；（2）避免捐献原则；（3）使用所有的在申请时已经付过款的总共 20 个权利要求，其中 3 个为独立权利要求。

## 三、在不做实质性修改的情况下将批准的从属权利要求改写为独立权利要求的形式

这样做的第一个原因是为了保护已经获得的权利要求保护范围不受针对独立权利要求的修改的影响。例如，审查员驳回了独立权利要求 1，但是表示从属权利要求 2 中包含了可以被批准的主题。专利从业人员对独立权利要求 1 进行了修改，将附加的特征 X 加入其中。如果专利从业人员没有将权利要求 2 改写为独立权利要求的形式，那么权利要求 2 的保护范围就将会由于独立权利要求 1 中新增加的特征 X 而变窄。

当然，也存在一种情况，即可批准的权利要求（例如权利要求 2）的保护范围太窄，或者不是申请人感兴趣的。即使在这种情况下，我还是建议将权利要求 2 改写为独立权利要求的形式，原因是为了避免审查员可能在最终审查意见通知书中改变主意而不批准权利要求 2。

具体而言，美国专利商标局允许审查员<u>由于申请人的修改</u>，需要将第二次/随后的审查意见通知书作为最终审查意见通知书。❶ 如果在不改变权利要求 2 保护范围的基础上将其改写成独立权利要求的形式，而此时审查员想要撤回他

---

❶ 在接下来的关于最终审查意见实践的部分，还会进一步在更多细节上讨论该问题。

对于权利要求 2 可以批准的主题的表述并且想要以新的理由驳回权利要求 2，那么在这种情况下由于申请人仅仅改变了权利要求 2 的形式（从属权利要求变为独立权利要求），而没有改变其保护范围，因此审查员的新驳回理由并不是针对申请人的修改而必须做出的，所以审查员就不可以将下一次的审查意见通知书作为最终审查意见通知书。由于下一次审查意见通知书并不是最终审查意见通知书，因此申请人还可以有一次针对权利要求 1（或者任何其他未决权利要求）的修改/争辩机会，而不需要负担 RCE（继续审查请求）的费用。❶

将可批准的从属权利要求在没有实质性修改的情况下改写成独立权利要求形式的另一个原因是为了维护临时专利权利。❷ 一般来讲，申请人在专利授权之后可以行使专利权。但是，如果授权专利中的某个权利要求与公开申请文本中的某个权利要求实质相同，那么对于在该专利申请公开和专利授权之间发生的针对该权利要求的侵权行为，申请人就可以收取"合理的许可费"。❸

在上述可批准的权利要求 2 的示例中，如果将权利要求 2 改写成独立权利要求的形式，那么即使对独立权利要求 1 进行修改，也不会改变权利要求 2 的保护范围。如果后续包含改写后的权利要求 2 的专利获得授权，那么授权的权利要求 2 就会与申请时提交（以及公开）的权利要求 2 实质相同。此时，申请人就可以针对申请公开至专利授权这段时间行使他的临时专利权。

但是，如果权利要求 2 没有被改写成独立权利要求的形式，那么由于独立权利要求 1 有所修改，权利要求 2 的保护范围就会改变。如果后续专利获得授权，授权的权利要求 2 就会与申请时提交（以及公开）的权利要求 2 不同。在这种情况下，申请人就没有临时专利权利。

## 四、在多个权利要求中以不同的语句对相同的区别特征进行定义

如果我们可以找到多个的区别技术特征来避免驳回，这会是很好的一种情况。但是，如果仅有一个区别技术特征，专利从业人员还是应该尽量在多个权利要求中采用不同的语言来对该区别技术特征进行描述。如果审查员认为其中的一种表达不足以获得批准，其他的表达还有可能获得批准。这种做法的效果是"一次性审查"，类似于上述实战技巧 2。

例如，针对图 2-19 示出的可伸缩结构，专利从业人员可以用若干权利要

---

❶ 在接下来的主要关于最终审查意见实践的部分，还会进一步在更多细节上讨论该问题。

❷ 实践中，临时专利权利的行使可能比较困难，或者得不到大量的经济回报。

❸ 申请人有权利从任何侵犯公开的专利申请中所主张的权利的人那里获取一个"合理的许可费"，如果授权专利中所要求保护的发明与申请公开文件中要求保护的发明实质相同。这些权利在申请公开后生效并持续到专利授权。参考 35 U. S. C. §154（d）（1）。

求语句进行描述。

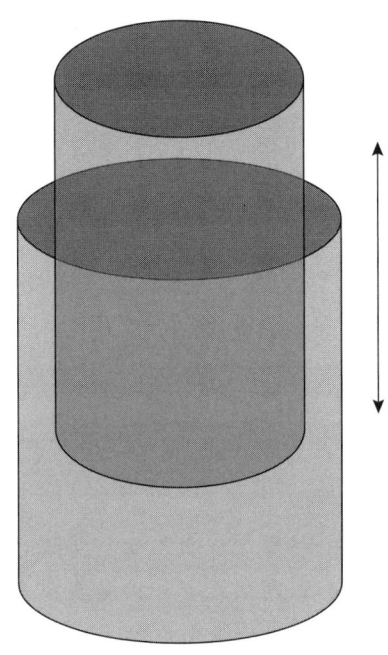

**图 2 – 19 某可伸缩结构图**

权利要求 1：……其中，该支撑件包含<u>可移动的相互连接的</u>第一和第二支撑元件。

权利要求 10：……其中，该支撑件包含第一和第二管状单元，其中一个可伸缩地接纳到另一个中。

## 五、为针对除可专利性以外原因所作的权利要求的修改提供一些解释

根据费斯托（Festo）案，不明原因的修改将会被推定为针对可专利性进行的修改。在这种情况下，沉默对于申请人是不利的。因此，如果修改不是针对可专利性所作，即改正拼写错误，那么应该对该修改进行解释。

## 六、指出对权利要求修改的支持内容

这是为了帮助审查员理解所作出的修改，同时反过来也会帮助申请在美国专利商标局的审理进度。专利从业人员应当牢记，帮助审查员通常来说就是在帮助申请人。在大多数情况下，专利从业人员应当配合审查员的工作，而不是与他们作对。

## 七、确保新增的/修改后的权利要求特征在附图中有所显示

这条技巧源于美国专利商标局的规定中一个要求，即主张权利的特征应该显示在附图中。❶ 并不是所有的审查员都严格执行此项要求。但是，从谨慎的角度出发，专利从业人员最好还是遵守这项规则，而不是等着审查员去执行。

在大致介绍了如何处理审查意见之后（现有技术的状态→争辩→修改），现在我们将要简单地讨论如何处理根据具体的 AIA 法案之前的《美国专利法》第 102 条以及 AIA 法案之前的《美国专利法》第 103 条的规定所作出的审查意见。类似的方法也适用于根据 AIA 法案所作出的审查意见。

---

**测验 17**

请找出以下由一个非美国专利代理人作出的权利要求修改中的缺陷（划线部分表示相对于原始权利要求的增加部分）：

1.（当前修改）一种婴儿喂食围嘴，包括：

（a）围裙式部件，该围裙式部件由具有前表面和后表面的可弯曲材料构成，且包括一个形状与婴儿的脖子匹配的用于喂食的上边缘；

（b）位于围裙式部件上部末端的附接装置，用于可分离的连接到婴儿脖子上；和

（c）一对从围裙式部件侧向延伸出的袖套，至少一个所述袖套被一段从围裙式部件侧向延伸出的材料所限定，该段材料位于一对纵向的接缝边缘之间，每一个接缝边缘具有用于与另一个接缝边缘上的扣紧部件接合的扣紧部件，从而使所述袖套围绕并覆盖婴儿手臂，<u>其中所述接缝边缘，在所述扣紧装置的扣紧配合中，形成了一个位于婴儿视线之外的闭合接缝，所述扣紧部件实质上从整个袖套的长度上延伸，所述扣紧部件包括分别沿着所述接缝边缘延伸的钩状和环状片，每一片实质上是一个从整个袖套长度上延伸的连续带子，两片都被设置在袖套的相对的前表面和后表面，以使得在并置的锁紧接触中，最上面的接缝边缘面向后面，从而溢出的食物在不会进入接缝边缘之间弄脏扣紧部件的情况下，流过闭合的接缝。</u>

---

❶ 参考 37 CFR 1.83（a）。在非临时申请中的附图必须显示权利要求中具体限定的发明的每一个特征。

[作者注：以下是对应英文

1. (Currently Amended) A baby feeding bib, comprising:

(a) an apron – like member made of flexible material having a front surface and a rear surface, and including an upper edge shaped to fit the neck of a baby to be fed;

(b) attachment means on an upper end of said apron – like member for detachably connecting said member to the neck of the baby; and

(c) a pair of sleeves extending laterally from the apron – like member, at least one of said sleeves being defined by a length of material extending laterally from the apron-like member between a pair of longitudinal seam edges, each seam edge having fastening means for engaging with the fastening means on the other seam edge to establish said sleeve encircling to cover the baby's arm,

wherein said seam edges, in fastening engagement of said fastening means, define a closed seam located out of the baby's line of sight, said fastening means extends substantially the entire length of the sleeve, said fastening means includes hook and loop pieces respectively extending along said seam edges, and each piece is a substantially continuous strip extending the entire sleeve length and both pieces are arranged on opposing front and rear surfaces of the sleeve so that, in juxtaposed fastening contact, the uppermost seam edge faces rearwardly to enable spilled foods to flow over the closed seam without entering between the seam edges and thereby soiling the fastening means. ]

## 第四节　克服 AIA 法案之前的《美国专利法》第 102 条（a）款或第 102 条（e）款的驳回

再次地，第一个要问的问题是对比文件是否为现有技术或者该对比文件的资格是否可以被取消？正如我们上述讨论的，有许多种方法可以取消 AIA 法案之前的《美国专利法》第 102 条（a）款或第 102 条（e）款所规定的对比文件的资格。

第一种取消 AIA 法案之前的《美国专利法》第 102 条（a）款或第 102（e）款所规定的对比文件的资格的方法是通过以下方式对外国优先权的权利主张进行完善：

- 提交经认证的该优先权申请的副本；以及
- 提交经宣誓的该优先权申请的翻译。❶

美国专利商标局可以从原始非美国专利局获得该优先权申请的认证副本的电子版本。但是，如果美国专利商标局无法检索到该文件，申请人有责任将该文件提交给美国专利商标局。优先权申请的认证副本必须在专利授权之前提交，否则所要求的优先权就会丧失。

只有在必须对优先权的权利要求进行完善的情况下，才会要求该优先权申请的翻译版本。随翻译一同附上的还应该有翻译人员的一份声明，即该翻译是完整并且准确的。❷ 翻译人员应该在声明上签字并且写上日期，但是不需要对签名进行公证。该优先权申请的翻译与该翻译人员的声明一起被作为经宣誓的翻译。

- 取消 AIA 法案之前的《美国专利法》第 102 条（a）款或第 102 条（e）款所规定的对比文件的资格。

1. 对外国优先权的权利主张进行完善

2. 对美国优先权的权利主张进行完善

第二种取消 AIA 法案之前的《美国专利法》第 102 条（a）款或第 102 条（e）款所规定的对比文件的资格的方法是增加/修正对于本国（即美国）优先权的权利主张。❸ 本国优先权包括：

- 母案/子案（子子案等）关系。

其中子案/子子案可以是母案的继续申请、分案或者 CIP（部分继续申请）以及

- 临时申请/非临时申请关系。

专利从业人员应当确保在递交申请的时候已经正确主张了本国优先权。如果出现了不大可能的情况，即递交申请的时候没有要求（或没有正确要求）本国优先权，在申请日之后的 4 个月内或者最早优先权日之后的 16 个月内（以较迟者为准）还能够要求本国优先权。❹ 超过这段时间之后再要求本国优

---

❶ 该方法在 AIA 法案下仍可适用。

❷ 37 CFR 1.52（b）（1）（ii）.

❸ 该方法在 AIA 法案下仍可适用。

❹ 37 CFR 1.78.

先权只有在整个延迟是无意或者不可避免的情况下才会被接受。❶

3. 之后宣誓——第 131 条声明

第三种取消 AIA 法案之前的《美国专利法》第 102 条（a）款或第 102 条（e）款所规定的对比文件的资格的方法是通过提交第 131 条声明在对比文件之后宣誓。❷ 这个话题非常复杂，超出了本书讨论的范围。皓威律师事务所每年举办的 PADIAS 课程会对该话题进行全面的讨论。以下给出了第 131 条声明的基本要素，即申请人应当提供如下证据：

（1）所主张的发明在关键日期之前已经付诸实践（RTP）；或者

（2）所主张的发明的概念在关键日期之前已经产生，并且加上从关键日期到随后付诸实践（RTP）之间的尽职调查。

关键日期是指根据 AIA 法案之前的《美国专利法》第 102（a）款或 102（e）款的对比文件的最早对比文件日。RTP 可以是真实的，也可以是推定的。真实的 RTP 要求所主张的发明存在一个原型，并且该原型实现其预期目的。推定的 RTP 包括提交专利申请，例如提交非美国优先权申请。而证明发明概念的方法有很多种。专利律师用来撰写申请的发明人提供的技术交底书可以作为证明发明概念的一个相对简单的方法。尽职调查是另一个复杂的概念，并且通常是最难证明的要素。尽职调查的证明可以有多种方式。专利律师在以下情况中记录的日常活动日志可以作为尽职调查的证据：审阅发明人的公开、采访发明人、撰写申请草稿、根据发明人的意见修改申请以及定稿和提交申请。

4. 不是由"另一人"做出——第 132 条声明

第四种取消 AIA 法案之前的《美国专利法》第 102 条（a）款或第 102 条（e）款所规定的对比文件的资格的方法是提交第 132 条声明来证明该对比文件发明不是由"另一人"做出的。❸ 这个主题已经在前述内容中讨论过。

如果以上列出的用于取消 AIA 法案之前的《美国专利法》第 102 条（a）款或第 102 条（e）款所规定的对比文件的资格的方法都行不通，那么从业人员应该考虑进行抗辩，也就是考虑上述讨论的问题二，该驳回能够被否定吗？

如果没有令人满意的抗辩理由，那么正如前述讨论的，作为最后的手段，专利从业人员应当考虑进行一些限制性的修改。专利从业人员应当考虑采用以下混合的方法：

---

❶ 37 CFR 1. 55.

❷ 该方法在 AIA 法案下不适用，该法案已不再考虑发明日。

❸ 一个类似的方法在 AIA 法案下可以适用，即证明人证明所公开的主题是由发明人或共同发明人所作出的。该公开本应在有效申请日（在 AIA 法案前的最早美国申请日）起往前 1 年内。

（1）被驳回的权利要求保持不变，并且对于驳回理由进行否定；以及

（2）增加新的权利要求作为备用方案，新增加的权利要求中包含限制性的修改。

因此，专利从业人员在进行抗辩希望审查员撤回审查意见的同时，还能够（以新的权利要求的形式）呈递一些限制性的修改，而不必等待审查员对于抗辩理由的决定。从而遵从了"一次性审查"方法。

# 第五节　克服 AIA 法案之前的
# 《美国专利法》第102条（b）款的驳回

再次地，第一个要问的问题是对比文件是否为现有技术？如果很不幸该对比文件为现有技术，与对待 AIA 法案之前的《美国专利法》第102条（a）款或第102条（e）款所规定的对比文件所采取的方法不同，唯一可用的选项就是增加/修改本国优先权主张。❶ 外国优先权、之后宣誓或者不是由"另一人"做出的声明都不适用于对付 AIA 法案之前的《美国专利法》第102条（b）款所规定的对比文件。

接下来的步骤首先就是考虑争辩，然后考虑进行限制性修改，基本上与针对 AIA 法案之前的《美国专利法》第102条（a）款或第102条（e）款的驳回所采用的步骤一致。

再次地，首选采取上述的混合方法，即在单次修改中进行抗辩的同时（以新的权利要求的形式）进行限制性修改。

# 第六节　克服《美国专利法》第103条（a）款的驳回

需要注意的是，AIA 法案对于这部分内容基本上保持不变，除了对一些特定的词语进行了改动，例如"有效申请日""主张权利的发明"等。❷

---

❶ 在 AIA 法案下，若其公开日期在要求保护的发明的有效申请日之前超过1年，该现有技术文献不能被取消资格。如果该现有技术文献的公开日期在要求保护的发明的有效申请日之前1年内，可能通过 AIA 法案下的《美国专利法》第102条（b）（1）款的例外规定将其资格取消。

❷ 对于在 AIA 法案第103条（b）款定义的某些生物工艺，AIA 法案进一步消除了针对非显而易见问题的选择性加入标准，AIA 法案前《美国专利法》第103条（c）款的关于共同所有权利的条款被移动（并且扩大）到接下的第102条（b）（2）（C）款。

因此，针对 AIA 法案之前的显而易见性法条的讨论也适用于 AIA 法案。

## 一、一般性建议

例行程序是相同的，即首先确定采用的对比文件是否为现有技术？根据采用的对比文件是否为 AIA 法案之前的《美国专利法》第 102 条（a）款或（b）款或（e）款所规定的对比文件，❶ 可以采用上述讨论的一个或多个方法。

此外，对于共同所有的、仅由 AIA 法案之前的《美国专利法》第 102 条（e）款所规定的现有技术文献，如上讨论的，可以根据 AIA 法案之前的《美国专利法》第 103 条（c）款来取消其对比文件资格。❷

如果以上所列的方法都无法取消对比文件的资格，那么专利从业人员应当考虑进行争辩以及限制性修改。

再次地，首选采取上述的混合方法，即在单次修改中进行抗辩的同时（以新的权利要求的形式）进行限制性修改。

另一种用于克服《美国专利法》第 103 条（a）款的驳回的方法，即提交第 132 条声明表明辅助性判断因素。❸ 这个话题非常复杂，超出了本书讨论的范围。皓咸律师事务所每年举办的 PADIAS 课程会对该话题进行全面的讨论。以下给出了第 132 条声明的基本要素，即申请人应当提供以下一个或者多个要素的证据：

（1）专家的质疑；

（2）长期存在但是未解决的需求；

（3）他人的失败；

（4）关键性或者不可预期的结果（经常使用）；

（5）许可；

（6）竞争者的抄袭；

（7）商业上的成功（经常使用）。

一个成功的第 132 条声明的至关重要的方面是关联性要求，即第 132 条声

---

❶　在 AIA 法案下，这个问题的提出应当与《美国专利法》第 102 条（a）款和第 102 条（b）款相关。

❷　一个类似的方法在 AIA 法案下也适用，如前面具体讨论的关于 AIA 法案的《美国专利法》第 102 条（b）（2）（c）款的内容。简单来说，一个美国专利文献的有效申请日在包含被驳回权利要求的申请的有效申请日之前（公开在后），并且该美国专利文献在该申请的有效申请日当天或之前与包含被驳回权利要求的该申请具有相同的所有人，那么根据新颖性和非显而易见性的规定，该美国专利文献都不是现有技术。注意，AIA 法案之前的法律只允许取消非显而易见性中现有技术的资格。

❸　该方法在 AIA 法案下依然适用。

明必须证明辅助性判断因素与所主张的主题相关。例如，为了基于商业上的成功来证明非显而易见性，提供的证据必须证明权利要求中的某个特征是所声称的商业成功的主要原因，即商业上的成功必须是由于主张的某个特征，而不是由享受商业成功的产品中的未被主张的特征所带来的。

本书还讨论了第 132 条声明的以下其他用途：

（1）证明在申请提交时发明人占有所主张的主题，用于解决根据《美国专利法》第 112 条第 1 段的文字说明要求而做出的驳回；

（2）证明本领域普通技术人员在不过度实验的情况下知道如何实现并且使用所主张的主题，用于解决根据《美国专利法》第 112 条第 1 段的可实施性要求而做出的驳回；

（3）证明美国专利商标局在驳回中使用的对比文件是由发明人而非"另一人"做出，用于取消根据 AIA 法案和 AIA 法案之前的法律中《美国专利法》第 102 条（a）款的适当条款而作为现有技术的对比文件的资格；

（4）从本领域普通技术人员的角度证明非显而易见性（专家证词）。

针对《美国专利法》第 103 条（a）款驳回（显而易见性驳回）❶ 的抗辩会在后续对 KSR 案决定的部分中进行单独讨论。❷ 但是，以下给出了与 KSR 案决定不一定相关的一些实践技巧。

## 二、从技术性角度对审查员的显而易见性理由阐述进行反驳❸

通常，经验不足的审查员可能会简单地根据《美国专利法》第 103 条（a）款对权利要求进行驳回，而不会解释为什么采用的对比文件可以结合，以及为什么这样的结合可以满足所有权利要求限定。在这种情况下，专利从业人员可以采用以下理由来对审查意见进行答辩：

> 审查员的理由阐述仅包括一个陈述，即对比文件间可以结合或该改动在本领域普通技术人员想到的范围内。它缺少一些清晰的论证……来支持案例 KSR, 550 U. S. at 417, 82 USPQ2d at 1396 quoting *In re Kahn*, 441 F. 3d 977, 988, 78 USPQ2d 1329, 1336（Fed. Cir. 2006）中所需的显而易见性的法律结论。

毫无疑问，审查员会（在第二次非最终审查意见书中）给出表述更好的

---

❶ 在 AIA 法案下仍然对显而易见性的问题适用。

❷ KSR International Co. v. Teleflex Inc. , 550 U. S. at 417, 82 USPQ2d at 1396.

❸ 在 AIA 法案下该方法仍然适用。

审查意见，但是申请人获得了对权利要求进行修改/争辩的附加机会。

### 三、总是指出审查员对事实的官方通知不在记录中或者没有依赖常识❶

有些时候，审查员可能"懒于"寻找一个公开了的、在某种程度上属于公知的特征的现有技术文献。例如，如果该对比文件教导了一个存储单元，而权利要求记载了一个 RAM（随机存取存储器），审查员则可能简单地采用以下审查意见，即 RAM 在本领域是公知的，并且得出结论，在对比文件的存储单元中使用 RAM 对于本领域普通技术人员而言是显而易见的。

如果专利从业人员不对审查员的审查意见进行反驳，那么美国专利商标局就会认为申请人同意审查员的观点。为了避免对审查员观点不必要的认同，专利从业人员应当总是对审查员的审查意见提出异议。异议举例如下。

对于审查员作出的权利要求特征是显而易见的官方通知（Official Notice），申请人尊敬地反对这样的意见，因为该意见显然是得不到证据支持的。申请人善意地请求审查员引用披露了其所声称公知特征的，且日期合适的对比文件。请见 MPEP，2144.03 部分［如法院在案例 *In re Ahlert*，424 F. 2d 1088，1091，165 USPQ 418，420（CCPA 1970）中指出的］，审查员作出的关于超出记录内容的官方通知，必须符合"能够提出无视异议的无可质疑的证明"。

如果申请人对审查员的审查意见提出异议，并且审查员没有提供任何证据表明该特征确实是公知的，那么复审委员会将不会维持该驳回。当然这不意味着权利要求一定会被批准。但是，可能有助于获得一次附加的非最终审查意见（又一次对其他权利要求进行修改/争辩的机会，而不需要为 RCE 付款）。

### 四、不要进行争辩的几点❷

1. 不要对权利要求中没有的特征进行争辩❸

上述讨论中已经给出了原因，即美国审查员对寻求保护的发明进行审查，而非对公开的披露进行审查。任何权利要求中没有的特征在可专利性中都没有任何作用。此外，如果申请人针对一个特征进行争辩，该特征毫无疑问会被竞

---

❶ 在 AIA 法案下该方法仍然适用。

❷ 在这部分下的建议仍然适用于 AIA 法案。

❸ In re Van Geuns, 988 F. 2d 1181, 26 USPQ2d 1057（Fed. Cir. 1993）.

争者读入权利要求的保护范围中，不管权利要求中有没有该特征。需要再次注意，对于授权后权利要求的解释而言，进行争辩就如同对权利要求进行了修改，并且如果争辩的特征不在权利要求中，这样的争辩还是不会在美国专利商标局获得通过的。因此，申请人几乎没有任何理由要去对权利要求中没有的特征进行争辩。

实践技巧：通常针对权利要求中的特征进行争辩。如果申请人想要争辩的特征不在权利要求中，那么就应该将该特征加入权利要求中。

2. 不要对现有技术中所固有的连带优点或者潜在性能进行争辩❶

这种争辩通常存在于非美国申请人给美国律师的指示中。这种争辩的实质在于申请人通常忽视了现有技术组合的<u>结构</u>，而专注于对现有技术文献中没有具体披露，而本发明具有的性能或者优点进行争辩。这种争辩通常不具有说服力，因为如果现有技术组合的结构可在所要求保护的结构上有所体现，那么要求保护的结构的任何性能或者优点可能是现有技术组合所固有的。"事实上，申请人认识到连带优点，该优点可以根据现有技术的教导自然得出，那么该事实不可以作为可专利性的基础，因为这样的区别是显而易见的。"❷

实践技巧：对权利要求的优点或者性能相对于现有技术如何是<u>不可预料</u>进行争辩。❸

3. 不要对对比文件在物理上无法结合进行争辩❹

这种争辩通常也存在于非美国申请人给美国律师的指示中。针对"在物理上不可能结合"的争辩理由，美国审查员喜欢引用以下内容作为回应："将对比文件的教导进行结合并不涉及将它们的特定结构进行结合的可行性。"❺

实践技巧：针对现有技术的结合未经允许地改变主要对比文件的操作原理或者致使对比文件的预期目的不能实现进行争辩。❻

4. 如果驳回是基于对比文件的结合，那么不要针对对比文件进行单独的争辩❼

这种类型的争辩示例如下所示：

● 权利要求记载了特征 X、Y、Z；

---

❶ 参见案例，例如，In re Wiseman，596 F. 2d 1019，201 USPQ 658（CCPA 1979）。
❷ 案例：单方再审，Obiaya，227 USPQ 58，60（Bd. Pat. App. & Inter. 1985）。
❸ 请见关于辅助性判断"预料不到的技术效果"的声明的部分。
❹ 参见案例，例如，re Keller，642 F. 2d 413，425，208 USPQ 871，881（CCPA 1981）。
❺ 参见案例，例如，re Nievelt，482 F. 2d 965，179 USPQ 224，226（CCPA 1973）。
❻ 请见 KSR 部分。
❼ 参见案例，例如，re Keller，642 F. 2d 413，208 USPQ 871（CCPA 1981）。

● 美国专利商标局在对比文件 R1 和 R2 的基础上驳回了该权利要求；并且

● 非美国申请人指示美国专利从业人员进行以下争辩：R1 仅仅教导了 X 和 Y，R2 仅仅教导了 X 和 Z，因此对比文件的组合不会教导 X、Y、Z 三者。

如果审查员成功得出：对 R1 进行修改以将 R2 中的 Z 包含在 R1 中，从而得到包含 X 和 Y（从 R1 中得到）以及 Z（从 R2 中得到）的权利要求中的发明初步认定是显而易见的，我们就会发现这样的争辩不具有说服力。

实践技巧：用以下争辩理由代替，即所有的对比文件（R1 和 R2）都没有公开或者教导 Z，因此现有技术的组合（如果正确的话）将必然缺少主张权利的 Z。另外一个可能的争辩理由就是对审查员将 R1 和 R2 进行组合的原理进行攻击。❶

5. 不要针对结合的对比文件的数目进行争辩❷

在美国以外，如果进行组合所要求的对比文件数目高于某个数值（例如 4 个或者更多），非美国专利从业人员可以以本发明不能很容易地通过结合太多的对比文件而获得为理由来成功地进行争辩。但是"显而易见"的标准在美国则不同，不是"能够容易实现"，而是"显而易见"。因此，我们会发现这样一种对于组合的对比文件数目的争辩理由不具有说服力。

实践技巧：用没有有效替代作为争辩理由。

6. 不要针对对比文件的年代进行争辩❸

在美国以外，如果一个对比文件太过久远，例如追溯到 20 世纪初，那么非美国专利从业人员可以利用由于对比文件的年月太过久远，本领域普通技术人员不会意识到该对比文件这样的理由来成功地进行争辩。但是在美国，本领域普通技术人员的知识追溯到很远的过去是可以接受的，因此可以适当地采用久远的对比文件。❹ 所以，我们会发现这样一种对于对比文件年代的争辩理由不具有说服力。

实践技巧：用没有有效替代作为争辩理由。

---

❶ 参见 KSR 部分。

❷ 参见案例，例如，re Gorman, 933 F. 2d 982, 18 USPQ2d 1885（Fed. Cir. 1991）。

❸ 参见案例，例如，re Wright, 569 F. 2d 1124, 1127, 193 USPQ 332, 335（CCPA 1977）。

❹ 这一点是否合理（因为，事实上，一个人不可能知晓本领域以前的所有技术进展），或者本领域普通技术人员的知识能追溯到多久远不在本节的讨论范围之内。本章节是要为有效的审查过程提供实践指导，而不是探究所有/任何出现的法律问题。

### 7. 不要针对经济不可行性进行争辩❶

这是另外一种经常在非美国申请人给美国律师的指示中遇到的争辩理由。该争辩的主旨在于，将对比文件进行组合太昂贵。但是，美国对于非显而易见性的标准是将现有技术文献进行组合是否是显而易见的。我们会发现这样的一种争辩理由没有切中要害，并且不具有说服力。

实践技巧：用没有有效替代作为争辩理由。专利从业人员应当将争辩集中在审查员采用的对比文件组合的技术方面，而不是经济方面。

用于回应《美国专利法》第103条（a）款驳回的其他技巧请参见有关KSR案部分的内容。

---

**测验 18**

请找出下述修改中呈现的评述的缺陷（由非美国专利代理人撰写）。

评述 1

权利要求1已经修改成清楚地描述了"主体部件被应用到每一个肩膀的后半部分"，清楚地被显示在附图1和3中，以及第7页第2段的第4–7行中。

评述 2

根据本发明，至少一个所述的袖套是可松解地扣紧的，以形成一个圆筒状的形状包裹在穿戴者的手臂上。这种结构使得给穿戴者穿上围嘴的过程很方便，例如，穿戴者是一个还没有学会帮助照顾者给自己穿上围嘴的幼儿。正如在本发明的背景技术中指出的，经常会发生下面情况，当给婴儿喂食时，婴儿首先被放在高脚椅子上，婴儿在一个不稳定的状况下，这时就非常需要没有麻烦地将婴儿的手臂穿入到袖套中，从而迅速地穿上围嘴。

---

# 第七节　克服《美国专利法》第112条第1段的驳回

AIA法案没有对《美国专利法》第112条第1段进行重大的改变。❷ 因

---

❶　参见案例，例如，在 re Farrenkopf, 713 F. 2d 714, 219 USPQ 1（Fed. Cir. 1983）。

❷　在 AIA 法案中，没有公开最佳实施方式不再是权利要求可以被撤销、无效或不能实施的基础。然而，该改变和审查过程无关，为了专利性，审查中仍需要满足最佳实施方式要求。

此，此处针对《美国专利法》第 112 款第 1 段的讨论同样适用于 AIA 法案以及 AIA 之前的法案两种情况。

上述讨论的原则，即修改应当仅仅作为最后的手段，在形成针对《美国专利法》第 112 款第 1 段的审查意见的答复中也同样适用。

《美国专利法》第 112 条第 1 段有三个要求，即，

（1）文字说明要求；

（2）可实施性要求；以及

（3）最佳实施方式要求。

## 一、文字说明要求

文字说明要求解释如下：

> 说明书应当包括发明的文字说明……❶

对于该要求简单的一种理解就是说明书应当支持要求保护的发明。当申请人在答复审查意见时对权利要求进行修改，在权利要求中包含新的特征，而在审查员看来这个新增加的特征得不到原始申请的支持，那么在这种情况下经常会遇到文字说明要求被驳回的情况。

通过找出申请中对该权利要求中的特征的支持内容，包括附图、说明书、权利要求以及摘要，可以对该审查意见进行反驳。附图通常可以作为对要求保护的发明的支持内容。

如果没有对权利要求中的特征的有利支持，但是该特征是原始申请中所固有的，那么可以由本领域普通技术人员提交一份声明，阐述对于本领域普通技术人员而言，该权利要求中的特征得到原始申请的支持。总体来说，除了发明人（特别精通）以外的专家（一般精通）所做的声明通常会更有说服力。

另外还有一种方法可用于克服根据文字说明要求而进行的驳回，即对说明书进行修改，使其在文字上包括优先权申请或者母案申请中的内容，而该优先权申请或者母案申请可以对审议中的该权利要求特征形成有利的支持。如果在申请时将优先权或者母案申请以引用的方式并入说明书中，那么这样的修改应该是可接受的。建议使用如下的语句：

> 本申请基于，并且要求下述申请的优先权：申请号为 CN1234567，2011 年 1 月 1 日申请的中国申请，其公开内容在此作为整体引入。

---

❶　AIA 法案在法条语言上有细微的变化，在此处的讨论中该变化可忽略。

第三种可用于克服根据文字说明要求而作出的审查意见的方法是，对审查员认为得不到原始申请支持的权利要求特征进行删除或者修改。在可能的情况下应该避免使用这种方法。原因在于，如果申请人增加了一个权利要求特征，然后又将其删除或者对其进行了修改，那么竞争者则有可能将这种行为解读成申请人承认该特征并没有被该申请公开（得不到该申请的支持）以及该特征并不在权利要求的保护范围内，而通过这样的解读，竞争者有可能逃避侵权。因此，申请人在增加新的权利要求特征时应当小心，确保不会引起根据文字说明要求（或者根据以下讨论的可实施性要求）的审查意见。

第四种可用于克服根据文字说明要求而作出的审查意见的方法是，提交一个包含附加公开内容的部分继续申请（CIP），而该附加公开的内容可以对审议中的权利要求特征形成有利的支持。这种方法应当作为最后的手段来使用。原因在于，其间的现有技术，即对比文件日介于母案申请的申请日和 CIP 的申请日之间的现有技术，将可以被用于对付该 CIP 申请中得不到母案申请的支持的权利要求。

根据文字说明要求对<u>原始</u>权利要求进行的驳回在申请提交之前就应当避免，也就是说申请的撰写人应当确保所有进行权利主张的主题都能够得到说明书的支持。最直接的确保得到支持的方法就是，先完成权利要求的撰写，然后再撰写说明书来支持这些权利要求。许多非美国撰写人并不完全遵从这种方法，结果他们撰写的申请相较于美国撰写人撰写的申请更有可能不满足文字说明要求。

这种未满足文字说明要求的情况通常出现在与化学、医药或者生物相关的案例中。例如，在一个有关制药的案例中，❶ 美国联邦巡回上诉法院认为只是使得发明明显地不能一定满足文字说明要求。法庭还认为，传统思维中所认为的（因为原始权利要求是文字说明的一部分）原始权利要求对自身形成支持的观点可能并不一定正确，尤其是当使用<u>功能性</u>语言对要求保护种属的发明进行功能限定的情况下。为了满足文字说明要求，说明书中必须说明申请人已经作出了可以实现权利要求中的结果/功能的种属发明，该说明可以通过充分描述数个种类（数个具体实施例）来为该功能性限定的种属的权利主张提供支持。

## 二、可实施性要求

美国联邦巡回上诉法院对可实施性要求进行了澄清❷，具体如下：

---

❶ Ariad Pharm. , Inc. v. Eli Lilly & Co, 598 F. 3d 1336（Fed. Cir. , 2010）.

❷ Id.

说明书应当包含发明的文字说明，并以全面、清晰、简明和准确的术语描述制造和使用发明的方式和过程，以使得本领域普通技术人员能够制造和使用该发明……

对于该要求的一个简单理解就是，说明书应当包含足够的信息以使得本领域普通技术人员<u>能够制造并且使用</u>进行权利主张的发明。❶ 需要提供的细节的详细程度取决于涉及的技术，即本领域的普通技术水平。例如，在一个不是非常复杂的电气案例中，例如 LCD 案例，就不需要对"使用"进行详细的描述。同样地，大多数机械案例都不要求对于"制造"和"使用"进行大量的描述。随着涉及的技术的复杂程度的增加，例如在化学、医药或者生物相关的案例中，就需要对如何制造和/或如何使用进行详细的描述。

以上所有用于克服由于缺乏文字说明而导致的审查意见的方法也可用于克服由于缺乏可实施性而导致的审查意见。

对于由于缺乏可实施性而导致的审查意见，也可以从技术性方面对其进行反驳。具体而言，审查员通常仅仅简单地表达权利要求特征不能通过说明书进行实施，而不会提供用于支持该结论的任何细节。相反地，美国专利商标局的流程要求审查员对由于缺乏可实施性而导致的驳回进行详细说明。因此，我们可以通过采用以下的模板段落来对审查员简化的驳回理由进行反驳：

申请人反对缺乏可实施性的审查意见，因为审查员没有依据正确的美国专利商标局的流程和实践进行。

确定说明书是否满足实施性要求的标准在美国联邦最高法院的判决中体现出来：*Mineral Separation v. Hyde*，242 U. S. 261，270（1916），该判决提出以下问题：对于实施发明所需的实验来说是过度的或不合理的吗？实施性的测试不是关于任何实验是否是必要的，而是关于如果实验是必要的，是否过度？见案例 *re Angstadt*，537 F. 2d 498，504，190 USPQ 214，219（CCPA 1976）（加入了强调部分）。请见 *MPEP*，section 2164.01.

在确定是否有充分的证据来支持公开内容不满足能实施要求以及任何必要的实验是否"过度"的结论时，有很多因素。这些因素包括但不限于：

（A）权利要求的范围；

（B）发明的性质；

（C）现有技术的状态；

---

❶ MPEP 2164.01.

（D）本领域普通技术人员的水平；

（E）在本领域中技术的可预测程度；

（F）发明人提供的方向的数量；

（G）工作实施例的存在；以及

（H）在发明公开内容基础上所需要的制造或使用发明的实验的数量。

基于上述因素中的仅仅一个，而忽视其他因素中的一个或多个的分析，得出公开内容不能实施的结论是不正确的。审查员的分析必须考虑所有与这些因素中相关的每一个证据，并且任何不能实施的结论必须基于证据的整体。参见案例 858 F. 2d at 737，740，8 USPQ2d at 1404，1407。请见 MPEP，section 2164. 01（a）。

审查员用《美国专利法》112 条第 1 段对权利要求 1 作出的不能实施的审查意见至少没有提供对上述因素（D）……的分析。

## 三、最佳实施方式要求

最佳实施方式要求规定如下：

说明书……应当阐明发明人预期的实施其发明的最佳实施方式。❶

在美国专利商标局的审理过程中很少会遇到这种驳回。但是，它依然是受控侵权人可能采取的一种防卫手段。

与《美国专利法》第 112 条第 1 段所涉及的其他具体相关问题（缺乏文字说明以及缺乏可实施性）类似，在申请提交之前就应当对缺乏最佳实施方式的问题加以重视。发明人应当在递交申请之前进行一些咨询，从而确保申请中已经公开了实施该发明的最佳方式（根据发明人的认为和知识）。

我们并不需要指出哪一个实施方式（实施例）是最佳实施方式。因此，许多申请人倾向于将最佳实施方式"埋藏"或者"隐藏"在一长串的可选实施例中，从而"迷惑"竞争者。例如，发明人认为 Mn 是最佳实施方式。但是说明书可以将主要实施例描述为包括 Fe，然后再提供一长串的可选材料清单，即 Zn、Ti、Al、Cu、Mn、W、La 等，而最佳实施方式 Mn 就埋藏在这份清单中。

非美国专利从业人员经常问的一个问题是：如果在非美国在先申请的申请日与美国申请日期间，发明人想到了一个新的最佳实施方式，但是该非美国申

---

❶ 如上述所注释的，在 AIA 法案下，最佳实施方式保留了对于专利性的要求（但不是为了无效或实施性）。

请中并没有公开该新的最佳实施方式，那么是否有必要对最佳实施方式进行更新，即将该新的最佳实施方式包含在该美国申请中。答案是不需要。

同样地，在递交继续申请或者分案申请时，申请人也不需要对最佳实施方式进行更新。

但是，作者极力建议申请人在递交部分继续申请（CIP）时对最佳实施方式进行更新。

总之，在申请递交之前应当对申请进行合适地撰写，注意《美国专利法》第112条第1段的问题，即文字说明要求、可实施性要求以及最佳实施方式要求问题。建议先撰写权利要求，然后再撰写说明书，利用说明书去"充实"权利要求限定出的大纲。在审查期间，如果产生了根据《美国专利法》第112条第1段的驳回，则可能需要提交声明来克服这些审查意见。

# 第八节　克服《美国专利法》第112条第2段的驳回

AIA法案没有对《美国专利法》第112条第2段的内容做出重大调整。因此，此处针对《美国专利法》第112条第2段的所有讨论可以适用于AIA法案以及AIA法案之前的法律两者。

《美国专利法》第112条第2段的规定如下：

说明书应当推导出一个或多个权利要求，这一个或多个权利要求特别地指出并且清楚地要求申请人视其为他的发明的主题。

这段规定中包含两个要求：

（1）权利要求必须阐明申请人视为其发明的主题；以及

（2）权利要求必须特别地指出并且清楚地限定主题的界定范围，这个界定范围将会受到授权专利的保护。❶

由于考虑到发明人的思想状态，即发明人所认为的发明，美国专利商标局很少会根据上述要求（1）作出驳回。想要证明进行权利主张的主题并非发明人所认为的发明并不容易，除非有相反的证据（说明书中或者审查期间的陈述）。如果如前述讨论的在说明书中或者审查期间没有使用"本发明"一词，则可能可以避免这种"不利"的证据。没有与之相反的证据，则必须假定进

---

❶　MPEP section 2171.

行权利主张的主题即为发明人所认为的发明。❶

根据上述要求（2）作出的驳回在审查员当中则更加普遍。事实上，我可以很负责任地说，美国专利商标局所做出的《美国专利法》第112条第2段的驳回，90%以上都是根据要求（2）。原因很简单：由于要求（1）取决于发明人的思想状态，因此其是主观的，而要求（2）不取决于发明人，其是客观的。我们可以将要求（2）简单地解读为本领域普通技术人员是否会清楚地理解进行权利主张的发明的范围。❷ 在以下章节中，仅会对根据要求（2）作出的驳回进行讨论。

## 一、确保权利要求中正确的引用基础

根据《美国专利法》第112条第2段做出的最普遍的驳回为，审查员宣称权利要求中的术语缺乏引用基础，因此该权利要求不明确。在大部分情况下，申请人可以快速修改权利要求从而避免该驳回。但是，我们应当牢记，为了克服《美国专利法》第112条第2段的驳回所作的修改同时也是针对可专利性所作的修改，并且这样的修改会造成不利的审查历史。因此，上述所讨论的原则，即修改应当仅仅为最后的手段，适用于申请人对任何审查意见的答复。换而言之，如果能够否定一个驳回（包括《美国专利法》第112条第2段的驳回），那么就应该对该驳回进行否定。

考虑下述示例：

　　1. 座椅，包括：

　　圆形椅座；以及

　　至少一条椅腿，所述至少一条椅腿支撑所述椅座。

　　2. 根据权利要求1所述的座椅，其中所述椅腿从所述椅座的所述中心向下延伸。

审查员可能会根据《美国专利法》第112条第2段作出审查意见，理由是所述"中心"缺乏引用基础，即仅当在该被驳回的权利要求（权利要求2）中或者在该被驳回的权利要求引用的权利要求（例如权利要求1）中已经引入一个"中心"的情况下才可以引用所述"中心"。审查员希望看到的是以下的修改：

　　2.（当前修改）根据权利要求1所述的座椅，其中所述椅腿从所述

---

❶　参见案例，例如，In re Moore, 439 F. 2d 1232, 169 USPQ 236（CCPA 1971）。

❷　参见案例，例如，In re Zletz, 893 F. 2d 319, 13 USPQ2d 1320（Fed. Cir. 1989）。

椅座的中心向下延伸。

但是，如果对于本领域普通技术人员而言<u>权利要求的范围是清楚的</u>，则不需要对权利要求进行修改。在这种情况下，可以不修改权利要求而使用下述否定进行争辩。申请人尊敬地反对该审查意见，因为该权利要求的范围对于本领域普通技术人员来说是清楚的。具体的，权利要求 1 记载了一个圆形椅座。本领域普通技术人员可以理解一个圆形的物体只有一个中心。所以，圆形椅座的所述中心的含义对于本领域普通技术人员来说是清楚明确的。因此，根据《美国专利法》第 112 条第 2 段，权利要求 2 不是不明确的。

出于说明的目的，已经对上述示例进行了大大简化。在现实情形中，权利要求语句越复杂，争辩就需要越全面。但是需要注意的点是一样的，即在有可能的情况下，应当避免修改，尤其是很有可能导致费斯托（Festo）案的适用的限制性修改。

如果没有很好的争辩理由，则可能需要进行修改。利用声明来克服《美国专利法》第 112 条第 2 段的驳回很罕见，但并不是没有可能。

现在让我们回到美国审查员钟爱的根据《美国专利法》第 112 条第 2 段所做的"缺乏引用基础"的审查意见，对于母语非英文的专利从业人员而言，这个主题确实很难。但是，在大多数情况下，专利从业人员可以采取下述方法来避免"缺乏引用基础"的问题。

- 在每一个权利要求组（包括一个独立权利要求以及一个或多个相应的从属权利要求）中使用一致的权利要求术语；
- 对于每个权利要求术语，在第一次引入时都要使用"一"（例如，一个椅座）；以及
- 在第二次或者后续引用该权利要求术语时，使用"所述"（例如"所述椅座"）。

下面给出了其他的一些技巧，利用这些技巧撰写的权利要求不会被《美国专利法》第 112 条第 2 段驳回，和/或可以利用这些技巧对被《美国专利法》第 112 条第 2 段驳回的权利要求进行修改。

## 二、避免使用相对关系术语

相对关系术语，例如"类似的"（Similar）、"高的"（High）、"低的"（Low）等术语本身并不是不明确的。有若干案例赞成这种相对关系术语是明确的。但是，在权利要求中使用相对关系术语，然后与审查员、专利复审委员

会甚至法庭进行争辩从而"希望"获得权利要求是明确的认同，这种做法是不经济的。专利从业人员最好不使用相对关系术语来撰写权利要求（无论是最初的撰写还是在审查期间进行的撰写）。

最好的方法是在权利要求的元素之间进行比较。例如，参考下述权利要求内容：

> 其中，第一个印刷图案属于高导电性材料，第二个印刷图案属于低导电性材料。

由于上述权利要求内容不能清楚地表明印刷图案的导电性应该有多高/有多低，因此审查员可能会根据《美国专利法》第112条第2段以不明确为理由对该权利要求做出驳回的审查意见。专利从业人员可以对上述权利要求内容进行如下重写，使其不会因不符合《美国专利法》第112条第2段而被驳回：

> 其中，所述第一个印刷图案属于第一导电材料，所述第二个印刷图案属于第二导电材料，该第二导电材料比第一导电材料有更低的导电性。

## 三、避免使用示例性的权利要求用语

示例性的权利要求用语，即例如（For Example）、类似（Such As）等，在美国以外是可接受的。但是，美国权利要求中不可以包含这些用语。❶

例如，对于以下表述：

> 20. 如权利要求1所述的装置，其中所述的第一个印刷图案属于金属，例如 Al，Cu 或 Au。

审查员可能会根据《美国专利法》第112条第2段以不明确为理由对该权利要求做出驳回，因为该权利要求的范围不清楚，也就是说审查员不清楚申请人的权利主张是针对更宽的限制金属，还是针对更窄的限制"Al，Cu or Au"。

应当将示例性的权利要求用语移除。作者建议将该权利要求拆分为如下两个权利要求，一个用于更宽的限制，另一个用于更窄的限制：

> 20.（当前修改）如权利要求所述的装置，其中所述的第一个印刷图案属于金属，~~例如 Al，Cu 或 Au~~。
>
> 21.（新增）如权利要求1所述的装置，其中所述的第一个印刷图案包括选自 Al，Cu 和 Au 中的至少一种。

---

❶ 参见案例，Ex parte Hall, 83 USPQ 38（Bd. App. 1949），Ex parte Hasche, 86 USPQ 481（Bd. App. 1949），Ex parte Steigerwald, 131 USPQ 74（Bd. App. 1961）。

## 四、避免使用推论式权利主张或者不断句式的权利要求限定

在权利要求中使用如下不断句的限定内容在美国以外，特别是在欧洲是可以被接受的：

1. 一种计算机，其具有通过总线与存储器连接的处理器，显卡也与该总线连接以驱动显示器。

上述权利要求不能清除地说明进行权利主张的计算机是否包括所有列出的元件。特别是进行权利主张的计算机是否包括"显示器"尤其不清楚。对于"处理器"之后列出的元件的权利主张都是推论式的，因为这些元件并没有被作为主张权利的主题的一部分进行正面的权利主张。

由于其不清楚性，我们应当避免在美国使用这种推论式的权利主张，从而可以移除一种可能性，即竞争者可能利用这种推论式的权利主张对权利要求进行不利的解释，或者更糟的是根据《美国专利法》第112条第2段提出无效抗辩。

推荐使用的美国权利要求的格式应当将所有权利要求元素清楚地列出，每个元素优选地单独成段，如下所示：

1. 一种计算机，<u>包括：</u>其具有

处理器，

存储器，

总线，以及

用于驱动显示器的显卡，

其中，所述处理器通过<u>所述</u>总线与<u>所述</u>存储器连接，<u>所述</u>显卡也与所述总线连接以驱动显示器。

现在就很清楚，进行权利主张的计算机具有4个元件，即处理器、存储器、总线以及显卡。显示器被清楚地定义为<u>不是</u>要求保护的主题的一部分。该重写的权利要求的范围不再不明确或者模糊不清。

## 五、避免综合性的权利要求

综合性的权利要求为引用说明书或者附图的权利要求，如下所示：

19. 一种实质上如图所示和如前所述的装置。

在美国以外（例如在英国），可能会被允许使用这样的一个权利要求，但

是在美国是不行的。❶ 唯一的补救方法就是将综合性的权利要求删除。

# 第九节　克服重复授权的驳回

AIA 法案没有直接涉及这个问题。下面的讨论适用于 AIA 法案以及 AIA 法案之前的法律两种情况。

## 一、重复授权概述

当审查员认为被审查的申请中要求保护的发明或其明显的变型和另一个专利或者共同待决申请中要求保护的发明或其明显的变型相同，而该被审查的申请与该另一个专利或者共同待决申请具有相同的所有人（受让人）或者具有至少一个共同发明人时，通常会做出重复授权驳回的审查意见。

需要注意，重复授权驳回包括<u>权利要求与权利要求的比较</u>，也就是审查中的申请的权利要求与专利或者共同待决申请中的权利要求进行比较。相比之下，现有技术驳回包括<u>权利要求与公开内容的比较</u>，也就是审查中的申请的权利要求与现有技术文献的公开内容的比较。

## 二、临时性重复授权和非临时性重复授权

重复授权驳回可以是临时性的或者非临时性的。

临时性重复授权驳回是<u>申请对申请的情况</u>，也就是其中一个共同待决申请的权利要求对抗另一个共同待决申请的权利要求。作者建议尽量使用下面（或者相似）的陈述来处理临时性重复授权驳回。

> 申请人尊敬地请求暂时搁置临时的重复授权驳回，并且推迟对至少一个相关申请中的至少一个权利要求的批准决定。

这种简单的答复对该临时性重复授权驳回的审查意见进行了充分的回应。审查员会在随后的审查意见中重复该临时性重复授权驳回，而申请人则可以在其答复中基于法定权利重复提出相同的答复来延缓实质性答复。

这种做法的关键在于申请人不需要（尽管可以）立即处理临时重复授权驳回的实质性答复。通过实质性答复的延期，在大部分情况下，申请人能够避免产生与争辩、修改、期末放弃的准备和提交等相关的不必要花费。确实，

---

❶　参见案例，例如 Ex parte Fressola, 27 USPQ2d 1608（Bd. Pat. App. & Inter. 1993）。

在对其中任何一个相关申请的审查过程中，（由于现有技术）相冲突的权利要求可能会被修改到一定的程度，即所有重复授权问题都被消除，从而自动克服非临时性的重复授权驳回，而不需要处理该临时性重复授权驳回的法律依据。同样地，如果其中一个相关的申请被放弃，那么就不存在重复授权，审查员将会撤回重复授权驳回的意见。

非临时性重复授权驳回是专利对申请的情况，也就是先前专利的权利要求对抗另一个共同待决的申请的权利要求。由于该重复授权驳回为非临时性的，申请人必须提供实质性答复才能满足对该驳回的充分回应，例如提交反驳争辩、修改或者期末放弃。

### 三、法定重复授权和非法定重复授权

存在两种类型的重复授权：

1. 法定重复授权（不同案件中的权利要求要求保护相同的发明）

这种类型的重复授权驳回基于权利要求被预期的原因，很少遇到，并且通常仅当相关案件中相冲突的权利要求完全一致或者基本一致且具有相同保护范围时才会引起这种类型的重复授权驳回。

对于答复临时性法定重复授权驳回而言，上述建议采用的"搁置"用语应该就可以满足。在其中一个相关申请中对权利要求进行的几乎任何修改（例如，由于现有技术的修改）都会自动地消除该重复授权问题。

对于答复非临时性法定重复授权驳回而言，以下是仅有的选择：

（1）将申请中相冲突的权利要求删除；或者

（2）对申请中相冲突的权利要求进行修改，从而使得它们与专利中的权利要求的保护范围不同。

对于这种类型的重复授权驳回而言，期末放弃（后续将讨论）或者声明对其都不起作用。❶

2. 非法定重复授权（不同案例中的权利要求描绘的发明为显而易见的变型）

这种类型的重复授权也被称为显而易见型重复授权，❷ 其基于显而易见原理，更加常见并且不一定需要修改或者删除权利要求。

---

❶ 参见案例，例如 In re Ward, 236 F. 2d 428, 111 USPQ 101（CCPA 1956），In re Teague, 254 F. 2d 145, 117 USPQ 284（CCPA 1958），In re Hidy, 303 F. 2d 954, 133 USPQ 650（CCPA 1962）。

❷ 另一种非法定重复授权的驳回意见是非常特别的，并且专利从业人员不太可能遇到。如对此感兴趣，可参见案例，例如 In re Schneller, 397 F. 2d 350, 158 USPQ 210（CCPA 1968）。

对于答复临时性显而易见型重复授权驳回而言，上述建议采用的"搁置"用语应该就可以满足。一般而言，作者建议申请人对该临时性显而易见型重复授权驳回的实质性答复进行延期，直到其中一个相关案件获得批准并且随后审查员将另一个案件中的显而易见型重复授权驳回改为非临时性显而易见型重复授权驳回。

下面的章节将会针对如何答复非临时性显而易见型重复授权驳回（或者临时性显而易见型重复授权驳回（如果申请人决定立即对该驳回进行实质性处理））进行更加详细的讨论。

应当注意，如果审查员想要正确地提出显而易见型重复授权驳回，那么他就必须进行与《美国专利法》第103条显而易见型驳回相似的分析。❶ 经验不足的审查员经常会犯一个错误，即在他们的显而易见型重复授权驳回中疏漏了对于显而易见型的完整分析，例如，他们会简单地使用如下的陈述：

> 尽管冲突的权利要求不完全相同，但它们彼此在可专利性上不能相互区别开。

而不给出为什么相冲突的权利要求是显而易见的变型的任何理由。在这种情况下，申请人不需要修改权利要求或者提交期末放弃就可以对该显而易见型重复授权驳回进行反驳。

如果审查员给出了有关显而易见性的恰当分析，申请人还是可以采用与反驳普通的《美国专利法》第103条（a）款驳回相同的方式对显而易见型重复授权驳回进行反驳。❷ 但是，我们需要牢记一个重点，即重复授权驳回所针对的相关申请或者专利通常来说都是申请人自己的专利/申请。因此，专利从业人员不应该对驳回所针对的这些共同所有的专利/申请进行贬低。正如上述讨论的，针对在现有技术驳回中采用的共同所有的专利/对比文件的公开内容进行的争辩可能会对这些被攻击的共同所有的专利/对比文件产生不利的影响。如果专利从业人员在其反驳中不经意地对重复授权驳回中采用的共同所有的专利/申请的权利要求进行了贬低，那么产生的不利影响将会更加严重。

因此，为了反驳显而易见型重复授权驳回，作者极力建议对审查员的显而易见性原理的阐述（审查员对采用的专利/申请的权利要求进行修改从而得出正在审查的申请的权利要求的理由）进行争辩，而不是对所采用的专利/申请

---

❶ 参见案例，例如 In re Braat，937 F. 2d 589，19 USPQ2d 1289（Fed. Cir. 1991）；In re Longi，759 F. 2d 887，225 USPQ 645（Fed. Cir. 1985）。

❷ 请见 KSR 章节中的具体建议。

的权利要求的内容进行攻击。

如果没有可用或是可取的很好的争辩理由，那么下一步就应该考虑进行修改或者提交期末放弃。一个最为简单快速的方法，申请人常常会选择提交期末放弃来消除显而易见型重复授权驳回。但是，在提交期末放弃之前应当对其负面影响进行考虑。下面给出了典型的期末放弃用语：

1. 对本申请拥有 _____% 权益的所有人 _____ （姓名）_____ 在此声明由当前申请所获得授权的任何专利的超出参考专利号 _____ 整个完整法定期限有效日的法定期限为《美国专利法》第154条以及第173条规定的该在先专利的期限，并且如果目前任何期末终止声明缩短了该参考专利的期限，则为该参考专利被缩短的期限。❶

2. 所有人在此同意由当前申请所获得授权的任何专利仅在该申请与先前专利为共同所有的期间才可以实施。该协议适用于由当前申请所获得授权的任何专利并且对专利的受让人、继承人或转让人有约束力。

上述期末放弃的第1点表明，对于提交期末放弃的申请，其将来的专利权将会与在先专利权在同一天过期。❷ 因此，一些专利期可能会丧失。这种专利期的丧失可能意义重大，尤其对于经济效益通常处于最高点的该专利权期限的末尾阶段而言。这是必须考虑的期末放弃的第一个负面影响。

上述期末放弃的第2点表明，对于提交期末放弃的申请，其将来的专利权只有当该专利权与在先专利权❸保持共同所有的前提下才可以实施。这条要求大大限制了申请人分开进行专利许可的能力。申请人往往忽略或者低估了期末放弃的第二个负面影响。

如果审查员提出了多个显而易见型重复授权驳回，申请人提交一个期末放弃就可以消除所有的显而易见型重复授权驳回，从而节省了美国专利商标局的期末放弃费用。

如果申请人有其他的想法并且想要撤回一个已经提交的期末放弃，那么他必须在申请获得授权之前进行撤回。在专利授权之后，不太可能将一个已经记录在案的期末放弃作废。❹

---

❶　上述用语是为了避免非临时申请的显而易见性重复授权驳回。为了避免临时申请的显而易见性重复授权驳回的用语与之类似，除了将"参考专利号"改为"于××日提交的未决参考中申请号的基础上获得授权的任何专利"。

❷　或者在均为未决的申请基础上授权的任何专利，如果临时性的显而易见重复授权的驳回意见在审查中。

❸　同上。

❹　MPEP，section 1490. VII.

### 四、重复授权和披露义务

针对重复授权需要注意的最后一点是披露义务。共同所有案件，即具有相同权利要求（法定重复授权）或者明显变型权利要求（显而易见型重复授权）的案件，这些案件的存在强烈地启示了这些案件密切相关。因此，美国专利商标局（或者其他专利局或者申请人提交的 IDS，即信息披露声明）在一个案件中所引用的对比文件很可能与其他案件中的权利要求相关，反之亦然。为了满足重要的披露义务，这些对比文件应该会引起别的案件的审查员的重视，反之亦然。

例如，考虑以下情况：
- 申请 A 和申请 B 为共同所有并且共同待决；
- 申请 A 中引用/提交了对比文件 Xa、Ya、Za；
- 申请 B 中引用/提交了 Ub、Vb；
- 审查员以申请 A 中的一个权利要求在申请 B 中相冲突的一个权利要求的基础上显而易见的理由，对申请 A 中的该权利要求作出了临时性显而易见型重复授权驳回。

不管该共同申请人是否想要立即处理该临时性显而易见型重复授权驳回，他都应该采用如下方式在申请 A 和 B 中交叉提交信息披露声明：
- 应该将对比文件 Xa、Ya、Za 及时地提交至申请 B 的信息披露声明中；
- 应该将对比文件 Ub、Vb 及时地提交至申请 A 的信息披露声明中。

每次其中一个申请中引用了新的对比文件时，都应该进行信息披露声明的交叉提交。例如，
- 在下次审查意见通知书中，申请 B 的审查员引用了新的对比文件 Rb、Sb、Tb；
- 申请人应当在审查意见通知书日期的 3 个月内在申请 A 中提交一个引用了对比文件 Rb、Sb、Tb 的信息披露声明。

上述示例关注了申请对申请的情况。在专利对申请的情况中，披露义务对于专利不适用。因此，只需要将专利中记录的对比文件提交至正在审理的申请的信息披露声明中。但是，随着申请的审查进程的推进，其他在专利中没有记录的对比文件也可能被引用。申请人应当对这些对比文件的相关性进行检查，从而决定是否有必要提出再审请求或者提交专利再颁发申请以确认其有效性。

# 第十节　克服根据《美国专利法》第 101 条的驳回

任何人发明或发现任何新的和有用的方法、机器、制造或物质组成，或对上述方法、机器、制造或物质组成有任何新的和有用的改进，可以获得专利，但须符合本标题的条件和要求。

## 一、美国专利商标局的实践

近年来，美国专利法的任何领域都没有像专利适格主题那样经历如此多的变化。以前，仅仅引用计算机或一些其他硬件就足以克服专利适格性驳回。然而，从 *Mayo v. Prometheus*，566 U. S. 66（2012）案到 Alice Corp 案，作出专利适格主题由什么构成的决定变得更加困难。

以下讨论涉及美国专利商标局的实践，并参考美国专利商标局的实践和指南。但是，美国法院不受美国专利商标局指南的约束，如最近非先例的美国联邦巡回上诉法院决定❶中明确指出的。尽管如此，在法院系统中捍卫专利的第一步是从美国专利商标局获得专利。以下内容旨在协助了解美国专利商标局关于《美国专利法》第 101 条相关的审查程序。

1. 基础知识

美国专利商标局使用图 2－20 的流程图来协助审查员确定是否作出专利适格性驳回。

在该方法的步骤 1 中，审查员确定该权利要求是否指向方法、机器、制造或物质组成。软件本身在美国不具有专利适格性。取而代之的是，必须将软件作为用于存储该软件指令的"非暂时性计算机可读介质"来要求保护。

通常，审查员会查看权利要求的前序部分，以确定权利要求是否指向方法、机器、制造或物质组成。

如果权利要求未通过步骤 1，则该主题不具有专利适格性，审查员将发出驳回。如果权利要求通过了步骤 1，则审查进行到步骤 2A。

在步骤 2A 中，审查员确定该权利要求是否指向自然法则、自然现象或抽象概念。这些被称为专利适格主题的"司法例外"。司法例外是由法院制定的法条的例外。

---

❶ Cleveland Clinic Foundation, Cleveland Heartlab, Inc. v. True Health Diagnostics LLC., slip ops 2018 - 1218（2019 年 4 月 1 日）。

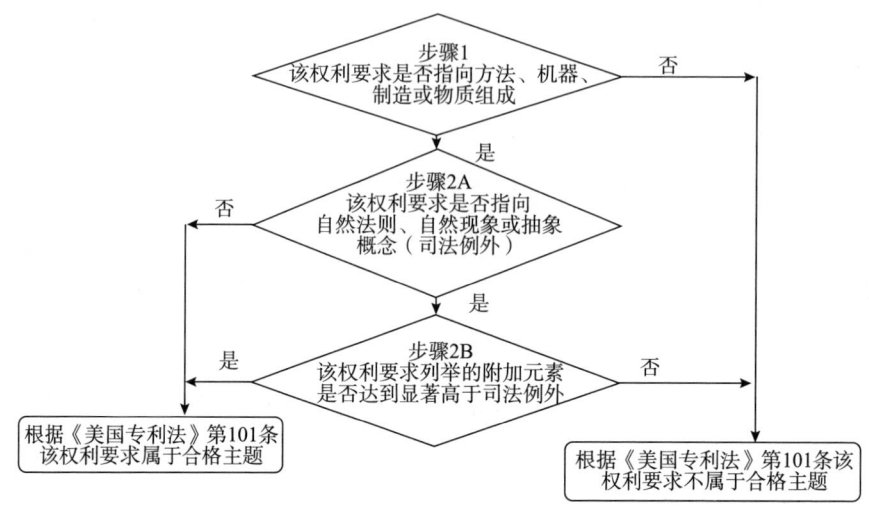

图 2 – 20　专利适格性驳回流程图

申请最有可能面临的司法例外类型取决于该申请的技术。例如，在电子领域，抽象概念是最常见的司法例外。另一方面，在制药领域，自然现象是最常见的司法例外。以下讨论将主要关注抽象概念例外，但这些思想和策略也适用于其他例外。

如果审查员确定该权利要求不是指向司法例外，则该权利要求被视为具有专利适格性，并且将不会根据《美国专利法》第 101 条被驳回。如果审查员确定权利要求指向司法例外，则审查进行到步骤 2B。

在步骤 2B 中，审查员使用最宽的合理解释考虑整个权利要求来确定该权利要求是否达到显著高于所列举的司法例外。如果审查员确定该权利要求达到显著高于司法例外，则该权利要求被确定是专利适格的，并且根据《美国专利法》第 101 条将不会被驳回。如果审查员确定该权利要求并未达到显著高于司法例外，则该权利要求将作为专利非适格的主题被驳回。

2. 什么构成"显著高于"

对于什么构成"显著高于"，法院一直含糊不清，有时甚至是矛盾的。但是，为了回应美国专利商标局的驳回，还是有一些通用的指南可以遵循。

美国专利商标局指示审查员在确定权利要求是否达到"显著高于"司法例外时考虑以下要素：

- 权利要求中的附加元素对例外建立了有意义的限制；
- 该附加元素必须不仅仅是撰写成旨在垄断例外；
- 单独查看时，单个元素可能看起来不会显著高于，但如果将其视为组合，则可能达到显著高于例外；

　　● 基于该权利要求中所述的特定元素，将每个权利要求分开考虑（如果一个权利要求不适格，并不意味着所有权利要求都不适格。例如，独立权利要求可能不是适格的，但增加附加特征的从属权利要求可能是适格的）。

实践技巧：确保查看从属权利要求的适格性，因为美国专利商标局的审查员通常不会详细考虑从属权利要求的专利适格性分析。

美国联邦最高法院在 Alice Corp 案中列出了可能足以有资格作为"显著高于"的限制：

　　● 对其他技术或者技术领域的改进；
　　● 对计算机本身的功能的改进；
　　● 通过使用特定的机器来运用司法例外；
　　● 使得特定事物转换或者变成不同的状态或者事物；
　　● 增加不是本领域公知的常规和惯例的具体限定，或者增加非常规的步骤，而这些步骤将权利要求限定在特定的有用的应用中；
　　● 除了将司法例外运用到特定技术环境一般性的相关使用之外的其他有意义的限定。

美国联邦最高法院在 Alice Corp 案中还列出了不能作为"显著高于"资格的限制：

　　● 在司法例外中添加措辞"应用其"（或其等同物），或仅仅添加指令以在计算机上实施抽象概念；
　　● 简单地将行业先前已知的、被指定为具有高度一般性的公知的常规或惯例活动附加到司法例外，例如，仅需要使用通用计算机来执行通用计算机功能的抽象概念的权利要求，而使用通用计算机来执行通用计算机功能就是行业先前已知的、公知的常规和惯例活动；
　　● 将无关紧要的额外解决方案活动添加到司法例外，例如，仅仅将数据收集与自然法则或抽象概念相结合；
　　● 将司法例外的运用与特定技术环境或使用领域一般性的联系起来。

许多技术都会受到 Alice Corp 裁定的影响，在电子商务领域尤其如此。在美国专利商标局中处理电子商务技术的一些技术组别中，驳回率从大约40%上升到90%以上。

3. 如何避免/克服专利适格性驳回

从申请的撰写开始就应当为解决专利适格性问题做准备。虽然一些问题可以在美国专利审查期间解决，但如果在撰写申请时谨记美国专利法的要求，那么大多数问题都会更容易被避免。

实践技巧：询问发明人或客户是否可以在美国提交申请，并根据以下意见撰写申请。

在撰写说明书时，将申请的改进或目的与具体实施例中的特定特征或特征组合联系起来将有助于解决专利适格性问题。改进应侧重于计算机的功能，或者另一个技术领域的改进，或者将主题转化为不同的事物；要考虑是否存在由本发明产生的有形或可检测的输出；要试图描述使用者如何看待本发明的效果。

此外，包含更多的附图可以帮助解决专利适格性问题。美国的相关规则对增加新内容的规定比许多其他国家更为宽松。通过包含附加的附图，可以在专利审查期间修改权利要求以增加可以避免/克服专利适格性驳回的附加特征。

工艺权利要求要考虑的因素包括：
- 在方法流程图中包含判定
  o 迭代过程
  o 反馈控制
  o 前馈控制
- 将方法连接到有形的输出，例如，如何根据程序指令控制机器
- 对计算机本身的功能的改进

  o 一些诸如提高速度或减少工艺迭代的特征难以要求保护，因此在具体实施例中具体标识这些优点的发明的特征将有助于解决专利适格性问题

装置权利要求要考虑的因素包括：
- 对系统本身进行某种改进
  o 对速度的改进
  o 对精度/一致性的改进
  o 将要求保护的特征与装置质量的改进相关联
- 元素之间的连接
  o 控制系统如何影响实际装置
  o 确保说明书提供了一些不同部件的实施例
  o 多个部件更难以被归类为"抽象"

## 二、最近的美国联邦巡回上诉法院案件

随着新的法院案件判决的出现，被视为具有专利适格的特征也在不断变化。及时了解最近的法院判决，特别是在贵公司或客户的技术领域中的判决，将有助于撰写申请以及在审查期间准备答复意见。以下是最近的三个法院案例，这些案件对美国专利商标局的实践产生了重大影响。

1. Enfish, LLC. v. Microsoft Corp. （以下称 Enfish 案）

Enfish 案是美国联邦巡回上诉法院将其权利要求视为专利适格的案例。Enfish 案很重要，因为美国联邦巡回上诉法院认为该权利要求<u>不是</u>指向上述分析的步骤 2A 中的司法例外。Enfish 案的权利要求如下：

*17. 一种用于计算机存储器的数据存储和检索系统，所述数据存储和检索系统包括：*

*用于根据逻辑表配置所述存储器的装置，所述逻辑表包括：*

*多个逻辑行，每个所述逻辑行包括用于标识每个所述逻辑行的对象标识号（OID），每个所述逻辑行对应于信息记录；*

*多个逻辑列，所述多个逻辑列与所述多个逻辑行相交以定义多个逻辑单元，每个所述逻辑列包括用于标识每个所述逻辑列的对象标识号（OID）；以及*

*用于索引存储在所述表中的数据的装置。*

*（作者注：以下是对应英文权利要求*

*17. A data storage and retrieval system for a computer memory, comprising：*

*means for configuring said memory according to a logical table, said logical table including：*

*a plurality of logical rows, each said logical row including an object identification number（OID）to identify each said logical row, each said logical row corresponding to a record of information；*

*a plurality of logical columns intersecting said plurality of logical rows to define a plurality of logical cells, each said logical column including an OID to identify each said logical column；and*

*means for indexing data stored in said table. ）*

在分析 Enfish 案权利要求时，法院指出，装置加功能性语言需要根据说明书进行狭义的解释。该说明书描述了用于实施所述装置加功能性特征的详细算

法。该详细算法被描述为增加灵活性、提高搜索速度和减少内存需求。这些细节和改进使法院认为该权利要求通过了步骤 2A 并指向专利适格的主题。

美国联邦巡回上诉法院进一步指出，这些权利要求对计算机本身进行了改进，并且计算机没有以一般性的方式用于实施经济或其他任务。因此，即使该权利要求未通过步骤 2A，该权利要求也有可能通过了分析中的步骤 2B。

在 Enfish 案裁决之前，审查员通常在步骤 2B 中分析对计算机功能的改进。但是，Enfish 案明确了该分析也可以在步骤 2A 中进行。通过试图避免审查员断言权利要求是抽象概念，没有必要显示"显著高于"，Enfish 案的决定也明确了指向软件的权利要求并非本身就是抽象的，并且软件可以像硬件一样对计算机功能做出非抽象的改进。Enfish 案还表明，装置加功能性权利要求是克服专利适格性驳回的潜在工具。

实践技巧：在撰写申请时，尝试将改进与一个特征或一小组特征而不是与整个发明联系起来，从而增加说服审查员所要求保护的元素中包含该改进的机率。

2. McRO, Inc. v. Bandai Namco Inc.（以下称 McRO 案）

McRO 案也是美国联邦巡回上诉法院将其权利要求视为专利适格的案例。在 McRO 案中，美国联邦巡回上诉法院再次认为该权利要求<u>不是</u>指向上述分析的步骤 2A 中的司法例外。McRO 案的权利要求如下：

1. 一种自动动画绘制三维角色的嘴唇同步和面部表情的方法，所述方法包括：

获得第一组规则，所述第一组规则定义输出变形权重集合流作为音素序列和所述音素序列的时间的函数；

获得具有多个子序列的音素的定时数据文件；

通过用所述第一组规则评估所述多个子序列，生成两个相邻变形权重集之间的输出变形权重集的中间流和多个过渡参数；

从所述输出变形权重集的中间流和所述多个过渡参数产生所需帧速率的输出变形权重的最终流；以及

将所述输出变形权重集的最终流应用于一系列动画角色，以产生所述动画角色的嘴唇同步和面部表情控制。

（作者注：以下是对应英文权利要求

1. A method for automatically animating lip synchronization and facial expression of three – dimensional characters comprising：

obtaining a first set of rules that define output morph weight set stream as a function of phoneme sequence and time of said phoneme sequence;

　　obtaining a timed data file of phonemes having a plurality of sub – sequences;

　　generating an intermediate stream of output morph weight sets and a plurality of transition parameters between two adjacent morph weight sets by evaluating said plurality of sub – sequences against said first set of rules;

　　generating a final stream of output morph weight sets at a desired frame rate from said intermediate stream of output morph weight sets and said plurality of transition parameters; and

　　applying said final stream of output morph weight sets to a sequence of animated characters to produce lip synchronization and facial expression control of said animated characters. )

在 McRO 发明之前的现有技术中，人类艺术家需要手动设置变形权重并依赖于艺术家的判断操纵动画绘制的面部。在 McRO 案件中，所要求保护的主题使用权利要求中所要求保护的并且在说明书中描述的具体规则作为对先前过程中依赖于人类艺术家的改进。McRO 案权利要求的一个重要特征是该权利要求需要自动操作，这样可以防止人为干预。这种禁止人工交互限制了审查员将权利要求视为可以由人执行的单纯的计算机实施的过程。

美国联邦巡回上诉法院告诫法院要谨慎，避免将权利要求视作一般性的术语而过度简化地看待该权利要求。

实践技巧：如果你认为审查员为了做出专利适格性驳回而过度简化地看待权利要求，请考虑基于 McRO 案的决定来争辩这一点。

3. Berkheimer v. HP（以下称 Berkheimer 案）

与 McRO 案或 Enfish 案不同，Berkheimer 案的判决对审查员的审查产生了直接影响。McRO 案和 Enfish 案暗示审查员应该怎样做。但是，Berkheimer 案对审查员强加了具体的要求。在 Berkheimer 案决定之前，审查员经常在没有提供支持证据的情况下断言，部分权利要求是公知的、常规的以及惯用的。然而，Berkheimer 案的决定明确了这种审查方式是不合适的，并要求审查员提供证据来支持"公知的、常规的以及惯用的"这样的断言。

（1）选项 1：申请人的承认。

如果申请人在说明书中或在审查期间承认某一特征是公知的，那么审查员可以将申请人承认的内容作为证据，证明该权利要求中的相应特征是公知的、常规的以及惯用的。通常，这些承认发生在专利说明书的背景技术中或作为说明的描述捷径，可避免详细描述本发明的部件。

以本书前面描述的方式撰写背景技术将限制审查员利用申请人承认的内容而做出专利适格性驳回。此外，在审查期间准备答辩稿时，要小心避免承认公知的特征。

（2）选项2：判例法。

审查员还可以依据判例法作为基础，以表明特征是公知的、常规的以及惯用的。MPEP 2106.05（d）（Ⅱ）提供了一个判例法和特征的清单，这些判例法和特征被认为是公知的、常规的以及惯用的。

审查员通常不依据判例法作出驳回，因此根据作者的经验，预计此选项不会经常被使用。

（3）选项3：对比文件。

审查员可以提供对比文件，以表明特征是公知的、常规的以及惯用的。审查员所依据的对比文件必须在本申请的有效申请日之前公布，即该对比文件必须是现有技术。这一要求的原因在于，在审查时，公知的技术在数年之前提交原始申请的时候可能并不是公知的。

此外，单个对比文件可能不足以表明特征是公知的、常规的以及惯用的。单个对比文件表明特征是已知的，但并不一定表明该特征是公知的。虽然就这一点进行争辩不太可能使审查员撤销驳回，但这仍然是申请人应该了解的选项。

（4）选项4：官方通知。

官方通知是指审查员在未提供证据的情况下的表述。这基本上是审查员在Berkheimer案判决之前所做的事情。但是，美国专利商标局遵从Berkheimer案判决对审查员的指南表明，如果审查员对官方通知的使用受到申请人的质疑，那么审查员必须依据其他三个选项中的一个来提供证据，证明特征是公知的、常规的以及惯用的。

实践技巧：始终质疑审查员对官方通知的使用，无论是在显而易见性驳回中还是在专利适格性驳回中。

## 三、2019 美国专利商标局指南

2019 年 1 月，美国专利商标局向审查员发布了关于如何针对专利适格性审查权利要求的新指南。这些指南的目的在于在确定专利适格性时对权利要求提供更一致的法律应用。美国专利商标局的 2019 年指南重点关注专利适格性分析中的步骤 2A。

在 2019 年指南中的步骤 2A 分析中，审查员需要回答的关键问题是抽象概念是否指向该抽象概念的实际应用。

美国专利商标局列出被视为实际应用的特征如下：

- 对计算机功能的改进或对其他技术或技术领域的改进；
- 应用或运用司法例外来实现对疾病或医学状况的特定治疗；
- 与权利要求不可分割的特定机器或产品一起实施司法例外，或与权利要求不可分割的特定机器或产品同时运用司法例外；
- 使得特定物品转换或者变成为不同的状态或者事物；
- 除了将司法例外的运用与特定技术环境一般性的联系起来之外，以一些其他有意义的方式应用或运用司法例外，从而使得权利要求作为一个整体不仅是被撰写成旨在垄断例外。

美国专利商标局列出不被视为实践应用的特征如下：

- 仅在司法例外中引用措辞"应用其"（或其等同物），或仅包括指令以在计算机上实施抽象概念，或仅将计算机作为工具使用以实施抽象概念；
- 在司法例外中添加无关紧要的额外解决方案活动；
- 只是一般性地将司法例外的运用与特定技术环境或使用领域联系起来。

实际应用分析似乎与显著高于分析非常相似。但是，2019 年指南中有一个关键特点可以为申请人提供很大帮助，即在实施实际应用分析时，禁止审查员忽略公知的、常规的以及惯用的特征。

要求审查员在实际应用分析中考虑公知的、常规的以及惯用的特征是重要的，因为在"显著高于"分析的步骤 2B 中，这些特征通常会被忽略。因此，根据作者的经验，自 2019 年 1 月以来，根据《美国专利法》第 101 条的驳回率有所下降。

虽然 2019 年指南增强了获得专利的能力，但法院不受如上所述的这些指南的约束。潜在的侵权者仍然极有可能使用专利适格性作为质疑已授权专利有效性的一种方式。因此，以上关于如何撰写权利要求和说明书以使该专利最有可能克服或避免专利适格性质疑的评论仍然适用。

# 第十一节 对于限制性要求的答复

美国专利商标局的限制性实践是与重复授权有关的一个问题。

## 一、美国专利商标局的实践

该限制性实践基本上是为了确保每个申请（以及基于该申请的授权专利）仅限于一个发明。通常来讲，如果美国专利商标局认为一个申请中包含了两个或两个以上不同的或者独立的发明，那么就会要求申请人选择一个发明，其他的发明就会被限定，从而迫使申请人提交一个或多个分案申请以使得没有被选中的发明得以继续。这个程序不但减轻了审查员的工作量（审查员现在只需要对一个发明而非多个发明进行检索），而且增加了美国专利商标局的收入（因为申请人被迫为多个寻求保护的发明提交一个以上的具有相同公开内容的申请）。所以，如果说限制性选择是美国审查员钟爱的工具，我们对此也不应该感到惊讶，而且美国专利商标局制定的规则使得想要成功反驳限制性要求变得很困难。确实，在发出和维持限制性要求方面，美国专利商标局赋予了美国审查员很大的自由裁量权。对限制性要求进行反驳争辩的成功率被认为非常低（作者的成功率在20%以下）。这也就是为什么许多申请人会简单选择而不反驳的主要原因。

## 二、答复限制性要求的一般性建议

1. 申请人必须作出选择

不管申请人是否决定进行反驳，他都必须进行选择。如果没有进行选择，该答复将会被认为是非响应性的，并且如果没有进行及时的更正（选择），则可能会导致申请的放弃。

2. 在大多数情况下建议进行反驳

尽管成功率很低，作者还是建议申请人应当考虑进行反驳。这样做是为了保留向技术中心主管申诉以对限制性要求进行审查的权利。如果申请人不进行反驳，那么就放弃了申诉权。

申请人不应该花费很多精力来准备对于限制性要求的反驳。原因在于从审查员的层面来看，不管申请人的反驳争辩有多全面，由于他们在发出和维持限制性要求方面有很大的自由裁量权，这样的争辩都不足以使得该限制性要求被撤回。再加上考虑到反驳的真正目的（上面讨论的保留申诉权），将反驳控制得简短会比较实用和经济。仅当申请人真正想要与限制性要求进行抗争时，才应该采用更加复杂（昂贵）的争辩。

还需要注意，在下面描述的发明限制性要求情况中，即使申请人提交了分案申请，也不建议对该限制性要求进行反驳。原因在于，这样的反驳给了审查员对母案申请中的限制性要求进行撤回的借口。当母案中的限制性要求被撤回，一个或多个分案的权利要求就可能会受到重复授权驳回的限制，而针对该重复授权驳回，申请人可能需要提交期末放弃。虽然这样的期末放弃不太可能减短基于分案申请的授权专利的专利权期限，但是正如本部分所讨论的那样，该期末放弃将会要求这两个专利为共同所有，从而才能够实施其专利权。这样的要求限制了申请人专利权许可的能力和/或灵活性。

如果没有对限制性要求进行反驳并且提交了分案申请，那么审查员就没有理由对专利中的限制性要求进行撤回。随后，法律禁止在分案申请中进行重复授权驳回，因此也就不再要求期末放弃并且申请人专利权许可的能力和/或灵活性将不会受到限制。

在发明限制性要求的情况下，如果（例如，由于成本）不准备提交分案申请，那么建议进行反驳。同样地，在下面讨论的种类限制性要求的情况下，只要存在一个概括式的权利要求能够涵盖所有的种类，那么也还是值得对该限制性要求进行反驳。如果该概括式的权利要求获得批准，审查员将会对该获批的概括式权利要求的所有从属权利要求（包括未选的权利要求）进行审查（并且可能授权），因此避免了分案申请。

下面给出了用于对限制性要求进行常规答复的一个示例性"通用"反驳。

可以在没有严重负担的情况下对整个申请进行检索和审查。见《专利审查程序手册》第803段（如果可以在没有严重负担的情况下对整个申请进行检索和审查，那么审查员必须对该申请进行实质性审查，即使该申请包含了独立或者不同发明的权利要求。）在具体的案件中，发明Ⅰ和Ⅱ的类别相近，因此单次检索就可以覆盖这两个发明，且不会给审查员带来严重负担。因此申请人认为撤回限制性要求是合适的并且尊敬地请求审查员撤回该限制性要求。

3. 不要承认显而易见性

但是应当注意，申请人绝对不应该在记录中承认受制于限制性要求的发明相互为显而易见的变型。原因在于，这样的承认将会允许审查员和法庭认为两个发明都不具有专利性/无效，即使现有技术仅可用于其中的一个发明。

主要存在两种限制，即发明限制和种类（实施例）限制。

## 三、发明限制

发明限制通常涉及不同种类的发明，例如：

● 装置（例如焊接机器）及其使用方法（例如使用该焊接机器进行焊接的方法）；

- 产品（例如树脂）及其使用方法（例如使用该树脂制造玩具的方法）；
- 产品（例如树脂）及其制造方法（例如用原油制造该树脂的方法）；
- 产品（例如塑料碗）及其制造装置（例如用于制造塑料碗的注塑机）；
- 亚组合（例如背光源）以及组合（具有该背光源和液晶面板的 LCD）等。

选择其中哪一个发明取决于申请人的专利保护需求、市场需求、竞争需求等。

但是，如果申请人没有偏好，那么作者建议选择以下突出显示的发明：

- <u>产品</u>及其使用方法；
- <u>产品</u>及其制造方法；
- <u>子组合</u>以及组合。❶

这样选择的原因是一旦所选的权利要求被批准，只要未选（上面没有下划线的）的权利要求包含了该被批准的所选权利要求中的所有限定，申请人就有潜在的机会将未选的发明的权利要求重新加入申请中。

请考虑下面的示例：

- 对产品（例如树脂）及其使用方法（例如使用树脂制造玩具的方法）提出限制性要求。
- 申请人选择产品（例如树脂）。
- 权利要求如下所示：

    1. 一种树脂，所述树脂由化学式 F 限定。

    2. 根据权利要求 1 所述的树脂，其中 F 包括金。

    3. 一种用树脂模塑玩具的方法，其中所述树脂由化学式 F 限定。

    4. 一种用树脂模塑玩具的方法，其中所述树脂由化学式 F 限定，并且其中 F 包括金。

- 权利要求 1~2 被选中，因为它们可以解读为产品权利要求。
- 权利要求 3~4 被撤回，因为它们指向未选方法。但是，申请人不应该删除权利要求 3~4。
- 随后，审查员驳回了权利要求 1 并且批准了权利要求 2。
- <u>由于权利要求 4 包含了被批准的所选权利要求 2 的所有限定，该未选的权利要求 4 将会被重新加入到申请中，并且可能会被批准。</u>

---

❶ 重新加入的实践在别的类型的限制要求中不适用，例如，在设备和使用方法之间的限制要求，或在产品和设备的制备方法之间的限制要求。

如果重新加入的权利要求具有适当的保护范围，那么申请人将不再需要为未选发明寻求保护，从而为申请人省去了麻烦和费用。

## 四、种类限制

种类限制通常涉及同一类别下的不同实施例。

请考虑下面的示例：

- 权利要求如下所示：

> 1. 一种装置，包括 A、B 和 C。
>
> 2. 根据权利要求 1 所述的装置，其中 C 为 C1 或者 C2。
>
> 3. 根据权利要求 2 所述的装置，其中 C 为 C1。
>
> 4. 根据权利要求 2 所述的装置，其中 C 为 C2。
>
> 5. 根据权利要求 1 所述的装置，其中 C 为 C3。

- 审查员要求在种类 C1、C2 和 C3 之间进行限制。
- 申请人选择了 C1。
- 权利要求 1~3 被选中，因为它们不要求 C2 或者 C3。❶
- 权利要求 4~5 未被选中并且被撤回。
- 权利要求 1 为<u>概括式</u>权利要求，因为其涵盖了要求限制的<u>所有</u>种类（C1、C2、C3）。
- 权利要求 2 为<u>连接</u>权利要求，因为其涵盖了要求限制的<u>一些</u>（但不是所有）种类（C1、C2）。

如果权利要求 1（<u>概括式权利要求</u>）获得批准，那么所有未选的权利要求（权利要求 4~5）将会被重新加入，并且由于权利要求 4 和 5 包含了获得批准的概括式权利要求 1 中的所有限定，因此权利要求 4 和 5 也可能获得批准。

如果权利要求 2（<u>连接权利要求</u>）获得批准，那么与权利要求 2 相连的未选的权利要求 4 将会被重新加入，并且由于权利要求 4 包含了获批的连接权利要求 2 中的所有限定，因此权利要求 4 也可能获得批准。

如果重新加入的权利要求具有适当的保护范围，那么申请人将不再需要为选的种类（发明）寻求保护，从而为申请人省去了麻烦和费用。所以，我极力建议设法使得概括式权利要求或者连接权利要求获得批准，从而降低专利成本。

总而言之，在答复限制性要求时：

---

❶ 如果申请人选中 C2，则权利要求 1~2 和 4 将成为选中的权利要求。

- 申请人<u>必须</u>选择列出的发明/种类中的一个。
- 申请人<u>应该</u>考虑进行反驳以保留申诉权。
- 申请人<u>不应该</u>在审查阶段花费太多精力与限制性要求进行抗争。
- 建议申请人选择一个发明或者种类，而该发明或者种类能够增加重新加入的可能性或保护范围。
- 在种类限制的情况下，建议申请人尝试使得概括式权利要求或者连接权利要求获得批准。

# 第十二节　克服异议

## 一、异议和驳回

在美国以外，异议（Objection）和驳回（Rejection）被互换地使用以表明用于否决（拒绝）专利的根据。在美国，异议和驳回是两个不同的争议问题，即异议仅用于形式性争议问题，而驳回则用于可专利性争议问题。同样地，为了克服异议所做的修改或者争辩一般而言不应该对权利要求的保护范围产生影响，因此在大部分情况下不会引起费斯托（Festo）案的问题。而本部分讨论的是为了克服驳回所做的修改和争辩易于引起费斯托（Festo）案的问题。

## 二、为了审查过程一般建议进行修改

在答复例如以下的异议时，最好的方法是进行合适的修改从而将这些争议问题消除。

- 对于摘要包含多余 150 个单词的异议，或者
- 对于说明书缺少标题，例如背景技术、发明内容等的异议，或者
- 对于权利要求包含拼写错误的异议，或者
- 对于附图缺少标号的异议等

## 三、小心避免不利的修改

在大部分案例中，这种修改不会对权利要求产生影响并且是可接受的。

在修改可能会对权利要求造成影响的情况下，应当小心修改，从而避免其不利影响或者至少将其不利影响最小化。

一种常见的示例性情况是，审查员对附图 1 提出异议并要求将附图 1 标识为"现有技术"。如果附图 1 的确属于公众范畴，如背景技术部分讨论的现有技术文献中确实包括附图 1，那么审查员要求的变更是无害的，应当执行。但是，如果附图 1 示出的是申请人自己的先前结构，而本发明正是基于该先前结构的改进，并且该先前结构不是现有技术，❶ 那么就不应该将附图 1 标识为"现有技术"，因为这样做会将附图 1 置于现有技术的类别，也称为申请人承认的现有技术（AAPA）。美国专利商标局将会利用 AAPA 对权利要求进行驳回。由于 AAPA 通常都是最接近的技术或者至少是非常相关的技术，因此对于被使用 AAPA 对付的权利要求而言，某个对 AAPA 的不必要的承认都可能是毁灭性的。

总的来说，相比于驳回争议问题，使用修改更有可能/有希望解决异议争议问题。但是，不应该仅因为审查员希望你这么做，就盲目地进行修改。

# 第十三节 审查建议总结

在形成答复审查意见方案（争辩、修改、选择）时应当谨记以下几点：

（1）针对美国专利商标局提出的每一个争议问题进行全面的答复，无论是异议、驳回或者其他争议问题。

（2）除非必须，否则不要修改权利要求。❷

（3）不要针对权利要求中没有的特征进行争辩，不要进行不必要的争辩，不要进行偏离主题的争辩。❸

（4）不要对权利要求进行修改而不给出理由或者解释。❹

（5）在不明显改变权利要求保护范围的基础上考虑将获批的权利要求改写为独立权利要求的形式，从而保留临时专利权。

（6）为了达到单次审理的目的，增加新的权利要求以对所有创造性或公开的特征或实施例要求保护。

---

❶ 例如，如果先前结构没有被申请人公之于众。

❷ 参见案例 Festo Corp v. Shoketsu Kinzoku Kogyo Kabushiki Co.，234 F. 3d 558（2002）。因为和专利性有关的权利要求修改或争辩会产生审查历史的禁止反悔，除非专利权人能够克服该假设，即修改或争辩不能合理地视为放弃一个特定的等同方式。

❸ Id（基于争辩的禁止反悔）。

❹ 参见 Warner‒Jenkinson Co. v. Hilton Davis Chem. Co.，137 L. Ed. 2d 146，1997；U. S. LEXIS 1476（Mar. 3，1997）。未解释的修改被假定为是可专利性的目的。

（7）请求暂时搁置临时性驳回（例如重复授权）。

（8）在提交期末放弃之前认真考虑其负面影响。

（9）选择的同时进行反驳。

（10）试图在被选权利要求被批准后允许重新加入未选权利要求。

# 第三章
# 高级审查话题

## 第一节　KSR 争辩

*KSR International Co. v. Teleflex Inc.* 案（下文称 KSR 案）❶ 是美国联邦最高法院处理的几个关键判决之一。该判决极大地改变了美国审查员基于《美国专利法》第 103 条（a）款做出显而易见驳回的方式。在 KSR 案决定之后，美国审查员更容易作出并且维持基于《美国专利法》第 103 条（a）款的驳回，反之，申请人会发现在审查员阶段克服基于《美国专利法》第 103 条（a）款的驳回变得更加困难，因此向美国专利复审委员会（以下简称 BPAI）提交的复审越来越多。但是，如果正确理解《美国专利法》第 103 条（a）款驳回的形成机制以及对其进行反驳的机制，克服《美国专利法》第 103 条（a）款的驳回并非没有可能。本章致力于解释作者所认为的最有效和最经济的用于处理 KSR 案之后《美国专利法》第 103 条（a）款驳回的方法。本章不打算对导致 KSR 案和/或在 KSR 案中产生的所有问题进行讨论。

## 一、简要历史回顾

《美国专利法》第 103 条（a）款的相关规定如下：

　　（a）一项发明虽然并不与本法第 102 条所规定的已经被披露或者已描述的情况完全一致，但如果申请专利的主题内容与现有技术之间的差异甚为微小，以致在该发明作出时对于本技术领域中普通技术人员是显而易见的，则不能被授予专利。

---

❶　550 U. S 398（2007）.

美国联邦最高法院在 *Graham v. John Deere* 案（以下称 Graham 案）❶ 中阐释了用于非显而易见性判断的事实调查，即，

> 基于本法第 103 条的规定，需要判断现有技术的范围与内容；确定现有技术与权利要求之间的区别；确定相关领域的普通技术水平。在这样的背景下，可以判定主题的显而易见性或者非显而易见性。❷

因此，美国联邦最高法院在 Graham 案中阐释了用于考量和判断显而易见性的三个因素，即，

（1）确定现有技术的范围与内容；

（2）确定现有技术与权利要求的区别；

（3）确定相关领域的普通技术水平；

美国联邦最高法院进一步指出：

> 辅助性考量因素，如商业上的成功、长期存在但并未解决的需求、他人的失败等都可以照亮寻求专利主题的起源的周围环境。作为显而易见性或者非显而易见性的象征，这些探究可能具有关联性。❸

因此，第四个可能在显而易见性判定中具有关联性的因素，即，

（4）评估辅助性考量因素的证据❹。

美国专利商标局必须遵循在 Graham 案因素（1）～（3）中阐释的三个事实调查，以满足其出示显而易见性初步证据的责任。❺ 一旦显而易见性初步证据被正确确立，提出证据或者进行争辩的责任就转移至申请人。如果申请人提交了因素（4）中辅助性考量因素的证据，美国专利商标局必须对包括全部因素（1）～（4）的完整记录进行审查，从而基于《美国专利法》第 103 条（a）款得出显而易见性或非显而易见性的正确判定。审查员为了正确地形成基于《美国专利法》第 103 条（a）款的驳回，提出显而易见性的初步证据及理由是其必须采取的第一步和最重要的一步。

---

❶ 383 U. S. 1 (1966).

❷ Id at 17.

❸ Id at 18.

❹ 辅助性考量因素，例如，预料不到的技术效果、商业成功、期待解决但一直未解决的问题、他人的失败、专家的怀疑论、竞争者的复制、现有技术的不能操作等，会单独在本书中进行简要的讨论。

❺ 初步显而易见性的法律概念是一个审查中广泛应用到各领域的程序性工具。它分配了在审查过程的每一步中谁有相应的举证责任。参见 In re Rinehart, 531 F. 2d 1048, 189 USPQ 143 (CCPA 1976)。

1. TSM（教导－启示－动机）检验法

直到美国联邦最高法院作出 KSR 案决定，在这之前判定显而易见性最常用的方法就是 TSM（教导－启示－动机）检验法。实际上，TSM 检验法是美国专利商标局唯一一直使用的检测法。在先前版本的 MPEP 中对 TSM 检验法的本质进行了如下的详细解释：

为了建立显而易见性的初步证据理由，必须满足 3 个条件：

● 首先，对比文件本身或者本领域普通技术人员一般可得的知识中必须存在一些启示或者动机，用于对对比文件进行修改或者将对比文件的教导进行结合。

● 其次，必须存在合理的成功预期。

● 最后，现有技术文献（或者结合的对比文件）必须教导或者启示所有的权利要求限定。

用于产生权利要求所主张的结合的教导或者启示以及合理的成功预期都必须在现有技术中找到，而不是在申请人的公开内容中找到。

典型的基于 TSM 检验法的《美国专利法》第 103 条（a）款而作出的驳回从审查员对事实的解读开始，即审查员判定对比文件 X 公开了除元素 A 以外的所有权利要求中的限定。然后审查员发现对比文件 Y 教导了元素 A。审查员必须在对比文件中或者在本领域一般技术知识下使用 TSM 检验法来证明元素 A 是可取的，例如，元素 A 有某些好处。❶ 接着，审查员得出结论，在该发明作出时对于本技术领域中普通技术人员而言，将对比文件 Y 教导的元素 A 加入对比文件 X 中以获得本领域中认可的好处，从而得到进行权利要求主张的发明是显而易见的。❷

TSM 检验法很清楚，并且对于美国审查员而言使用起来也相对容易。因此，对于 KSR 案之后的美国专利商标局的审查意见中，许多依据《美国专利法》第 103 条（a）款进行的驳回中依然采用 TSM 检验法也就不足为奇。

尽管 TSM 检验法很受欢迎，但是并没有强制规定使用该检验法。美国联邦巡回上诉法院在它的 KSR 案判决中想要将 TSM 检验法作为唯一的显而易见性检验方法。美国联邦巡回上诉法院还想要强制规定严格执行 TSM 检验法。

---

❶　请注意，即使本领域认识到的好处不同于那些本可以驱使发明人发明该发明的好处，也可以作出一个正确的《美国专利法》第 103 条（a）款的驳回。

❷　进一步注意，在 KSR 案导致的变化中，目前该推理思路仍然是允许的，后续会进行讨论。

2. 美国联邦最高法院的支持

美国联邦巡回上诉法院认为 TSM 案检验法是有用的检验法，美国联邦最高法院对此表示同意。但是，该法院对于美国联邦巡回上诉法院有关 TSM 检验法应该为唯一的检验法并且应该被严格执行的观点表示不认可。换而言之，美国联邦最高法院的观点是，其他的显而易见性的理论也是被允许的，只要这些理论遵循 Graham 案中阐释的体系结构。美国联邦最高法院还推翻了美国联邦巡回上诉法院的判决中的一些关键点。

第一，美国联邦巡回上诉法院的 KSR 案判决要求法院和审查员应该仅查看专利权人试图解决的问题。美国联邦最高法院不认同此观点，并且指出问题不在于对于专利权人是否显而易见，而在于对于本领域普通技术人员是否显而易见。因此，本领域普通技术人员需要查看的不仅仅是专利权人试图解决的问题。本领域中所要努力解决的任何已知需求或者问题都可以为结合现有技术中的元素而得到权利要求主张的发明提供理由。根据美国联邦最高法院的解释，专利权人所要解决的问题以外的问题作为显而易见的理由是可以接受的。

第二，美国联邦巡回上诉法院的 KSR 案判决假定尝试解决问题的本领域普通技术人员只会被引导到设计成解决同样问题的现有技术元素上。美国联邦最高法院不认同此观点，并且指出具有普通技术的人员也是具有普通创造力的人员，并不是机器人。因此，这样一个假设的人能够将多个对比文件的教导结合在一起，就像利用常识将拼图碎片拼到一起。

第三，美国联邦巡回上诉法院的 KSR 案判决对其长期观点进行了重复，即仅仅通过证明元素的结合为"显易尝试"并不能够证明权利要求显而易见。美国联邦最高法院不认同此观点，并且指出，如果存在解决问题的设计需求或者市场压力，并且存在有限多个识别的、可预测的解决方法，那么在掌握的技术范围内，本领域普通技术人员就有足够的理由来实现这些已知的方法。如果导致了可预期的成功，那么这种成功可能是普通技术和常识的结果，而非创新的结果。在这种情况下，结合是"显易尝试"的事实，根据《美国专利法》第 103 条（a）款，可以得出该结合为显而易见的。

美国联邦最高法院在 KSR 案中作出的判决，为可用来替代 TSM 检验法的显而易见性的理论基础敞开了大门。在 KSR 案判决之后颁布的美国专利商标局的指南中对这种可替代的理论基础进行了解释。

## 二、美国专利商标局 KSR 案之后的指南❶

美国专利商标局和法院经常都会引用美国联邦最高法院在 KSR 案的决定中的一个观点，即：

> 对任何基于 AIA 法案之前的《美国专利法》第 103 条的驳回形成支持的关键在于进行权利要求主张的发明是显而易见的理由的<u>清晰表达</u>。仅仅依靠结论性陈述并不能维持基于显而易见性的驳回，相反，必须有一些清晰的论证以及理性的基础去支持显而易见的法律结论。❷

美国联邦巡回上诉法院在 *Ball Aerosol v. Limited Brands*，555 F. 3d 984（Fed. Cir. 2009）案中还进一步强调了美国联邦最高法院对于<u>清楚分析</u>的要求。❸ 美国联邦巡回上诉法院解释，"清楚"的要求"不是指结合动机的现有技术中的教导，而是指法院的分析"。❹

基于上述法院的决定，美国专利商标局对于审查员的一般性指南包括两个要求，即基于《美国专利法》第 103 条（a）款的<u>清楚分析</u>，该分析必须包括进行权利主张的发明为显而易见的理由的<u>清晰表达</u>。例如，如果审查员在他或她的显而易见驳回（例如，"领域内认可的等效""使其完整""形状的改变"等）中简单地表示一项法律原则支持其驳回，而没有解释在正在审理的申请的实际情况中如何应用该法律原则，那么就没有正确地建立显而易见性的初步证据理由。

关于建立显而易见性初步证据理由的检验，美国专利商标局的规则可以概括如下：

（1）如果使用 TSM 检验法可以做出显而易见性驳回，则审查员可以做出这样的驳回；

（2）审查员还可以考虑使用许多附加的理论依据。

第（1）点表明 TSM 检验法依然是一种可接受的用于显而易见性的检验法。事实上，许多 KSR 案之后的显而易见性驳回依然基于 TSM 检验法。

第（2）点反映了美国联邦最高法院的观点，即 TSM 检验法并不是唯一的检验法。美国专利商标局给出了以下 6 种附加理论依据的列表：

（1）根据已知的方法对现有技术元素进行结合以产生可预知的结果；

---

❶　Federal Register, Vol. 75, No. 169, 53643 – 53660.

❷　KSR International Co. v. Teleflex Inc. , 550 U. S. at 417, 82 USPQ2d at 1396.

❸　Id, 550 U. S. at 420.

❹　Ball Aerosol, 555 F. 3d at 993.

（2）用一个已知的元素简单地替代另一个元素以获得可预知的结果；

（3）利用已知技术以同样的方法对类似的装置、方法或者产品进行改进；

（4）将已知技术应用于准备进行改进的已知装置、方法或者产品以产生可预期的结果；

（5）显易尝试——在具有合理的成功预期的情况下从数量有限的经过确认、可预期的解决方案中进行选择；

（6）基于设计激励或者其他市场作用，所尝试领域中的已知工作可能在相同领域或不同领域使用中产生变型，如果这种变型对于本领域普通技术人员来说是可预期的。

最近判例法的发展表明上述附加理论依据中的（1）、（2）和（5）被使用得更多。

美国专利商标局强调，使用的任何理论依据必须提供事实认定和显而易见的法律结论之间的联系。美国专利商标局进一步表示，该列表并不是穷举式的详尽列表，也就是说用这7种显而易见的理论依据（TSM检验法加上6种附加理论依据）来替代单一的显而易见性检验（TSM检验法）并不是美国专利商标局的政策。换而言之，美国专利商标局遵循美国联邦最高法院的意见，不对形成显而易见性推理路线的任何具体方法进行限制。

下面的章节将会讨论如何处理美国专利商标局在 KSR 案之后的显而易见性理论依据。

## 三、KSR 案之后的非显而易见性反驳争辩

专利从业人员在 KSR 案之前用于证明非显而易见性的许多争辩也适用于 KSR 案之后的时代。但是，一些其他的反驳争辩不再是好的争辩或者不如之前有效。表3-1概括了最常用的反驳理由以及它们在 KSR 案之后的适用性（差不多所有的争辩在 KSR 案之后都适用）。

表3-1　KSR 案前后最常用的反驳理由及适用性对比表

| KSR 案之前 | KSR 案之后 |
| --- | --- |
| 审查员的显而易见性理论依据基于事后认知 | 由于审查员可以依靠"常识"和"显易尝试"，因此说服力变弱，且事实上已经不适用了 |
| 驳回缺乏现有技术中的明确启示 | 由于不再要求明确的启示，因此不适用 |
| 现有技术不是类似的技术 | 由于不再要求法院和审查员仅查看专利权人的问题，因此说服力变弱 |
| 提议的修改使得被修改的现有技术发明不满足该发明的预期目的 | 适用 |

续表

| KSR 案之前 | KSR 案之后 |
|---|---|
| 提议的修改或者组合不能改变被修改的现有技术发明的操作原理 | 适用 |
| 对比文件不能结合，因为它们给出了相反的教导 | 适用 |
| 违背本领域的公认常识的行为是非显而易见性的证据 | 适用 |

### 1. KSR 案之后不再适用的争辩

"审查员的显而易见性理论依据基于事后认知"，这样的争辩即便是在 KSR 案之前也是一个很弱的争辩，并且经常会被审查员忽略。审查员经常从其所谓的支持其基于事后认知对要求保护的发明进行改造的案例法中引用一两段来作为回应。在 KSR 案之后，由于如今审查员可以依靠"常识""显易尝试""市场力量""设计激励"来支持他们的显而易见性观点，因此这种争辩变得更弱了。事实上，这个争辩已经没用了。

"驳回缺乏现有技术中的明确启示"，这样的争辩在美国专利从业人员当中曾经非常流行，因为他们相信案例法要求现有技术中必须有明确的教导或者启示，从而使得提议的组合是恰当的。如果当时美国联邦巡回上诉法院强制执行 TSM 检验法的方法没有被美国联邦最高法院推翻，那么这个争辩还是一个不错的争辩。但是，KSR 案之后这种争辩已经没用了。

### 2. KSR 案之后可能适用的弱争辩

"现有技术不是类似的技术"，这样的争辩在 KSR 案之前也是大家喜欢使用的一个争辩。如果当时美国联邦巡回上诉法院成功地强制美国专利商标局和下级法院执行 TSM 检验法，那么这个争辩对于美国专利从业人员来说会变成一个很好的武器，原因在于 TSM 检验法的强制执行要求审查员仅查看发明人试图解决的问题。这样的要求会极大地限制可适用的现有技术的领域。很不幸，美国联邦巡回上诉法院的观点遭到了反驳，如今审查员和法院可以（并且一定会）在发明人解决的问题之外进行查看。

美国联邦最高法院在 KSR 案中的观点是，对类似技术的范围的解释应该是广义的，并且表示：

> 熟悉的物品在其主要功能之外可能具有显而易见的用途，并且普通技术人员通常能够将多个专利的教导结合在一起，就如将拼图的碎片拼

起来。❶

因此，尽管非类似技术的一般定义保持与 KSR 案之前一样，根据美国联邦巡回上诉法院在 *Wyers v. Master Lock Co.*，616 F. 3d 1231（Fed. Cir. 2010）案（以下称 *Wyers v. Master* 案）中的解释：

> 判定现有技术是否为类似的有两个相关标准：（1）不管所要解决的问题，该技术是否来自相同的尝试领域，（2）如果对比文件不在发明人的尝试领域内，该对比文件是否依然与发明人涉及的具体问题合理相关。" *Comaper Corp. v. Antec，Inc.*，596 F. 3d 1343，1351（Fed. Cir. 2010）

正如美国联邦最高法院所指示的，现有技术的相关性如今可以进行<u>广义</u>的解释。

美国联邦巡回上诉法院发现，在许多案例中"广义解释"原则的使用会使得不在发明人的尝试领域内的现有技术仍然是相关的。

（1）关于 Wyers v. Master 案。

在 *Wyers v. Master* 案中，与<u>挂锁</u>有关的对比文件被认为是权利要求的类似现有技术，该权利要求是针对在车辆牵引情况下用于将拖车固定至轿车以及运动多功能车辆的插销锁。

首先，法院注意到该专利的说明书将发明领域广义地限定为与锁紧装置有关：

> 本发明广义上与适用于将物体固定在一起的锁紧装置相关。❷

因此，法院认为"挂锁"现有技术也是一种锁紧装置，并且也在相同的尝试领域中。我们注意到，专利权人在发明的技术领域部分中使用的"本发明"可能是该主张权利的发明被解释得如此广义的主要原因。这也是专利从业人员不应该在说明书中使用"本发明"或类似词语的另一个原因。

法院进一步注意到专利的发明背景技术部分将"挂锁"作为现有技术进行了提及。法院认为这种表述有力地表明了挂锁为相关技术。这是专利从业人员在进行专利申请的背景技术部分的撰写时需要注意的另一个要点。

其次，法院认为即使现有技术挂锁不在相同的尝试领域，其仍然明显与发明人试图解决的问题"合理相关"。授权专利的发明人试图解决阻止污染物进

---

❶ 550 U. S. at 402.

❷ U. S. Patent No. 7，225，649，column 1，lines 5 – 6.

入锁紧机构的问题，而该问题恰恰也是现有技术挂锁所针对的。因此，法院得出结论认为现有技术挂锁为相关技术。

上述示例对于专利从业人员如何撰写专利申请的技术领域以及背景技术部分给出了很多警示。

（2）关于 ICON Health & Fitness Inc. 案。

在 *In re ICON Health & Fitness*，*Inc.*，496 F. 3d 1374（Fed. Cir. 2007）案中，该案中进行权利主张的发明为具有折叠机构的<u>跑步机</u>以及用于将该折叠机构保持在折叠状态的方法。该专利解决的问题与跑步机并不是特别相关。更确切地说，该专利解决的问题是支撑折叠结构的重量。法院对现有技术的相关性进行了广义的解释，并且认为当考虑该折叠结构的问题时，相关现有技术可能来自<u>任何领域</u>，而这些领域可以是如铰链、弹簧、闩扣、平衡铊或者其他类似结构，如在其中一个采用的对比文件中的<u>折叠床</u>。因此，法院认为"折叠床"对比文件与进行权利主张的跑步机类似，因为它们解决了相同的问题，即支撑折叠结构。

因此，美国联邦最高法院在 KSR 案中的判决实际上增加了可适用现有技术的领域，并且导致"非类似技术"的争辩变得很弱。尽管根据每个案例的具体事实还是可以使用该争辩，但是专利从业人员应该牢记，这种争辩在审查员阶段不大可能获得胜利并且很可能需要进行上诉。

3. KSR 案之后仍然强力的争辩

（1）"不满足预期目的"。

"提议的修改使得被修改的现有技术发明<u>不满足该发明的预期目的</u>"，❶ 在 KSR 案之后仍然是一个不错的争辩。

下面给出了如何使用这种争辩的一个简化示例：

● 权利要求主张的发明针对一个具有防火墙的网络。

● 现有技术文献公开了一个不具有防火墙的网络，并且要求进出该网络的数据通道不受阻碍。

● 非显而易见性的理论依据是：对该对比文件进行修改使其包括防火墙并<u>不是显而易见</u>的，原因在于这样的一个防火墙至少在某种程度上会阻碍数据流的进出，并且会导致该对比文件的网络不满足其预期的目的，即确保数据通道不受阻碍。

在现实中，专利权人已经在 KSR 案决定之后的许多案例中成功运用了这种争辩，例如下面讨论的关于附加理论依据 1 的 *DePuy Spine*，*Inc. v. Medtronic*

---

❶ In re Gordon，733 F. 2d 900，221 USPQ 1125（Fed. Cir. 1984）.

*Sofamor Danek*，*Inc.*，567 F. 3d 1314（Fed. Cir. 2009）案。

（2）"组合不能改变操作原理"。

"提议的修改或者组合<u>不能改变</u>被修改的现有技术发明的<u>操作原理</u>"❶ 在 KSR 案之后仍然是一个不错的争辩。

下面给出了如何使用这种争辩的一个简化示例：

● 权利要求主张的发明针对一个 DC（直流）电机。

● 现有技术文献公开了一个对于 AC（交流）电机的改进。

● 非显而易见性的理论依据是：对该对比文件进行修改使其包括直流电机并<u>不是</u>显而易见的，原因在于这样的修改会从根本上改变该对比文件的操作原理（从 AC 到 DC）。

在现实中，可能由于这种争辩与上面讨论的"不满足其预期目的"的争辩的相似性，作者没有找到 KSR 案决定之后成功运用这种争辩的任何案例。但是，作者相信这种争辩仍然有效，因为其没有与美国联邦最高法院在 KSR 判决中所阐释的任何原则相悖。

（3）"相反教导"。

"对比文件不能结合，因为它们给出了相反的教导"❷ 的争辩可能在 KSR 案之前以及 KSR 案之后都是最受欢迎（并且很成功）的争辩。

下面给出了如何使用这种争辩的一个简化示例：

● 权利要求主张的发明针对一个由天然橡胶制成的绝缘层。

● 现有技术对比文件具体公开了天然橡胶作为绝缘体不够好，并且必须使用合成橡胶或者树脂。

● 非显而易见性的理论依据是：对该对比文件进行修改得到天然橡胶绝缘体并<u>不是</u>显而易见的，原因在于该对比文件对这种修改给出了具体相反的教导。

专利权人已经在 KSR 案决定之后的许多案例中成功运用了这种争辩，例如下面讨论的和附加理论依据 1 相关的 *Crocs*，*Inc. v. U. S. International Trade Commission*，598 F. 3d 1294（Fed. Cir. 2010）案，以及下述讨论的和附加理论依据 5 相关的 *Takeda Chemical Industries*，*Ltd. v. Alphapharm Pty.*，*Ltd.*，492 F. 3d 1350（Fed. Cir. 2007）案。

---

❶ In re Ratti，270 F. 2d 810，123 USPQ 349（CCPA 1959）.

❷ 一个现有技术对比文件必须考虑其完整性，例如，作为整体包含了会引导偏离主要发明的另外道路的部分。In re Grasselli，218 USPQ 769，779（Fed. Cir. 1983），W. L. Gore & Associates，Inc. v. Garlock，Inc.，721 F. 2d 1540，220 USPQ 303（Fed. Cir. 1983）.

（4）"违背公认常识"。

"违背本领域的公认常识的行为是非显而易见性的证据"❶ 是另一个 KSR 案之后尚存的争辩。

下面给出了如何使用这种争辩的一个简化示例：

• 权利要求主张的发明针对一个数据链，该数据链为了某种目的具有增加的噪声与信号比（N/S）。

• 现有技术对比文件公开了一个常规的数据链。

• 非显而易见性的理论依据是：对该对比文件进行修改使得其包括进行权利主张的增加的噪声与信号比并不是显而易见的，原因在于根据本领域所接受的公认常识，噪声与信号比应该尽可能小从而增强传输信号的质量。通过提高噪声与信号比，该进行权利主张的发明违背了本领域的公认常识。

在现实中，可能由于上面讨论的这种争辩特定的事实模式，作者没有找到 KSR 案判决之后成功运用这种争辩的任何案例。但是，作者相信这种争辩仍然有效，因为其没有与美国联邦最高法院在 KSR 判决中所阐释的任何原则相悖。

## 四、反驳美国专利商标局用于结合/修改现有技术的 6 个附加理论依据

除了以上讨论的基于现有技术教导的非显而易见性反驳争辩，如果审查员引用了美国专利商标局在 KSR 案之后提出的 6 个附加理论依据，也可采用以下争辩来攻击驳回的法律基础。

1. 附加理论依据 1：根据已知的方法对现有技术元素进行结合以产生可预知的结果

《专利审查程序手册》第 2143 节规定审查员必须明确以下内容：

（1）认定现有技术包含权利要求中的每一个元素，尽管不一定要包含在单个现有技术对比文件中，并且权利要求中的发明和现有技术之间仅有的区别是这些元素没有在单个现有技术对比文件中实际组合。

例如，

• 权利要求中的发明包括元素 A 和 B，

• 对比文件 X 教导了元素 A，并且

• 对比文件 Y 教导了元素 B。

（2）认定本领域普通技术人员会通过已知的方法将权利要求中的元素进行组合，并且在该组合中每个元素仅执行与其单独执行的功能相同的功能。

---

❶ In re Hedges, 783 F. 2d 1038, 228 USPQ 685（Fed. Cir. 1986）.

例如，

● 本领域普通技术人员会通过<u>已知的</u>方法将对比文件 X 和 Y 进行组合，并且

● 在该组合中，元素 A 和 B 仅执行与它们分别在对比文件 A 和 B 中单独执行的功能<u>相同的功能</u>。

（3）<u>认定</u>本领域普通技术人员会认识到该组合的结果是可预期的。

例如，

● 本领域普通技术人员会认识到组合的结果是<u>可预期的</u>。

（4）鉴于考虑中的案件的事实，任何基于 Graham 事实调查的，对于解释显而易见性结论可能是需要的附加认定。

例如，

● 基于认定（1）~（3），本领域普通技术人员会对对比文件 X 和 Y 进行组合以得到进行权利要求中的发明。

需要注意，这种类型的显而易见性理论依据要求事实认定和显而易见性法律结论之间存在<u>链接</u>，如图 3-1 所示。

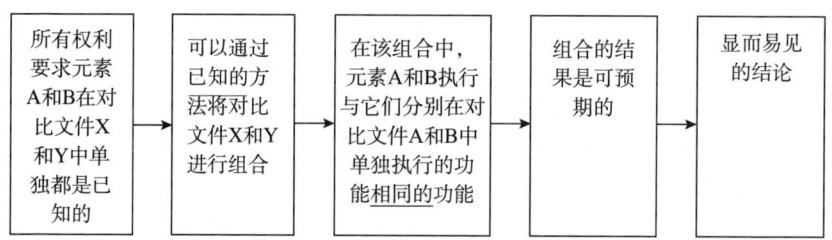

**图 3-1　显而易见性理论依据要求事实认定和法律结论之间存在的链接图**

如果审查员遗漏了上述要求的事实认定中的任何一个，专利从业人员可以在答复中简单地指出，从而迫使审查员撤回驳回或者对驳回进行改述使其包括所有要求的事实认定。

为了对该理论依据（或者《专利审查程序手册》中列出的其他任何附加理论依据）进行反驳，打断该链接上的<u>单个</u>点就足以破坏整个链接，即破坏了审查员显而易见性的理论依据。我们期望（尽管不需要）打断该链接上的多个点，从而增加反驳争辩的说服力。例如，可以采取以下攻击（反驳争辩）中的<u>任意</u>一个或者多个，如图 3-2 所示。

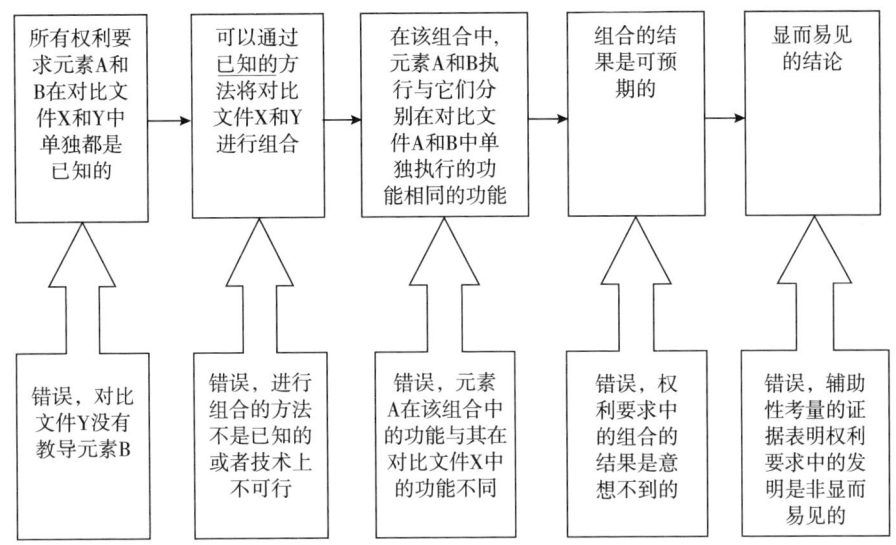

**图 3 - 2 附加理论依据 1 中的攻击（反驳争辩）链接上的点的示意图**

需要注意，下划线任何针对 TSM 检验法并且如上讨论的在 KSR 案后仍然可用的争辩也适用于对美国专利商标局列出的其他 6 种附加理论依据进行反驳，包括此处讨论的理论依据。

让我们回顾几个示例。

（1）In re Omeprazole Patent Litigation 案。

在 *In re Omeprazole Patent Litigation*，536 F. 3d 1361（Fed. Cir. 2008）案中，权利要求中的发明包括一种位于药丸（药品）与主涂层之间的中间涂层（二次子涂层）。

显而易见性的理由如下：

• 对比文件教导了带涂层的药片（与权利要求中的发明的唯一区别在于缺少二次子涂层）；

• 二次子涂层及其使用方法在药物制剂中被广泛采用；以及

• 没有任何证据辨明缺乏合理的成功预期。

美国联邦巡回上诉法院不支持显而易见性的理由为：

• 发明人发现现有技术中的涂层实际会与药丸（药品）产生相互作用从而导致该涂层的崩解；

• 现有技术还没有认识到这种涂层/药丸的相互作用；

• 由于不会意识到现有技术中药丸的崩解问题，因此本领域普通技术人员没有理由去对现有技术中的涂层药丸进行改造；以及

● 即使本领域普通技术人员认识到了这个问题，可能会采取其他的改造方法（如对涂层进行改变而不是增加一个子涂层）。

因此，尽管可以进行这样的修改，但是并没有理由去这样做。这个案例确定了一个长期的原则，即"一个可专利性的发明可能取决于<u>发现问题的根源</u>，尽管问题的根源一旦被确认，补救方法可能是显而易见的"。❶

（2）Crocs，Inc. v. U. S. International Trade Commission 案。

在 *Crocs，Inc. v. U. S. International Trade Commission*，598 F. 3d 1294（Fed. Cir. 2010）案中，权利要求中的发明为一种鞋，该鞋具有底部，该底部具有附接在其上的带，该底部和带子都由泡沫制成。泡沫和泡沫之间的摩擦力足够高以允许该带子保持其枢转位置而不会在重力的作用下下落。

显而易见性的理由如下：

● 第一个对比文件（Aqua Clog）教导了一种与权利要求中的底部相对应的鞋；

● 第二个对比文件（Aguerre）教导了一种弹性或柔性带；

● 将 Aqua Clog 中的底部与 Aguerre 教导的一种合适的带子组合，从而得到权利要求中的发明是显而易见的。

美国联邦巡回上诉法院不同意这样的观点，并且用两点理由来支持权利要求中的发明的非显而易见性：

● Aguerre 不鼓励使用泡沫作为鞋带的材料并且给出了<u>相反的教导</u>，因为泡沫很可能会变形和拉伸，从而导致穿戴者的不适。因此，普通技术工人不会给 Aqua Clog 教导的泡沫鞋底增加一个泡沫鞋带。

● 此外，在权利要求的发明中，由于泡沫和泡沫之间的高摩擦力，鞋带会自己停留在原位，因此减少了与穿戴者的脚部之间持续的接触，并且因此减少了穿戴者相应的不适感。所以，权利要求中的设计"产生了高于预期的结果"，尤其考虑到 Aguerre 公开了鞋底和鞋带之间的摩擦力问题可以通过尼龙垫片的方式加以减轻。

该案例显示出了上述建议的在显而易见性推理链的任意点上对其进行抗辩的策略，即对右边倒数第二点："本领域普通技术人员会认识到组合的结果是可预期的"进行抗辩的策略。换而言之，即便权利要求中的发明的所有权利要求元素都能够在现有技术中找到，只要组合的结果对于本领域普通技术人员是<u>不可预期的</u>，那么依然不可以作出《美国专利法》第 103 条（a）款的

---

❶ In re Sponnoble, 405 F. 2d 578, 585, 160 USPQ 237, 243（CCPA 1969）discussed in MPEP 2141. 02. III.

驳回。

该案例还示出了反 TSM 的争辩理由，例如<u>相反教导</u>，这些反 TSM 的争辩也适用于对付美国专利商标局的附加 KSR 类型的理论依据。

（3）Depuy Spine，Inc. v. Medtronic Sofamor Danek，Inc. 案。

在 *DePuy Spine，Inc. v. Medtronic Sofamor Danek，Inc.* ，567 F. 3d 1314（Fed. Cir. 2009）案中，权利要求中的发明为用于脊柱手术的螺钉。该要求保护的螺钉包括压缩元件，该压缩元件用于将该螺钉的头抵靠接收装置进行按压。

显而易见性的理论依据如下：

- 第一个对比文件（Puno）公开了除压缩元件以外所有的权利要求元素；
- 第二个对比文件（Anderson）公开了由压缩元件<u>刚性</u>固定的固定夹板；以及
- 普通技术人员会将 Anderson 的压缩元件加入到 Puno 的螺钉中从而获得权利要求中的刚性锁定的螺钉。

美国联邦巡回上诉法院不同意这样的观点，并且用以下理由来支持权利要求中的发明的非显而易见性：

- 在对比文件 Puno 中，螺钉的头与接收装置是分开的，从而实现缓震效果，并且<u>允许接收装置与脊柱之间的移动</u>；
- 对比文件 Puno 警告刚性锁定结构可能导致螺钉在人体内部失效；以及
- 利用 Anderson 的刚性固定结构对 Puno 的螺钉进行改造会导致 Puno 的螺钉<u>达不到其最初的目的</u>（确保接收装置适当移动从而降低螺钉在人体内失效的可能性）。

美国联邦巡回上诉法院尤其注意到，"KSR 案中讨论的'<u>可预期的结果</u>'不仅指对于现有技术元素能够进行物理组合的预期，还指对于<u>组合能够实现其最初目的的预期</u>"。

该案例解释了联邦巡回法庭对于 KSR 案中讨论的"可预期的结果"的解读。同时还表明在 KSR 案之后留存的其中一个反 TSM 争辩理由，即"提议的修改使得被修改的现有技术发明不满足该发明的最初目的"，也适用于对付美国专利商标局附加 KSR 类型的理论依据。

2. 附加理论依据 2：用一个<u>已知的</u>元素简单地替代另一个元素以获得<u>可预知的结果</u>

《专利审查程序手册》第 2143 节规定审查员<u>必须</u>对下述几点进行明确：

（1）认定现有技术包含装置（方法、产品等），该装置与权利要求的不同在于用其他的组件替换了权利要求中的装置中的一些组件（步骤、元件等）。

例如，

- 权利要求中的发明包括元件 A 和 B，
- 对比文件 X 教导了元件 A 和 B1。

（2）认定替换的组件及其功能在该领域中是已知的。

例如，

- B 及其功能在该领域中是已知的，并且
- B1 及其功能在该领域中也是已知的。

（3）认定本领域普通技术人员会用一个已知元件替换另一个元件，并且替换的结果是可预期的。

例如，

- 本领域普通技术人员会用 B 替代 B1，并且结果是可预期的。

（4）鉴于考虑中的案件的事实，任何基于 Graham 事实调查的，对于解释显而易见性结论可能是必要的附加认定。

例如，

- 基于认定（1）~（3），本领域普通技术人员会用 B 替代对比文件 X 中的 B1，从而得到权利要求中的发明。

如果审查员遗漏了上述要求的事实认定中的任何一个，专利从业人员可以在答复中简单地指出该遗漏，从而迫使审查员撤回驳回或者对驳回进行改述使其包括所有要求的事实认定。

需要再次注意，这种类型的显而易见性理论依据要求事实认定与显而易见性法律结论之间存在链接。

再次地，为了对该理论依据（或者《专利审查程序手册》中列出的其他任何附加理论依据）进行反驳，打断该链接上的单个点就足以破坏整个链接，即破坏了审查员显而易见性的理论依据。我们期望（尽管不需要）打断该链接上的多个点，从而增加反驳争辩的说服力。例如，可以采取以下攻击（反驳争辩）中的任意一个或者多个，如图 3-3 所示。

需要再次注意，任何针对 TSM 检验法并且如上讨论的在 KSR 案后仍然不错的争辩也适用于对美国专利商标局列出的其他 6 种附加理论依据进行反驳，包括此处讨论的理论依据。

让我们回顾几个示例。

（1）Eisai Co. Ltd. v. Dr. Reday's Labs. 案。

在 *Eisai Co. Ltd. v. Dr. Reddy's Labs.*，*Ltd.*，533 F. 3d 1353（Fed. Cir.

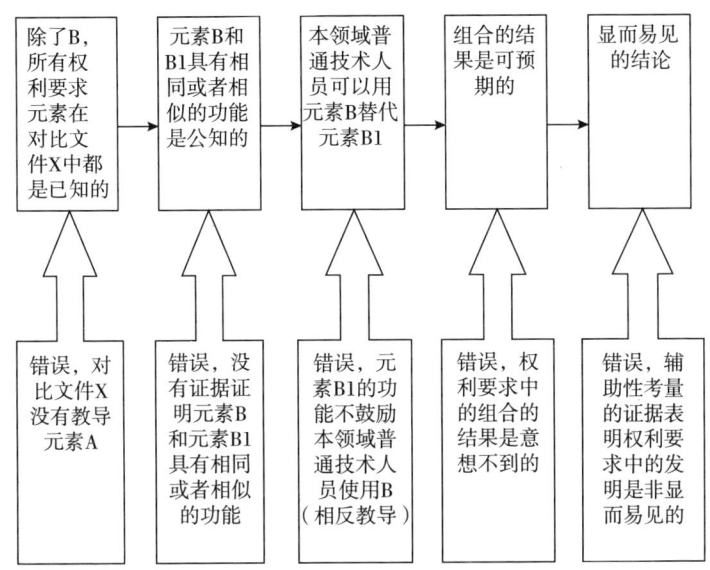

图 3 – 3 附加理论依据 2 中的攻击（反驳争辩）链接上的点的示意图

2008）案（以下称 Eisai 案）中，问题为先导化合物的选择、❶ 进行修改以获得要求保护的化合物的理由的需要以及结果的可预见性。该案中权利要求中的化合物为用于治疗疾病 D（胃溃疡）的药物 R（雷贝拉唑）。

显而易见性的理论依据如下：

- 权利要求中的药物 R 具有母核 C 以及 M 部分（甲氧基丙氧基取代基）；
- 已知的化合物 L（兰索拉唑，可被视为一种"先导化合物"）具有相同的母核 C 以及不同的 T 部分（三氟乙氧基取代基）；
- 因此，权利要求中的药物 R 与已知的化合物 L 之间的唯一区别在于不同的 M 和 T；以及
- 用 M 替代已知化合物 L 中的 T 部分从而得到权利要求中的药物 R 是显而易见的。

美国联邦巡回上诉法院认为该权利要求中的发明是非显而易见的，理由在于：

- T 部分为包含该 T 部分的化合物带来优越的特性（亲脂性）是公知的。
- 本领域普通技术人员可以预期到用化合物 M 替代化合物 T 会减弱已知化合物 L 的优越特性。

---

❶ 在药物化学领域，该术语"先导化合物"已经被定义为"一种具有药理活性或生物活性的化合物，其化学结构被用作了提高效力、选择性或药代动力学参数的化学改进的起点"。

● 因此，提议的修改会破坏已知化合物 L 的优越特性。换而言之，本领域普通技术人员没有理由采取这种方式对已知化合物 L 进行修改以获得权利要求中的药物 R（因为这种修改会破坏被修改的化合物 L 的优越特性）。

该案的核心在于美国联邦巡回上诉法院的观点，即"通过对一些动机的辨别，可以证明基于结构类似的显而易见性，这些动机是指那些会引导本领域普通技术人员用一种特别的方式选择然后修改一种已知化合物（如一种先导化合物），以得到要求保护的化合物的动机"。

该案中的显而易见性理论依据不符合"修改"部分的要求，即没有明确表明对已知化合物进行修改的理由。

另一个反驳争辩（该案中没有使用）可用于挑战"选择"部分，例如必须存在将特定已知化合物选为先导化合物的理由。仅仅依靠该已知化合物是存在的事实显然是不够的。❶

（2）Procter & Gamble Co. v. Teva Pharmaceuticals USA，Inc. 案。

在 *Procter & Gamble Co. v. Teva Pharmaceuticals USA*，*Inc.*，566 F. 3d 989（Fed. Cir. 2009）案中，由于缺少合理的成功预期，权利要求中的化合物被认为是非显而易见的。

该案的事实非常复杂，以至于无法在本书中呈现。但是该案进一步示出了上述刚刚提及的针对 Eisai 案的"选择"和"修改"部分以外的第三部分。具体而言，在一个正确的"先导化合物"的显而易见性分析中应当包括以下几点：

● 必须存在将特定的已知化合物选择作为先导化合物的理由；

● 必须存在以特定方式对所选的已知化合物进行修改以获得权利要求中的化合物的理由；以及

● 必须存在合理的成功预期。

该案还说明了专利拥有人如何运用强力的辅助性考量证据来反驳表面的显而易见性。

3. 附加理论依据 3：利用已知技术以同样的方法对类似的装置（方法或者产品）进行改进

《专利审查程序手册》第 2143 节规定审查员必须对下述几点进行明确：

（1）认定现有技术包括"基础"装置（方法或者产品），权利要求中的发明可以视为在此"基础"装置的"改进"。

---

❶ Altana Pharma AG v. Teva Pharmaceuticals USA, Inc., 566 F. 3d 999, 1007（Fed. Cir. 2009）; Ortho‑McNeil Pharmaceutical, Inc. v. Mylan Labs, Inc., 520 F. 3d 1358, 1364（Fed. Cir. 2008）.

例如，

- 权利要求中的发明是对"基础"对比文件 X 的一种改进。

（2）认定现有技术包括经改进的"具有可比性的"装置（与基础装置不同的方法或者产品），其中该装置的改进方式与权利要求的发明中的改进方式相同。

例如，

- 对比文件 Y 公开了经改进的"具有可比性的"装置，其中该装置的改进方式与进行权利要求中的发明中的改进方式相同。

（3）认定本领域普通技术人员可以将该已知的"改进"技术以相同的方式应用到该"基础"装置（方法或者产品）中，并且结果对于本领域普通技术人员是可预期的。

例如，

- 本领域普通技术人员可以将对比文件 Y 的改进技术应用到对比文件 X 中，并且结果是可预期的。

（4）鉴于考虑中的案例的事实，提供基于 Graham 事实调查所需的附加认定，用于解释显而易见性结论。

例如，

- 基于认定（1）~（3），本领域普通技术人员会将对比文件 Y 教导的改进技术应用到对比文件 X 中，从而得到权利要求中的发明。

如果审查员遗漏了上述要求的事实认定中的任何一个，专利从业人员可以在答复中简单地指出该遗漏，从而迫使审查员撤回驳回或者对驳回进行改述使其包括所有要求的事实认定。

再次地，这种类型的显而易见性理论依据要求建立事实认定和显而易见性法律结论之间存在链接。

为了对该理论依据（或者专利审查程序手册中列出的其他任何附加理论依据）进行反驳，打断该链接上的单个点就足以破坏整个链接，即破坏了审查员显而易见性的理论依据。我们期望（尽管不需要）打断该链接上的多个点，从而增加反驳争辩的说服力。例如，可以采取以下攻击（反驳争辩）中的任意一个或者多个，如图 3 - 4 所示。

需要再次注意，任何针对 TSM 检验法并且如上讨论的在 KSR 案后仍然不错的争辩也适用于对美国专利商标局列出的其他 6 种附加理论依据进行反驳，包括此处讨论的理论依据。

少数案例也采用了该理论依据，经常是与更受欢迎的其他理论依据，如前述讨论的理论依据 1 和 2，一起混合使用。

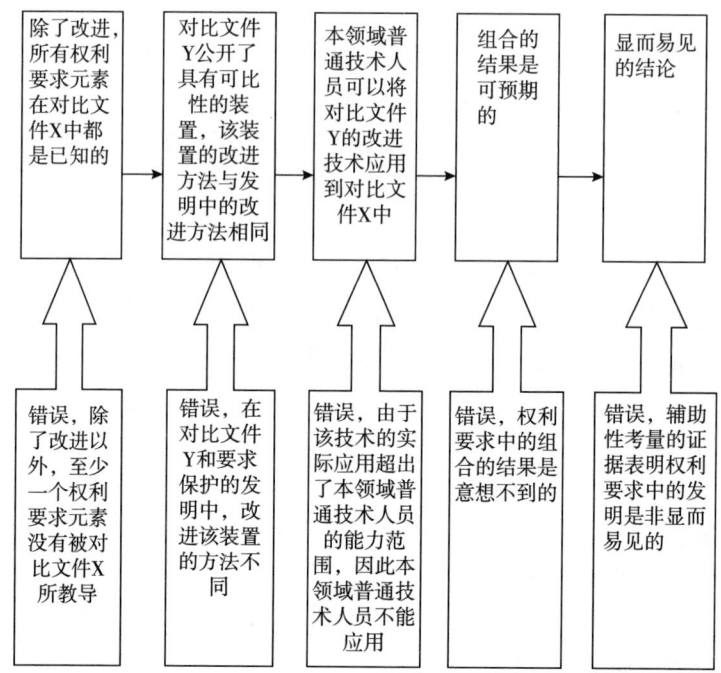

**图 3 - 4 附加理论依据 3 中的攻击（反驳争辩）链接上的点的示意图**

例如，在 *Ecolab*，*Inc. v. FMC Corp.*，569 F. 3d 1335（Fed Cir. 2009）案中，权利要求中的发明为通过在肉上喷洒抗菌溶液对肉进行处理的一种方法。

获得最终胜利并得到美国联邦巡回上诉法院支持的显而易见性理论依据如下所示：

● 权利要求中的发明与最接近的对比文件之间的仅有区别是权利要求中的发明中的压力范围为"至少 50psi"；

● 一个教导性对比文件公开了使用不同抗菌剂进行喷洒处理的肉，但是压力范围为 20～150psi，即与进行权利主张的范围 50psi 或更多重叠；

● 该教导性对比文件表明压力范围 20～150psi 是有益的，因为高压力喷洒改进了抗菌剂的效果；

● 因此，本领域普通技术人员可以利用该教导性对比文件中的喷洒压力对主对比文件中的方法进行改进，从而得到可预期的结果，如该教导性对比文件中教导的抗菌剂效果的提高。

对这种类型的理论依据进行反驳的最好方法是在可能的情况下进行如下争辩，即（如上述图 3 - 4 中建议的）该技术的实际应用超出了本领域普通技术人员的能力范围。事实上，在 *Ecolab*，*Inc. v. FMC Corp.* 案中，专家的证言表明本领域普通技术人员知道如何针对特定的制剂进行喷洒参数的优化。如果本领域普通技术人员不知道如何对这种参数进行优化，将教导性对比文件的喷洒压力实际应用到主对比文件的方法中可能已经超出了本领域普通技术人员的能力范围，因此该进行权利主张的发明可能会被认为是非显而易见的。

4. 附加理论依据4：将已知技术应用于准备进行改进的已知装置、方法或者产品以产生可预期的结果

附加理论依据4与上述讨论的附加理论依据3类似。

《专利审查程序手册》第2143节规定审查员必须对以下几点进行明确：

（1）认定现有技术包括"基础"装置（方法或者产品），权利要求中的发明可以视为在此基础上的"改进"。

例如，

● 权利要求中的发明是对"基础"对比文件 X 的一种改进。

（2）认定现有技术包括适用于该基础装置（方法或者产品）的一种已知技术。

例如，

● 对比文件 Y 公开了适用于对比文件 X 的一种已知技术。

（3）认定本领域普通技术人员会认识到应用该已知技术会产生可预期的结果并且得到一个经过改进的系统。

例如，

● 本领域普通技术人员会认识到将对比文件 Y 的技术应用到对比文件 X 中会产生可预期的结果并且得到一个改进的系统。

（4）鉴于考虑中的案例的事实，提供任何基于 Graham 事实调查所需的附加认定，用于解释显而易见性结论。

例如，

● 基于认定（1）~（3），本领域普通技术人员会将对比文件 Y 教导的技术应用到对比文件 X 中，从而得到权利要求中的发明。

如果审查员遗漏了上述要求的事实认定中的任何一个，专利从业人员可以在答复中简单地指出该遗漏，从而迫使审查员撤回驳回或者对驳回进行改述使其包括所有要求的事实认定。

再次地，这种类型的显而易见性理论依据要求提供事实认定和显而易见性法律结论之间存在链接。

为了对该理论依据（或者《专利审查程序手册》中列出的其他任何附加理论依据）进行反驳，打断该链接上的单个点就足以破坏整个链接，即破坏了审查员显而易见性的理论依据。我们期望（尽管不需要）打断该链接上的

多个点，从而增加反驳争辩的说服力。例如，可以采取以下攻击（反驳争辩）中的<u>任意</u>一个或者多个，如图 3-5 所示。

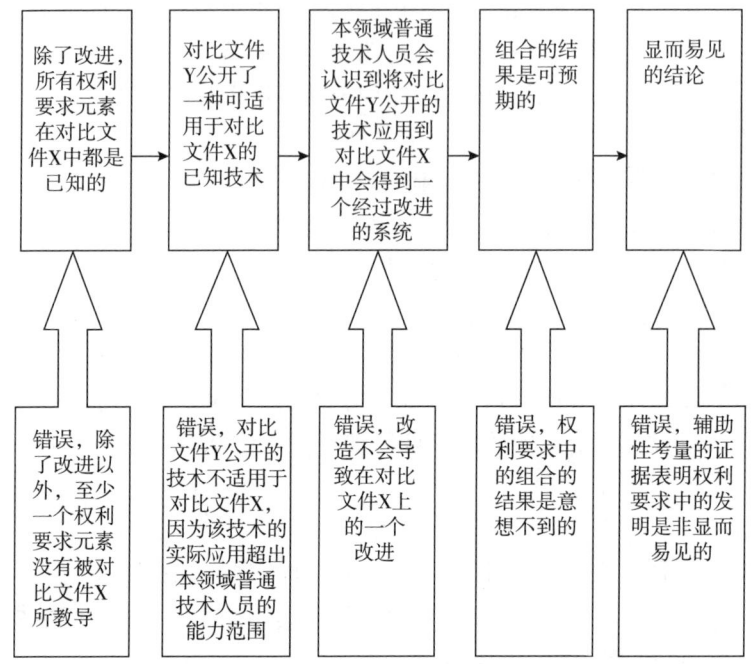

**图 3-5　附加理论依据 4 中的攻击（反驳争辩）链接上的点的示意图**

需要再次注意，<u>任何</u>针对 TSM 检验法并且如上讨论的在 KSR 案后仍然不错的争辩也适用于对美国专利商标局列出的其他 6 种附加理论依据进行反驳，包括此处讨论的理论依据。

与附加理论依据 3 类似，很少有案例采用了附加理论依据 4，通常是与更受欢迎的其他附加理论依据如前述讨论的理论依据 1 和 2 一起混合使用。

（1）Muniauction，Inc. v. Thomson Corp. 案。

在 *Muniauction*，*Inc. v. Thomson Corp.*，532 F. 3d 1318（Fed. Cir. 2008）案（以下称 Muniauction 案）中，权利要求中的发明为一种通过网络进行竞拍的方法。除了网页浏览器的使用，现有技术文献中能找到其他所有的权利要求元素。

获得最终胜利并得到美国联邦巡回上诉法院支持的显而易见性理论依据如下所示：

● 最接近的现有技术文献可被视为基础方法，而权利要求中的方法被视为基于该基础方法进行的"改进"；

- 网页浏览器作为一种适用于进行网上拍卖的技术是已知的；

- 因此，本领域普通技术人员会认识到将该已知技术应用到该基础方法中，也就是将网页浏览器的功能并入到该基础方法中将会产生可预期的结果并且会得到一个经过改进的系统。

与附加理论依据 3 类似，对附加理论依据 4 进行反驳的最好方法是在可能的情况下争辩，（如上述图 3 - 5 中推荐的）该技术的实际应用超出了本领域普通技术人员的能力范围。实际上 Muniauction 案中进行了这样的争辩，但是由于所涉及改进（网页浏览器）的常规性以及本领域普通技术人员相对较高的技术水平，该争辩没有成功。

（2）Leapfrog Enterprises，Inc. v. Fisher - Price，Inc. 案。

类似的情况还发生在 *Leapfrog Enterprises*，*Inc. v. Fisher - Price*，*Inc.*，485 F. 3d 1157（Fed. Cir. 2007）案（以下称 Leapfrog 案）中，其中美国联邦巡回上诉法院认为由于"在最近几年，将现有技术机械装置应用到现代电子设备中是很常见的事情"，因此"在设计儿童学习装置时，将一个以实现教导儿童用语音去阅读为目的的现有技术机械装置装入现代电子设备中对于本领域普通技术人员是相当显而易见的"。[1]

以上讨论的两个案例表明，仅仅将现有的电子技术用于已知的方法或者装置很可能是显而易见的。

5. 附加理论依据 5：显易尝试——在具有合理的成功预期的情况下从<u>有限数量</u>的<u>经过确认</u>、可预期的解决方案中进行选择

在 KSR 案之前，这种"显易尝试"理论依据是不被允许的。从 KSR 案开始，该理论依据成为可能的显而易见性理论依据，尽管只在以下讨论的有限的情况中才可以使用。

《专利审查程序手册》第 2143 节规定审查员<u>必须</u>对以下几点进行<u>明确</u>：

（1）<u>认定</u>在该发明之初，本领域存在<u>公认的</u>问题或者需求，包括为解决问题的设计需求或者市场压力；

（2）<u>认定</u>针对该公认的需求或者问题存在<u>有限</u>数量的<u>经过确认</u>、可预期的潜在解决方案；

（3）<u>认定</u>本领域普通技术人员会在合理成功预期的情况下执行该已知的潜在解决方案；以及

（4）鉴于考虑中的案例的事实，提供任何基于 *Graham* 事实调查所需的附加<u>认定</u>，用于<u>解释</u>显而易见性结论。

---

[1]　485 F. 3d at 1161.

如果审查员遗漏了上述要求的事实认定中的任何一个，专利从业人员可以在答复中简单地指出该遗漏，从而迫使审查员撤回驳回或者对驳回进行改述使其包括所有要求的事实认定。

再次地，这种类型的显而易见性理论依据要求事实认定和显而易见性法律结论之间存在链接。

为了对该理论依据（或者专利审查程序手册中列出的其他任何附加理论依据）进行反驳，打断该链接上的单个点就足以破坏整个链接，即破坏了审查员显而易见性的理论依据。我们期望（尽管不需要）打断该链接上的多个点，从而增加反驳争辩的说服力。例如，可以采取以下攻击（反驳争辩）中的任意一个或者多个，如图3-6所示。

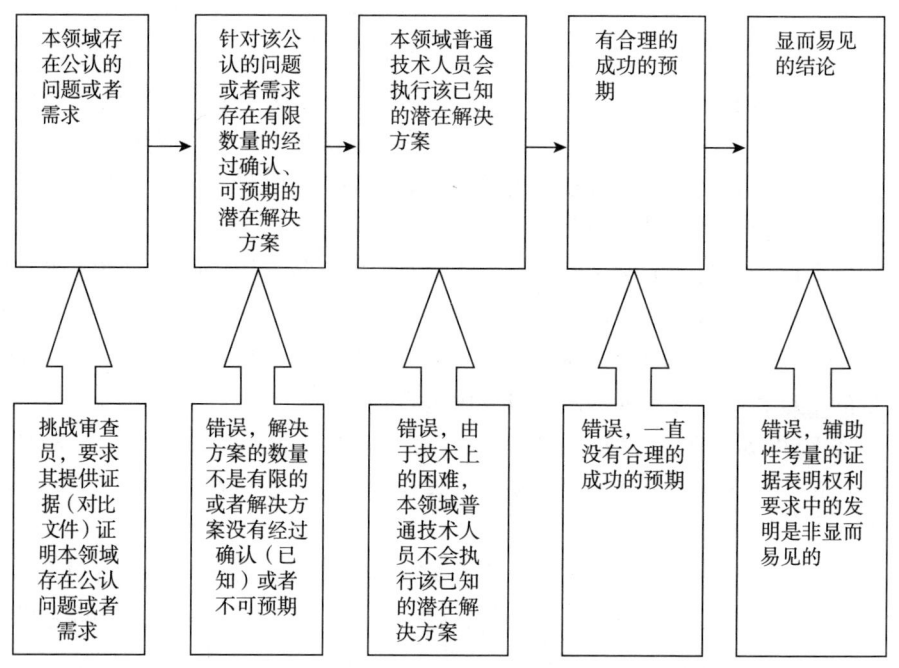

**图3-6 附加理论依据5中的攻击（反驳争辩）链接上的点的示意图**

需要再次注意，任何针对 TSM 检验法并且如上讨论的在 KSR 案后仍然不错的争辩也适用于对美国专利商标局列出的其他6种附加理论依据进行反驳，包括此处讨论的理论依据。

该领域案例法的发展主要在生物以及化学领域。让我们回顾几个示例。

（1）Takeda Chemical Industries，Ltd. v. Alphapharm Pty.，Ltd. 案。

在 *Takeda Chemical Industries，Ltd. v. Alphapharm Pty.，Ltd.*，492 F.3d

1350（Fed. Cir. 2007）案中，再次涉及了"先导化合物"概念的问题。该案权利要求中的化合物为化合物 P（吡格列酮），是用于治疗 2 型糖尿病的被称为 TZDs（噻唑烷二酮类）药物的一种。

显而易见性理论依据如下：

- 最接近的现有技术"化合物 b"是已知的；
- 又已知一种改造方法；
- 使用该已知的改造方法对"化合物 b"进行改造从而得到权利要求中的化合物 P 是显而易见的。

美国联邦巡回上诉法院支持的上述案为非显而易见性理论依据如下：

- 考虑到存在大量（数以百万）的同样已知的 TZDs，没有理由选择化合物 b 作为先导化合物；
- 因此，不存在满足"显易尝试"理论依据的有限数量的经过确认、可预期的解决方案。

美国联邦巡回上诉法院支持的另一个非显而易见性理论依据如下：

- 对比文件教导了化合物 b 具有某些不良特性；
- 因此，这种对比文件会教导本领域普通技术人员不要选择化合物 b 作为先导化合物。

地方法院同样指出了第三个非显而易见性理论依据：

- 即使化合物 b 可以被正确地选作先导化合物，也不存在对于该改造一定能够使得化合物 b 转化成权利要求中的化合物 P 的可预期性或者合理的成功预期。

对于如何使用多个反驳争辩来对付"显易尝试"理论依据而言，该案是一个很好的示例，即：

- 经过确认、可预期的解决方案的数量不是有限的；
- 相反教导；以及
- 缺乏合理的成功预期。

（2）Ortho – McNeil Pharmaceutical, Inc. v. Mylan Labs. Inc. 案。

类似的情况还发生在 *Ortho – McNeil Pharmaceutical, Inc. v. Mylan Labs, Inc.*，520 F. 3d 1358（Fed. Cir. 2008）案中，其中"显易尝试"理论依据不成立，原因在于现有技术没有教导有限数量并且容易被反驳的潜在的先导化合物。同时还缺乏从该潜在的先导化合物中选出特定的先导化合物的理由。

在该案中，发明人在研究一种类型的药物（抗糖尿病药物）时，意外发现了中间体 T（托吡酯），其具有另外一种类型药物（抗癫痫药物）的有效特性。

该"显易尝试"理论依据本质上是：

• 面临寻找抗糖尿病药物的本领域普通技术人员会半途而废，而去寻找一种对于开发抗糖尿病药物所必需的抑制剂；

• 从最终导向进行权利主张的中间体 T（也是一种抑制剂）的先导化合物/起始化合物开始尝试来寻找一种抑制剂，对于本领域普通技术人员是显而易见的。

该"显易尝试"理论依据不成立，因为对于为何从多个潜在的先导化合物中，以及特定的最终会导向中间体 T 的先导/起始化合物中进行选择就是显而易见的，缺乏理由。

在该讨论中的技术领域的背景下，美国联邦巡回上诉法院将"显易尝试"中的"有限"数量解释为"少量或者容易克服"的数量。❶

（3）Sanofic – Synthelabo v. Apotex, Inc. 案。

*Sanofi – Synthelabo v. Apotex, Inc.* , 550 F. 3d 1075（Fed. Cir. 2008）案是反驳"显易尝试"理论依据的另一个示例。该案的事实太过复杂以至于无法在此呈现。该案的核心点在于，最终获胜的非显而易见性争辩针对的是权利要求中的发明的治疗效果的<u>不可预期性</u>。

（4）Rolls – Royce, PLC v. United Technologies Corp. 案。

在 *Rolls – Royce, PLC v. United Technologies Corp.* , 603 F. 3d 1325（Fed. Cir. 2010）案中，没有满足有限数量的<u>经过确认</u>、可预期的潜在解决方案的要求，因此"显易尝试"理论依据不具有说服力。

权利要求中的发明与最接近的现有技术的区别在于，飞机引擎叶片的<u>反向掠角</u>。由于只存在两种解决方案，即向后的掠角或者向前的掠角，因此解决方法的数量是有限的。

但是，美国联邦巡回上诉法院认为，虽然解决方案在数量上是有限的，但是还必须是"经过确认的"或者是本领域普通技术人员所已知的。❷ 由于在本领域中，没有证据表明改变掠角可以解决某个问题，因此美国联邦巡回上诉法院得出结论：改变掠角"本身并不能成为一种可选方案"，更不用说一种显易尝试的方案。❸

（5）关于 Kubin 案。

在 *re Kubin* , 561 F. 3d 1351（Fed. Cir. 2009）案中，美国联邦巡回上诉法

---

❶ 520 F. 3d at 1364.

❷ 603 F. 3d at 1339 citing Abbott Labs. v. Sandoz, Inc. , 544 F. 3d 1341, 1352（Fed. Cir. 2008）.

❸ Id.

院概括了将"显易尝试"错误地对等成 AIA 法案之前的《美国专利法》第
103 条显而易见性的两类情况：

> 在第一类情况中，……
>
> "显易尝试"是指改变所有的参数或者尝试许多可能的选择中的每一
> 个选择，直至其中一个可能获得成功的结果，其中现有技术不会指示那些
> 参数是关键参数，也不会指示许多可能的选择中的哪些选择可能会获得成
> 功……
>
> 第二类不被允许的"显易尝试"情况……
>
> "显易尝试"是指探究一种新科技或者一般方法，该新科技或者一般
> 方法看起来是有前途的试验领域，其中现有技术仅针对权利要求中的发明
> 的特定形式或者对如何实现该发明给出了一般的指导。❶

第一类错误的"显易尝试"理论依据没有满足对"有限数量的经过确认、
可预期的解决方案"的要求。

第二类错误的"显易尝试"理论依据没有满足对可预期性的要求。

总之，最好采用以下争辩中的一个或者多个争辩来对显易尝试进行反驳：

- 解决方案的数量不是有限的；❷
- 权利要求中的解决方案不是本领域普通技术人员已知的；
- 权利要求中的结合是不可预期的。

6. 附加理论依据6：基于设计激励或者其他市场作用，所尝试领域中的已
知工作可能在相同领域或不同领域使用中产生变型，如果这种变型对于本领域
普通技术人员来说是可预期的

以浅白的英文叙述，这种理论依据与 TSM 检验法类似，但是在这种理论
依据中设计激励或者其他市场作用可以被用来替代 TSM 检验法中教导、启示
或者动机，从而对对比文件进行修改或者将对比文件的教导进行结合。

《专利审查程序手册》第2143节规定审查员必须对以下几点进行明确：

（1）认定现有技术的范围和内容包括相似或者类似的装置（方法或者产
品），不管该现有技术是在与申请人的发明相同的尝试领域还是在不同的尝试
领域；

（2）认定存在促进已知装置（方法或者产品）被应用的设计激励或者市
场力量；

---

❶　561 F. 3d at 1359（citing O'Farrell，853 F. 2d at 903）.

❷　请注意美国联邦巡回上诉法院在 Ortho – McNeil v. Mylan 案中对"有限"（Finite）的解释。

（3）认定权利要求中的发明与现有技术之间的区别包含在已知的变型中或者包含在现有技术中的已知原理中；

（4）认定在经过确认的设计激励或者其他市场力量下，本领域普通技术人员可以实施要求保护的发明在该现有技术的变型，并且该要求保护发明的变型对于本领域普通技术人员是可预期的；以及

（5）鉴于考虑中的案例的事实，提供任何基于 Graham 事实调查所需的附加认定，用于解释显而易见性结论。

如果审查员遗漏了上述要求的事实认定中的任何一个，专利从业人员可以在答复中简单地指出该遗漏，从而迫使审查员撤回驳回或者对驳回进行改述使其包括所有要求的事实认定。

再次地，这种类型的显而易见性理论依据要求事实认定和显而易见性法律结论之间存在链接。

为了对该理论依据（或者专利审查程序手册中列出的其他任何附加理论依据）进行反驳，打断该链接上的单个点就足以破坏整个链接，即破坏了审查员显而易见性的理论依据。我们期望（尽管不需要）打断该链接上的多个点，从而增加反驳争辩的说服力。例如，可以采取以下攻击（反驳争辩）中的任意一个或者多个，如图 3−7 所示。

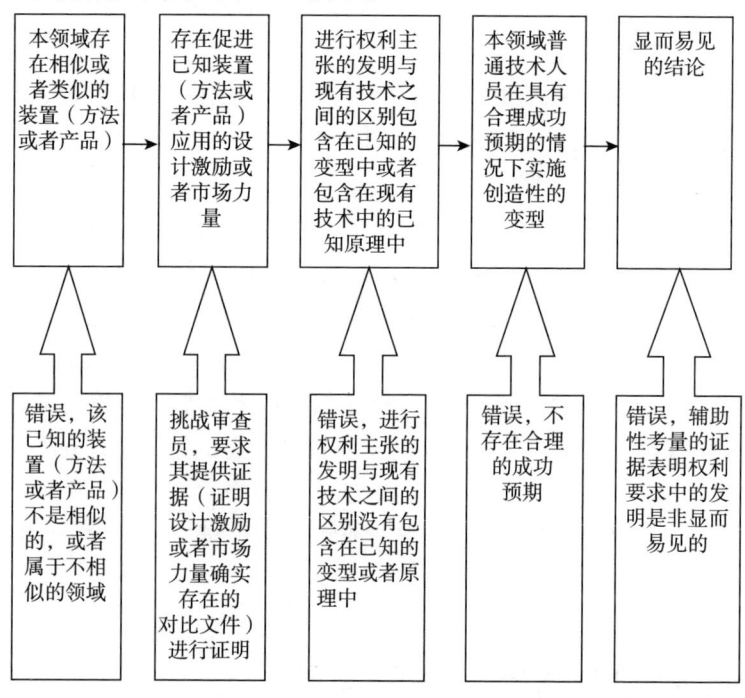

**图 3−7 附加理论依据 6 中的攻击（反驳争辩）链条上的点的示意图**

需要再次注意，<u>任何</u>针对 TSM 检验法并且如上讨论的在 KSR 案后仍然不错的争辩也适用于对美国专利商标局列出的其他 6 种附加理论依据进行反驳，包括此处讨论的理论依据。

许多案例采用了该理论依据，但是通常是与如前述讨论的其他附加理论依据一起混合使用。例如，所讨论的与附加理论依据 4 相关的 Muniauction 案和 Leapfrog 案表明了如何使用设计激励或者市场力量来形成显而易见性的理论依据。具体而言，Leapfrog 案中的显而易见性理论依据本质上是，市场力量会促使本领域普通技术人员将已知的电子技术应用到现有技术的装置中。类似的，Muniauction 案中的显而易见性理论依据本质上是，市场力量会促使本领域普通技术人员将网页浏览器的功能性并入已知的拍卖方法中。

反驳附加理论依据 6 的最好方法是对审查员认定的设计激励或者市场力量确实存在提出挑战，和/或指出不存在合理的成功预期，和/或结果是不可预期的。

应该注意，在 KSR 案之后，为了能够成功反驳《美国专利法》第 103 条（a）款的驳回，申请人应该尝试列出所有可能的非显而易见性争辩理由（即相反教导、不可预期性、缺乏合理的成功预期、辅助考量因素等），其中的一些争辩需要额外的证据，例如第 132 条声明。申请人还应该做好复审的准备。

## 五、针对美国专利商标局的 KSR 显而易见性驳回的申请撰写实践技巧

1. 避免在背景技术部分讨论现有技术

正如在 *Wyers v. Master* 案中讨论的，在背景技术部分中对并不直接属于所尝试领域的现有技术进行不经意的讨论，有可能产生不利的影响，因为美国联邦巡回上诉法院认为该现有技术与申请人自己的权利要求相关，并且可以用来对付申请人自己的权利要求。

在背景技术部分中对现有技术进行任何其他讨论还会提示审查员在驳回中使用该现有技术，或者提示审查员将背景技术部分作为路线图，用以寻找类似适用的现有技术。尽管许多国家可能要求在背景技术部分中对最接近的现有技术进行讨论，但是在美国并没有这种要求。因此，尽可能不要在背景技术部分中包含这种现有技术，而可以（并且是应该的）在信息披露声明（IDS）中对已知技术进行公开。

2. 避免将发明的实施例描述为已知技术的组合

这样做的原因同样是为了尽可能地防止审查员将说明书作为线路图，用以寻找现有技术中的类似特征，从而得出显而易见性驳回。

一种方法是对实施例进行不加修饰的描述，并且不承认和/或不公开哪部分是已知的和/或哪部分是未知的。

另外或者可选的，专利从业人员应该控制自己，不要给出为什么某个部分应该（或者最好）与另一个部分结合使用的理由。如果一定要给出这样的理由，那么应当清楚地表明该理由是基于发明人对于问题的观察以及针对该问题的解决方案。正如上述针对 *Omeprazole Patent Litigation* 案所讨论的，问题的根源也是发明的一部分并且有助于发明的可专利性。

如果可能的话，应当在实施例中对该实施例的相关效果和特性进行描述，而该效果和特性对于单独的元素来说是不可预期的（意想不到的）。

## 六、处理美国专利商标局的 KSR 显而易见性驳回的审查处理实践技巧

以下给出的大部分建议在之前的审查章节中都已提及，即：

1. 使用用于证明现有发明的宣誓书或者根据 37 CFR 1.131❶ 的声明来取消第 102 条（a）款或第 102 条（e）款规定的现有技术的资格

在很多案例中，最接近的现有技术通常都是申请人自己的先前发明。如果能够取消最接近的现有技术的资格而将其作为非现有技术，那么从业人员就应当这样去做。这样做的第一个原因是避免不利的费斯托（Festo）案效果。第二个原因是避免将审查变得困难，因为申请人自己的先前发明通常非常相似以至于基于《美国专利法》第 103 条（a）款无法使它们区分开来。

2. 在适用的情况下利用共同所有权声明，基于《美国专利法》第 103 条（c）款来取消第 102 条（e）款规定的共同所有的现有技术❷

如果共同所有的现有技术的资格仅仅是根据 AIA 法案之前的《美国专利法》第 102 条（e）款所获得，那么为了进行上述讨论的在《美国专利法》第 103 条（a）款下进行非显而易见性分析，可根据 AIA 法案前的《美国专利法》第 103 条（c）款来取消其共同所有的现有技术的资格。

3. 利用宣誓书或者 37 CFR 1.131❸ 声明

第 132 条声明可用于：

（1）表明辅助性考量的证据；

（2）证明"公知常识"或者"显易尝试"不足以使得本领域普通技术人

---

❶ 请注意该方式在 AIA 法案体系下不适用。
❷ 如前述所讨论的，根据 AIA 法案中 102（b）（2）（C）款，一种类似的方式是可以适用的。
❸ 该方式在 AIA 法案下仍然可用。

员有动机进行组合；

（3）证明权利要求中的组合产生了不可预期的结果等。

以上第（1）类声明，即表明辅助性考量的证据的声明已经单独在本书中进行了简要的讨论。

以上第（2）类和第（3）类声明应当首先阐明本领域的普通技术水平，因为所涉及的"公知常识""显易尝试"以及尤其是"可预期性"的概念都基于本领域普通技术水平。这些类型的声明最好由发明人以外的人员做出，这样就能够客观地限定本领域的普通技术水平。此外，在某个领域工作许多年的发明人可能拥有超高或者很高的技能水平，而非法条所要求的普通的技术水平。

在阐明了本领域普通技术水平之后，声明接下来应当解释为什么对于拥有这种普通技术水平的人而言，尝试进行可能导出权利要求中的发明的组合<u>不是</u>显而易见的，或者解释为什么对于拥有这种普通技术水平的人而言，权利要求中的发明是不可预期的。尽管在声明中仅仅进行陈述是可接受的，但是如果能够用证据来支持这些陈述，那么声明将更具有说服力。

最后，应当再次注意，正如前述讨论的反驳《美国专利法》第 103 条（a）款驳回的争辩不应该单独使用，尤其是在上诉时不应该单独呈现。所有相关的、潜在的争辩都应该做出，从而整个记录才能够呈现给审查员和/或委员会以进行全面考虑。尤其对于审查员已经建立了强有力的初步显而易见性证据理由的案例而言，整个记录而非单个争辩的可专利性分量将会使得形势朝着有利于申请人的方向倾斜。

# 第二节　审查意见评估

在详细说明了如何分析审查意见以及如何形成答复之后，现在我们应该注意，对审查意见进行详细的分析并不总是必要（可行）的。例如，专利从业人员可能只有<u>有限的时间</u>来对审查意见进行审视并且形成答复策略。在这种情况下，快速地审视该审查意见以辨别出需要解决的问题和/或审查员的观点以及理论依据中的弱点，从而提出权利要求修改和/或争辩的计划是非常必要的。

## 一、建议使用的快速审查意见评估核对表

下面的列表给出了在短的时间窗内或者有限的预算下需要进行评估的项目的综述。

（1）浏览审查意见，针对一个或多个附图、声明、优先权、IDS 等找出争

议的问题。

（2）存在任何异议吗？

（3）存在可被批准的权利要求吗？

如果有，

- 获得的保护范围是什么？

- 申请人应当见好就收吗？（通过同意可被批准的权利要求的授权而终止审查）

（4）存在任何驳回吗？

- 针对《美国专利法》第112条的驳回，通常可以通过适当的修改进行克服。

- 针对现有技术的驳回，应当对采用的对比文件的现有技术状态进行检查，例如检查本书中讨论的申请日、发明人权以及所有权。

- 针对《美国专利法》第102条的驳回，应当对该驳回进行检查从而验证审查意见中是否提及了所有的权利要求特征？

- 针对《美国专利法》第103条的驳回，应当对该驳回进行检查从而理解审查员的推理线路，例如审查员是否提供了正确的显而易见性理论依据？

- 针对重复授权驳回，应当对该驳回进行反驳直到/除非一个或多个权利要求被批准。

## 二、审查意见评估核对表详解

1. 浏览官方意见找出问题

大部分与附图、声明、优先权以及 IDS 有关的争议问题都可以在审查意见的摘要页面中找到。具体而言，摘要页面中有一些如图 3−8 所示的方框，以表明是否存在针对说明书、附图或者声明的异议。

**Application Papers**

8)☐ The specification is objected to by the Examiner.

9)☐ The drawing(s) filed on _____ is/are: a)☐ accepted or b)☐ objected to by the Examiner.

　　Applicant may not request that any objection to the drawing(s) be held in abeyance. See 37 CFR 1.85(a).

　　Replacement drawing sheet(s) including the correction is required if the drawing(s) is objected to. See 37 CFR 1.121(d).

10)☐ The oath or declaration is objected to by the Examiner. Note the attached Office Action or form PTO-152.

图 3−8　审查意见摘要页面中的方框

需要特别注意，如果审查员没有勾选方框 9）（b）（对附图有异议），那么他就应当勾选方框 9）（a）（附图被接受）。如果方框 9）（a）和 9）（b）都没有被勾选，那么对该审查意见的答复陈述中应当请求审查员勾选方框 9）（a）（附图被接受）。针对附图的异议需要更加注意，因为必须对这些异议作出答复（例如，通过附图更正或者反驳争辩）。附图异议不可以被暂时搁置，除非某个权利要求获得批准。

还存在与优先权有关的一些方框，如图 3 – 9 所示。

**Priority under 35 U.S.C. § 119**

11)☐ Acknowledgment is made of a claim for foreign priority under 35 U.S.C. § 119(a)-(d) or (f).

    a)☐ All   b)☐ Some *  c)☐ None of:

      1.☐  Certified copies of the priority documents have been received.

      2.☐  Certified copies of the priority documents have been received in Application No. _____.

      3.☐  Copies of the certified copies of the priority documents have been received in this National Stage

          application from the International Bureau (PCT Rule 17.2(a)).

*See the attached detailed Office action for a list of the certified copies not received.

图 3 – 9　审查意见摘要页面中与优先权有关的方框

具体而言，如果主张了优先权但是审查员没有告知已经收到该优先权主张，那么在对该审查意见的答复陈述中应当请求审查员告知已经收到了该优先权主张。此外，如果审查员没有表明已经收到了经认证的优先权申请副本，那么应当适当地检查审查记录，从而确保在专利授权之前提交认证的优先权申请副本。

另一个在摘要页面中有所概述的项目涉及 IDS，如图 3 – 10 所示。

**Attachment(s)**

1)☐ Notice of References Cited (PTO-892)

2)☐ Notice of Draftsperson's Patent Drawing Review (PTO-948)

3)☐ Information Disclosure Statement(s) (PTO/SB/08)

    Paper No(s)/Mail Date _____.

4)☐ Interview Summary (PTO-413)

    Paper No(s)/Mail Date. _____.

5)☐ Notice of Informal Patent Application

6)☐ Other: _____.

图 3 – 10　审查意见摘要页面中涉及 IDS 的方框

图 3 – 10 中的方框 3）被视为是最重要的。如果提交了 IDS，那么审查员应当勾选该方框，并且应当通过对 IDS 中被考虑的对比文件进行标识（或者通过将没有被考虑的对比文件的名称划去）的方式返回该 IDS。

如果方框 3）没有被勾选，那么应当回顾审查记录从而确定是否提交了 IDS。如果没有提交 IDS，那么应当提醒申请人注意其披露义务，该披露义务是很重要的一个义务，当专利获得授权时可能会影响该专利的执行力。

如果提交了 IDS 而审查员没有勾选方框 3），那么在对该审查意见的答复中应当请求审查员告知已经收到了 IDS，并且请求审查员考虑 IDS 中引用的对比文件。

如果审查员勾选了方框 3）并且（在审查意见的末尾）返回了 IDS，该 IDS 中的一个对比文件被划去（常见于非英文的对比文件），如图 3 – 11 所示。

| | | Document No. | Date | Country | Class | Subclass | Translation |
|---|---|---|---|---|---|---|---|
| /F.C./ | L | 10-285454 | 10/1998 | JAPAN | H04N | 5/238 | English Abstract |
| | M | 2989719 | 06/1999 | JAPAN | H04N | 5/225 | English Abstract |

**FOREIGN PATENT DOCUMENTS**

图 3 - 11　涉及 IDS 方框中的一个对比文件被划去的页面显示

这意味着审查员没有考虑该对比文件。那么申请人应当回顾审查记录或者联系审查员，以确定为什么审查员没有考虑该对比文件。一个可能的原因是该对比文件缺少英文摘要（或相关性解释），或者是缺少该对比文件的副本。此时申请人应当做出不懈的努力以确保审查员会考虑该对比文件。这点很重要，原因在于对 IDS 递交的延迟完善可能会显著地增加审查成本。例如，如果申请人没有努力使得审查员考虑被划去的对比文件，并且申请在下一个<u>最终</u>审查意见中获得批准，那么结果会是由于被划去的对比文件与被批准的权利要求非常相关，申请人将会被要求提交一个 RCE，并且划去的对比文件也将会被考虑。通过在该最终审查意见发出<u>之前</u>正确地提交被划去的对比文件，这种不必要的 RCE 花费是可以避免的。

2. 异议

本书在第二章"克服异议"一节中对此进行了详细的讨论。

3. 可被批准的主题

作者建议立即对审查意见中指出的可被批准的主题的保护范围进行检查。在一些案例中，获得的保护范围已经令人满意，因此在答复权利要求驳回时就不需要进一步详细地查看官方意见。在获得的可被批准/被批准的权利要求的保护范围令人满意的情况下，审查可以被终止。这种情况在美国被称为见好就收型（Take - and - Run）修改，即被批准/可被批准的权利要求被置于适合被授权的状态（例如，通过将可被批准的从属权利要求改写为独立权利要求形式），并且剩余的、未被批准的权利要求被删除。

尽管我们希望可被批准的主题的保护范围是宽泛的，但是为了证明见好就收型修改的合理性，也不一定非要如此。在一些情况中，所获得的保护范围只需要是有用的就可以了（并不一定要很宽泛），例如当可被批准/批准的权利要求覆盖了商业化的产品就可以。通过见好就收型修改而允许申请被授权，可以获得针对该商业化产品的<u>早</u>的专利保护，以及防止第三方对该产业化产品进行复制。同时（或者至少在当前申请授权之前），应当提交一个继续申请以寻求更宽的权利要求保护范围。如果这样的一个继续申请获得授权，将会针对可能由第三方为避开较早专利（通过见好就收型修改获得的专利）的权利要求而开发出的规避设计提供进一步保护。

如果可被批准的主题的保护范围没有见好就收型修改的合理性，那么还是建议申请人考虑将一个或多个可被批准的从属权利要求改写成独立权利要求的形式以保留所获得的保护范围，尤其是在要对基础独立权利要求进行修改（限制）以克服审查意见中驳回的情况下。美国专利商标局针对一个申请中多于三个独立权利要求的高收费可能是确定要将哪些（如果有）可被批准的从属权利要求改写成独立权利要求形式时的一个考虑因素。

将可被批准的从属权利要求改写成独立权利要求形式的一个原因是为了保留临时专利权，该临时专利权允许申请人针对从申请公开日（此时专利权还不存在）至专利授权日（此时专利权开始）期间的侵权行为收取合理的专利费。审查历时越长（例如越复杂），临时专利权就越有用。但是，可能是由于报酬的数额（仅仅为合理的许可费）以及必须在专利授权之前收集专利侵权行为证据的困难性，专利权人很少行使这种临时专利权。

4. 快速浏览驳回

本书的其他章节对如何克服各种类型的驳回进行了详细的讨论。本章节旨在提供一种在对驳回进行详细分析之前，评估其严重性以及形成答复策略的快速方法。

（1）《美国专利法》第112条的问题。

通过浏览附图和/或在说明书中执行一个快速文字搜索以找出审查员声称得不到原始公开内容支持的特征，可以快速地对基于《美国专利法》第112条第1段书面描述要求的驳回进行评估。如果在撰写阶段说明书中清楚地给出了权利要求术语的引用基础，那么这样一个文字搜索就会快速表明审查员正确与否。

基于《美国专利法》第112条第1段可实施性要求的驳回通常可以通过法律争辩来进行反驳，并且不需要在初始就对其进行评估。基于《美国专利法》第112条第1段最佳实施例要求的驳回不会经常遇到。

基于《美国专利法》第112条第2段的驳回通常是由于缺乏引用基础或者其他语言相关的争议问题，对于这些问题的处理可以稍后进行。但是，也存在与语言无关的不确定性问题。例如，审查员可能会基于《美国专利法》第112条第6段将权利要求特征（如"控制单元"）解释为装置加功能。审查员可能会发现说明书没有对该装置加功能语言的相应结构（如计算机或处理器）进行描述。接着审查员可能会基于《美国专利法》第112条第2段以该装置加功能权利要求不明确的理由而对其进行驳回。对这种类型驳回的一个快速评估方法是浏览说明书以找出对于硬件的描述。如果找到了这种描述，就能够反驳审查员的驳回。否则，就将需要在后续阶段对驳回进行更深入的分析。作为最后的手段，可以通过"审查中该特征不应该被解释为装置加功能"的争辩理由来对这种类型的不确定性驳回进行反驳。

（2）《美国专利法》第102/103条的问题。

针对基于《美国专利法》第102条或者第103条的现有技术的驳回，在详细阅读这些驳回<u>之前</u>，可以通过确定所使用的对比文件的现有技术状态来对这些驳回进行快速评估。如果能够取消一个或多个对比文件的资格，那么该驳回应该会失败并且不再需要对该驳回的内容进行进一步的分析。这种快速的评估能够极大地减少工作量。此外，可以将一个被错误驳回（基于无资格的对比文件）的从属权利要求改写成独立权利要求的形式，而如果审查员想要针对该重写的权利要求进行新的驳回（如使用新的对比文件），那么这样的重写可以防止审查员将下一次审查意见作为最终审查意见。本书还讨论了用于取消对比文件资格的各种技巧，如完善优先权主张、之后宣誓（仅用于AIA法案之前的案件）、证明共同所有权、援引AIA法案例外等。如果对比文件全部为现有技术，则我们接下来将要对驳回的实质内容进行评估。

针对现有技术驳回（或者任何其他驳回），我们应当检查这些驳回以找出可以不对权利要求进行修改的理由。这样做是为了防止审查员将下一次审查意见作为最终审查意见，如果因为该驳回的缺陷而需要对驳回内容进行重新组织的话。

针对《美国专利法》第102条的驳回，第一点是检查驳回中是否提及所有权利要求中的特征。如果审查员没有提及一个权利要求特征或者没有引用现有技术来评价一个特征，那么该驳回就可以被反驳。

第二点是检查审查员是否正确地引用了现有技术。在一个示例中，如果审查员引用相同的现有技术元素来对付不同的权利要求特征，则由于审查员对该现有技术的不合理解释，该驳回是可以被反驳的。在另一个示例中，如果审查员引用大段文字或者许多附图来对付一个简单的权利要求用语，则由于缺乏清晰性，该驳回是可以被反驳的。还有一个示例中，如果审查员使用了一个现有技术文献中的多个实施例（如引用了许多附图），则由于审查员不可以在《美国专利法》第102条的驳回中将现有技术实施例进行组合，该驳回是可以被反驳的。

第三点是检查审查员是否正确地满足他的证明固有性的责任。有些时候，审查员不会从现有技术文献中引用特定的教导来对付所记载的特征，而是声称该所记载的特征是现有技术中固有的。应该注意，审查员负有责任来提供

"所声称的固有特征<u>必然</u>从使用的现有技术的教导中得出的事实基础和/或技术推理"。❶ 如果审查员没有证明为什么权利要求特征必然从现有技术教导中得出，则驳回是可以被反驳的。例如，如果审查员声称现有技术"能够"或者"似乎"包括权利要求特征，则驳回可以被反驳，原因在于"能够"或者"似乎"并不意味着该现有技术"必然"包括该权利要求特征。在审查意见中识别出例如"能够"或者"似乎"这样的词语可以快速地评估对于固有性的宣称是否合理。

如果以上的快速检查没有揭示出审查员驳回中的明显错误，那么现在就应该如本书有关克服《美国专利法》第 102 条驳回的章节中所讨论的那样对驳回进行详细分析。总体的建议包括：（1）进行"现有技术教导与权利要求特征不同"的技术性争辩；（2）进行刚好可以克服对比文件而又不过度的修改；（3）增加新的权利要求用于一次性审查和/或作为针对独立权利要求进行的争辩/修改的后备方案。

一般来讲，争辩比修改更为优选。但是在一些情况下，修改比争辩更为优选。例如，当使用的对比文件为申请人自己的发明时（对比文件为不可取消资格的共同所有的对比文件），应当谨慎地撰写争辩理由从而不要对该对比文件（申请人自己的发明）进行"批评"。如果不可避免地需要使用批评性的争辩，则建议与审查员进行会晤从而使得所有的批评性争辩不会出现在审查记录中。在与审查员达成共识之后，申请人可以在答复中简单地说明审查员同意撤回驳回，而不必将这些批评性的争辩以书面形式表现出来。另一个可替代的方法是对权利要求进行简单的修改而对于对比文件（申请人自己的发明）没有给出哪些教导不进行详细的争辩。

针对《美国专利法》第 103 条的驳回，首先建议理解审查员在驳回中的推理。一个典型的《美国专利法》第 103 条驳回的形式如下所示：

（a）对比文件 X 教导了除特征 A 以外的所有的权利要求特征；

（b）对比文件 Y 教导了缺少的权利要求特征 A；

（c）由于某个原因（显而易见性理论依据）将对比文件 X 和 Y 进行组合是显而易见的。

正如本书所讨论的，对《美国专利法》第 102 条驳回而言，应该对（a）点和（b）点进行检查。如果对（a）点和（b）点的检查没有揭示出对比文件中的明显错误，则接下来应该对（c）点进行检查从而评估审查员的显而易见性理论依据是否正确。本书的其他章节讨论了显而易见性理论依据的示例，并

---

❶　参见案例 Ex parte Levy，17 USPQ2d 1461，1464（BPAI 1990）（加入了强调部分）。

且其中包括了对（如对比文件 X 或 Y 教导的，或者现有技术中已知的）优点、案例法（如形状/尺寸的改变，或者使完整是显而易见的）、官方通知（如缺少的特征也是现有技术中已知的）、KSR 类型的争辩（如"显易尝试"等）的讨论。

基于优点的显而易见性理论依据很常见，并且是审查员可以作出的做强力的理论依据。如果在驳回中确认存在这种类型的显而易见性理论依据，那么通常就需要对该驳回进行详细的复查。本书对应当考虑的反驳性争辩进行了讨论，例如使用的对比文件不是相关的技术；使用的对比文件给出了与审查员的组合相反的教导；修改后的现有技术不满足其最初目的和/或改变了其操作原理等。

应该注意，美国允许审查员以不同于申请中讨论的理由来对对比文件进行组合。例如，申请公开了发明人为了得到优点 C 而将特征 A 和 B 进行了组合。通常一些非美国申请人会给美国专利从业人员提出以下的建议，即尽管对比文件 X 公开了特征 A 并且对比文件 Y 公开了特征 B，但是由于对比文件 X 和 Y 都没有提及特征 A 和 B 的组合可以实现本申请中所公开的优点 C，因此不可以对对比文件 A 和 B 进行组合。而在美国，如果审查员可以成功说明对比文件 X（公开了特征 A）和 Y（公开了特征 B）的结合将会带来与本申请实现的优点 C 完全不同的优点 D，那么你会发现这样的争辩是没有说服力的。换而言之，对于可专利性而言，仅仅争辩审查员的组合不会实现申请中公开的优点可能是不够的，应该考虑其他的反驳争辩和/或修改。

基于案例法的显而易见性理论依据在大部分情况下都可以通过技术性细节加以反驳。《专利审查程序手册》第 2144.04 节规定如果以前案例的事实与当前申请足够相似，则审查员可以使用以前案例（案例法）。美国审查员经常忘记/无法证明以前案例与当前申请之间的相似性。因此，基于《美国专利法》第 103 条的驳回通常都是可反驳的。但是，单独进行反驳在审查员审查层面并不总是有用（可能需要进行上诉）。所以，除了这些争辩，还建议增加新的权利要求作为后备方案。

对于基于官方通知的显而易见性理论依据，可以并且必须通过请求审查员提供证明其所声称的公知特征的对比文件来进行反驳。KSR 案显而易见性理论依据也可以通过法律争辩来进行反驳。对官方通知以及 KSR 案显而易见性理论依据的反驳在本书的其他章节进行了讨论。再次地，单独进行反驳在审查员审查层面并不总是有用，建议增加新的权利要求作为后备方案。

（3）其他问题。

对于重复授权的驳回，尤其是非法定显而易见性类型的重复授权驳回而言，第一个反应应该是对其进行反驳，除非该重复授权驳回是申请中唯一未决的驳回，即权利要求相比于现有技术具有可专利性。当提出重复授权驳回时，过早地提交期末放弃不是一个经济的方法，因为申请可能不会被批准（期末放弃的费用将会被浪费），亦或审查员可能基于其他相关案件提出进一步的重复授权驳回（需要另一个期末放弃）。通过等到权利要求在现有技术的基础上获得批准，可以避免期末放弃费用的浪费和/或可以通过单个期末放弃将多个重复授权驳回一起消除，从而节约成本。因此，对令人满意的可批准的主题进行检查有助于快速形成用于答复重复授权驳回的策略（反驳还是提交期末放弃）。

# 第三节　最终驳回之后的实践

## 一、都有哪些选择

在许多国家，专利局给出不利的最终决定之后的选择很有限，通常包括放弃和上诉两个选择。在美国，允许申请人使用好几个最终驳回之后的选择，例如，

- 最终驳回之后的答复；
- 上诉；
- 继续审查请求（RCE）；
- 继续申请。

每一个选项本身还包括子选项。例如，可以提交最终驳回之后的答复，该答复可以包含对权利要求的修改或者不包含对权利要求的修改（仅包含一个或多个争辩）。最终驳回之后的权利要求修改可以是实质性的（改变权利要求的保护范围）或者仅仅是形式性的。上诉的子选项可以是直接上诉或者是用于复审的上诉前的简要请求。RCE 请求可以直接提交或者在引起建议性审查意见（Advisory Action）之后再提交。继续申请可以在审查期间的任何时候提交，但最好是在最终审查意见之后再认真考虑。继续申请的子选项可以为继续申请、分案申请和/或部分继续申请（CIP）。

此外，可以按顺序或者同时执行两个或更多的选项。例如，RCE 通常会在引起建议性审查意见的最终驳回后修改（After – Final Amendment）之后再提交。在另一个例子中，继续申请可以和复审一起提交。

最终驳回之后的选项和子选项的数目，以及执行这些选项/子选项的多种

途径的可用性可能会造成申请人的困惑，使申请人不知道在最终审查意见之后应该采取怎样的措施以及如何／何时采取措施。本节旨在对每个选项的多个方面进行分析，并且提供关于执行这些选项的最好或者最有效方法的实践技巧。

## 二、挑战或避免审查意见终局性（Finality）

在美国专利商标局的现行实践下，基于案情实质性的第二次或者后续意见应当是最终意见，除非审查员引入新的驳回理由，而该新的驳回理由既不是针对申请人对权利要求的修改所必须提出的，也不是基于在 37 CFR 1.97（c）提出的期限期间与 37 CFR 1.17（p）❶ 提出的费用一起递交的信息披露声明（IDS）中所提交的信息。

因此，做出最终官方意见是合适的，如果：

a. 审查员认为申请人的争辩或者修改没有克服先前的驳回，或者

b. 由于申请人对权利要求的修改，审查员必须提出新的驳回理由，或者

c. 审查员基于 IDS 中引用的对比文件必须提出新的驳回理由，而该 IDS 是在第一次审查意见之后并且在申请人知晓该对比文件超过 3 个月之后提交的。

在情况 a 中想要对最终官方意见的终局性提出挑战几乎是不可能的。

在情况 b 中，如果对于<u>单个</u>权利要求的新驳回理由不是针对申请人的权利要求修改所必须提出的，那么可以对最终官方意见的终局性提出挑战。

例如，申请中存在以下的权利要求：

权利要求 1. 一种装置，包括 A 和 B。

权利要求 2. 根据权利要求 1 所述的装置，进一步包括 C。

权利要求 3. 根据权利要求 1 所述的装置，进一步包括 D。

在第一次审查意见之后，申请人做了如下修改（常见于非美国申请人给美国代理人的指示中）：

权利要求 1. 一种装置，包括<u>A、C</u> 和 B。

权利要求 2. （删除）

权利要求 3. 根据权利要求 1 所述的装置，进一步包括 D。

审查员在最终审查意见中针对所有的未决权利要求提出了新的驳回。从技术上讲，审查员不可以将该审查意见作为最终官方意见，因为修改后的权利要

---

❶ MPEP，section 706.07（a）.

求 1 的保护范围与原始权利要求 2 的保护范围相同，即针对修改后的权利要求 1（原权利要求 2）的新驳回理由不是针对申请人的权利要求修改所必须提出的。但是，在上述讨论的情况下，审查员多半会坚持将第二次审查意见作为最终官方意见，理由是权利要求 1 的保护范围已经被限制成了原始权利要求 2 的保护范围。为了请求撤回终局性，申请人很可能需要向美国专利商标局的技术中心主管提交请愿书。对这样的一份请愿书做出决定可能需要几个月的时间，并且不会延长审查意见的答复期限。

因此，下面以一种更加经济的方式呈现了同样的修改内容：

权利要求 1. （删除）

权利要求 2. ~~根据权利要求 1 所述的装置，进一步~~一种装置，包括 A、B 和 C。

权利要求 3. 根据权利要求 ~~1~~2 所述的装置，进一步包括 D。

现在，如果审查员想要针对权利要求 2 提出新的驳回理由，他将没有借口将下一次审查意见作为最终官方意见，因为权利要求 2 的保护范围根本没有改变，即新的驳回理由不是针对申请人的修改所必须作出的。

情况 c 涉及一个"迟的"IDS。提交 IDS 的一般时间线如图 3 – 12 所示。

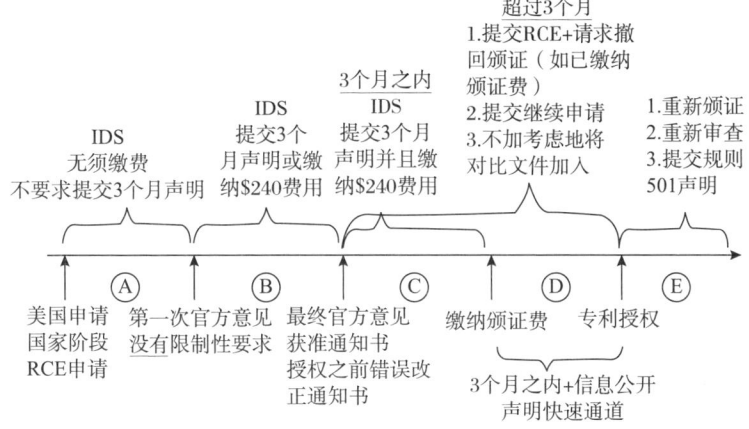

**图 3 – 12　提交 IDS 的一般时间线**

对 IDS 实践的详细讨论将会在本书的其他章节中给出。我们可以充分注意到，在Ⓐ期间（第一次审查意见之前），可以在任意时间提交多个 IDS 并且这些 IDS 都会被考虑而不需要进行陈述或者缴纳费用。在Ⓑ期间（第一次审查意见和结束审查的审查意见之间），仅当 IDS 的提交是在其中所引用的对比文件变为知晓（如通过被非美国专利局引用变为知晓）的 3 个月内或者缴纳了适当的费用（截止到 2019 年 3 月 1 日费用为 240 美元）的情况下，该 IDS 才会被考虑。在期间Ⓑ之后（结束审查的审查意见之后），需要满足进一步的要求才能使得 IDS 被考虑。

情况 c 中的终局性涉及在Ⓑ期间提交的"迟的"IDS，即在提交 IDS 之前对比文件变为知晓已经超过 3 个月，所以申请人必须缴纳费用才能使得该 IDS 被考虑。如果审查员在他的新驳回理由中使用了"迟的"IDS 中引用的一个或多个对比文件，那么终局性将是正确的。不论申请人的权利要求修改是否使得该新的驳回理由成为必需。为了避免像这样不必要的最终审查意见，申请人和专利从业人员都应当铭记按时提交 IDS，即在对比文件变为已知的 3 个月内。

## 三、最终审查意见之后的答复（After – Final Response）

不管下面讨论的最终审查意见之后答复的目的是什么，都应该如审查章节中详细讨论的非最终答复那样小心谨慎地进行最终审查意见之后答复的撰写。这样做的原因是避免不利的费斯托（Festo）案问题或者将费斯托（Festo）案问题最小化。下面的讨论将会解决最终官方意见之后阶段特有的一些其他争议问题。

最终审查意见之后的答复可能仅包括争辩（申请重新考虑）或者还包括对权利要求的修改（最终审查意见之后的修改）。申请重新考虑的主要目的通常是说服审查员撤回最终驳回。但是，提交最终官方意见之后的修改还存在一些其他目的，例如将权利要求改为适合上诉使用的形式、为随后的 RCE 引起建议性审查意见而不会有第一次审查意见即为最终审查意见的风险，或者接受任何的可被批准的权利要求并且终止审查。

1. 申请重新考虑的请求（Request for Reconsideration）

正如上述针对最终审查意见终局性的情况 b 的讨论中所指出的，当最终审查意见的终局性过早产生时，建议进行申请重新考虑的请求。

如果审查员在对于同一个案件的先前审查期间，或者在专利从业人员与审查员碰巧一起工作的其他案件中似乎比较通情达理，那么在这种情况下也值得提出申请重新考虑的请求。因此，建议在答复官方意见时注意审查员的姓名。久而久之，专利从业人员将会对具体的审查员可能会对争辩或者修改作出何种反应有一个很好的预测，从而借此选择合适的应对措施，尤其是在最终审查意见之后的应对措施。

如上面提到的，针对似乎愿意听取申请人说理的通情达理的审查员，申请重新考虑的请求可能是一个很好的选择。但是，应当注意，申请人也应该通情达理从而可以与审查员发展比较好的工作关系。例如，许多非美国申请人坚持在对审查员的最终审查意见的答复中使用与第一次审查意见中已经使用过的争辩理由相同的争辩理由。申请人应该扪心自问，如果相同的争辩理由在第一次的时候没有起作用（因为审查员将下一次审查意见作为最终审查意见），那么如果在第二次的时候重复相同的争辩理由，审查员有什么理由会撤回驳回呢？在大多数案例中，审查员都不会撤回驳回。因此，在申请重新考虑的请求中，建议提出新的争辩理由或者至少对之前的争辩理由进行更加详细的解释，从而帮助审查员理解申请人的立场。

如果审查员似乎保持一个僵硬的立场并且存在很好的反驳争辩理由，那么申请人可以提交上诉或者上诉前简要审查请求来替代申请重新考虑的请求，从而将争议问题抛给审查员的主管以及（可能的话）抛给专利上诉和干预处理委员会。后续章节将会详细地解释复审以及复审前选择。

2. 最终审查意见后的修改（After – Final Amendment）

如上面提到的，在最终审查意见之后进行答复的另一种形式为进行最终审查意见后的修改。应当注意，在发出最终审查意见之后，审查员在决定是否接受最终审查意见之后的修改方面有很大的自由裁量权。

我们应当谨记，申请人没有权利对任何被最终审查意见的权利要求进行修改、在最终审查意见之后增加新的权利要求（参见 37 CFR 1.116）或者恢复之前已经删除的权利要求。❶

一般来讲，对于改变<u>任何</u>权利要求保护范围的最终审查意见之后的修改，大多数审查员都会发出拒绝接受该修改的建议性审查意见。为了挑战审查员对于最终审查意见后的修改的拒绝，很可能会需要提交请愿书，如前所述，而对该请愿书作出决定将会花费几个月的时间并且因此需要缴纳延期费。因此，在提交最终审查意见后的修改之前，申请人应该确定清楚他们想要的是什么。

幸运的是，美国专利商标局最近引入了最终审查意见后的考虑的试点项目 2.0［After Final Consideration Pilot 2.0（AFCP2）］，这是一个至少生效至 2016 年 9 月 30 日的试点项目，并且该项目极大地简化了申请人提出内容为实质性权利要求修改的"最终审查意见后修改"时的决定。AFCP 项目的概括图如图 3 - 13 所示。

---

❶　MPEP, section 714.13.II（2001 年 8 月第 8 版）。

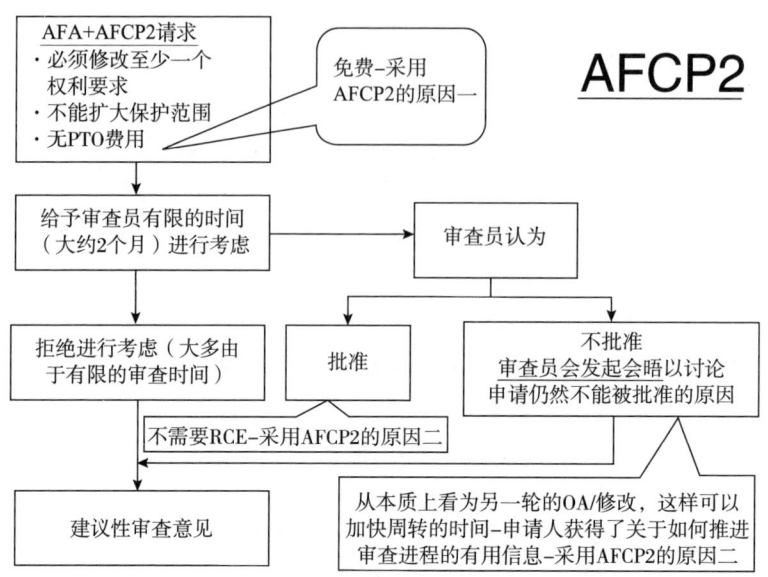

**图3－13　AFCP项目的概括图**

　　为了基于AFCP项目提出考虑请求，应当随最终审查意见后修改一起提交一份简单的请求。应当至少对其中的一个<u>独立</u>权利要求进行限缩，并且不能扩大任何权利要求的保护范围。可以增加新的从属权利要求。审查员将会有有限的时间来考虑最终审查意见后的修改。如果审查员发现需要比给予他的有限时间更长的时间来考虑该最终审查意见意见之后的修改，那么审查员将会基于AFCP项目拒绝考虑该最终审查意见后的修改，并且发出建议性审查意见。然后申请人可以继续提出RCE而不会有上述讨论的第一次审查意见即为最终审查意见的风险。如果审查员在给定的时间内能够考虑该最终审查意见之后的修改，那么审查员将会批准该申请或者发起与该申请的代理人的会晤来对该申请不能获得批准的原因进行讨论。在会晤之后，审查员将会发出建议性审查意见并且申请人随后可以提交RCE，而不会有上述所讨论的第一次官方意见即为最终审查意见的风险。

　　AFCP项目的第一个优点在于该项目不需要缴纳任何费用。该项目实质上是在提交RCE之前使得经过修改的权利要求有希望被审查员考虑的一个免费尝试。AFCP项目的第二个优点在于不提交RCE的情况下获得批准的可能性。AFCP项目的第三个优点在于，即使审查员没有批准申请，但是审查员基于该项目发起的会晤相当于另一回合的审查意见/修改，而不需要来来回回地进行材料提交，这种材料的提交往往更加耗时和/或耗力。基于审查员在AFCP会晤中的意见和/或其在 AFCP 会晤中引用的现有技术，申请人可以在提交 RCE 时对权利要求进行进一步修改，从而有助于推进审查的进程。因此，当申请人有意愿想要对独立权利要求的保护范围进行缩小时，建议随最终驳回后的修改一起提交一份 AFCP 请求。在申请人不想要对权利要求保护范围进行缩小和/或申请人想要扩大权利要求保护范围的情况下（例如从独立权利要求中删除一个限定），不可以提交 AFCP 请求。

上述讨论的优点在 AFCP 项目之前（或者 AFCP 项目被美国专利商标局终止后）都是不可用的。如果没有 AFCP 项目，申请人想要最终驳回后的修改被接受，那么申请人就应当确保该最终审查意见后的修改没有改变任何权利要求的保护范围。可能发生以下的情况：

- 申请人想要接受可被批准的主题使其获得批准；或者
- 申请人想要将权利要求置于适合复审的状态。

如果申请人想要将权利要求置于适于批准的状态，那么建议申请人仅仅选取可以被批准的权利要求。将可被批准的从属权利要求转变为独立权利要求并不能总会使得申请被接受并且被批准。例如，如果未决的权利要求为：

> 权利要求 1. 一种装置，包括 A 和 B。
>
> 权利要求 2. 根据权利要求 1 所述的装置，进一步包括 C。
>
> 权利要求 3. 根据权利要求 1 所述的装置，进一步包括 D。

并且在权利要求 2 被认为是可被批准的条件下，进行了下面的修改：

> 权利要求 1. 一种装置，包括<u>A、C</u>和 B。
>
> 权利要求 2.（删除）
>
> 权利要求 3. 根据权利要求 1 所述的装置，进一步包括 D。

其中可被批准的权利要求 2 被并入权利要求 1 中，这样的修改可能不会被接受，因为审查员可能宣称由于该修改改变了权利要求 3 的保护范围，所以需要进行进一步的检索和考虑。

想要获得批准的最可靠的方法是仅仅选取可被批准的权利要求 2，如下所示：

> 权利要求 1.（删除）
>
> 权利要求 2. ~~根据权利要求 1 所述的装置，进一步~~一种装置，包括 A、B 和 C。
>
> 权利要求 3.（删除）

如果申请人想要保留权利要求 3，那么极力建议申请人在提交修改之前与审查员进行联系。

同样的建议也适用于以下的情况，即申请人没有可以被批准的权利要求并且申请人想要将权利要求置于适合复审的状态的情况。例如，如果申请人认为权利要求 1 不可上诉但是仍然想要对权利要求 2 进行上诉，那么唯一会被接受进入上诉的最终审查意见后修改将会是：

> 权利要求 1.（删除）
>
> 权利要求 2. 根据权利要求 1 所述的装置，进一步一种装置，包括 A、B 和 C。
>
> 权利要求 3.（删除）

原因在于审查员将会想要减少复上诉的权利要求的数量（以减少他的工作量），因此审查员不会接收以下的修改：

> 权利要求 1. 一种装置，包括 A、C 和 B。
>
> 权利要求 2.（删除）
>
> 权利要求 3. 根据权利要求 1 所述的装置，进一步包括 D。

简单的修改，例如更正拼写错误、语法错误、权利要求引用关系中的明显错误或者缺乏引用基础的错误仍然可能会被审查员拒绝，除非审查员自己在最终审查意见中建议对这些错误进行修改。因此，在第一次修改中检查所有权利要求以确保不存在小错误是非常重要的，从而在最终审查意见之后的阶段就不需要为了更正小错误而进行权利要求的修改，也因此避免了不必要的 RCE。

如果申请人在最终审查意见后修改中改变了权利要求的保护范围，那么他预期将会收到拒绝接受该最终审查意见后修改的建议性意见，并且因此促使申请人提交 RCE 来使得该最终审查意见后修改被接受。最常见的是申请人将从属权利要求转变为独立权利要求的情况，如下所示：

> 权利要求 1. 一种装置，包括 A、C 和 B。
>
> 权利要求 2.（删除）
>
> 权利要求 3. 根据权利要求 1 所述的装置，进一步包括 D。

在这种情况下，审查员几乎肯定会拒绝接受该最终审查意见后修改，实际上是要求申请人提交 RCE，而提交 RCE 会给审查员带来更多的绩效点（绩效点是审查员的经济或职业晋升激励）。

即使申请人明确地知道审查员将会拒绝接受最终审查意见后修改，但是申请人仍然应当提交该修改。这样做的原因是避免审查员将针对 RCE 发出的第一次审查意见作为最终审查意见。事实上，如果申请人直接提交 RCE，如上面示例中示出的将权利要求 2 包含在独立权利要求 1 中，那么审查员可能会宣称：

（A）权利要求 1 和权利要求 3 描绘了 RCE 之前的申请中进行权利主张的相同的发明，并且

（B）如果权利要求 1 和权利要求 3 在 RCE 提交之前的申请中被接受，那么基于下一次审查意见记录中的理由和现有技术，它们也会被最终驳回。❶

然后审查员会将 RCE 提交之后的第一次审查意见作为最终审查意见（实际上基于相同的现有技术继续驳回权利要求 1 和 3）。这种第一次审查意见即为最终审查意见致使申请人在提交 RCE 的过程中所做的努力、所花的时间和金钱都变得毫无意义。

但是，通过提交最终审查意见后的修改来引起拒绝该最终审查意见之后的修改的建议性审查意见（理由是需要进一步检索和/或考虑），申请人可以防止审查员在发出该建议性审查意见之后，接着将针对 RCE 的第一次审查意见作为最终审查意见，因为美国专利商标局禁止在下述情况中采取这种将第一次审查意见作为最终审查意见的行为，即：

申请中包含在最终审查意见或者审查结束之后的先前申请中提出的内容，但是该内容因为（A）出现需要进一步考虑和/或检索的新问题，或（B）出现新的主题而被拒绝。❷

总之，如果申请人想要最终审查意见后的修改能够被接受用于批准或者复审，那么申请人在最终审查意见后的修改中应当不改变任何权利要求的保护范围。如果最终审查意见后的修改改变了任何权利要求的保护范围，在 AFCP 项目依然可用的情况下，建议提交 AFCP 请求。尽管 AFCP 请求在某些情况下可能会导致申请被批准，但是申请人还是应当预期会收到拒绝接受该修改的建议性审查意见，接着提交 RCE 以使得该权利要求的修改被接受。为避免审查员将针对 RCE 的第一次审查意见作为最终审查意见，申请人不应该直接提交RCE（而应首先提交最终审查意见后修改并且等待建议性意见）。

3. 建议性意见（Advisory Action）——"2 个月"的建议

为了节省延期费，通常建议非美国申请人在最终审查意见日之后的 2 个月内提交最终审查意见后的修改。这条建议基于在每个最终审查意见中都会包含

---

❶ MPEP, section 706.07（b）. Final Rejection, When Proper on First Action.

❷ Id.

的以下声明：

> 如果在第一次答复在最终审查意见寄出日的 2 个月内提交，并且建议性意见直到 3 个月的缩短的法定期限末才寄出，则法定期限将会在建议性审查意见寄出日当天期满，并且按照 37 CFR 1.136（a）的任何延期费都<u>将从建议性审查意见的寄出日起算</u>。但是在任何情况下，法定答复期限的期满日都不会晚于从最终审查意见寄出日起的 6 个月。

让我们考虑一下图 3 - 14 的时间表：

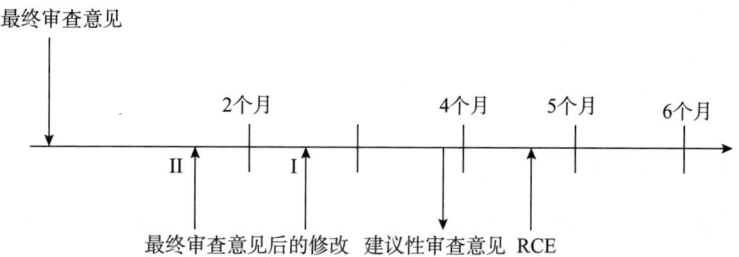

**图 3 - 14　审查意见的时间表示意图**

如果最终审查意见后的修改在 2 个月的期限之后（例如，在 I 时间段）提交，随后是如图 3 - 14 所示的建议性审查意见以及 RCE，那么申请人将必须在提交 RCE 的时候缴纳延期费，该延期费是从最终审查意见后的<u>3 个月</u>起算。在如图 3 - 14 所示的特定示例中，RCE 需要缴纳 2 个月延期费（截止到 2019 年 3 月 1 日，针对大型实体的费用为 600 美元）。

但是，如果最终审查意见后的修改在 2 个月的期限之前提交（例如在时间段 II 提交），随后是如图 3 - 14 所示的建议性审查意见以及 RCE，那么申请人将必须在提交 RCE 的时候缴纳延期费，而该延期费是从<u>建议性审查意见的寄出日</u>起算。在如图 3 - 14 时间表所示的特定示例中，RCE 需要缴纳明显更低的 1 个月延期费（截止到 2019 年 3 月 1 日，针对大型实体的费用为 200 美元）。

因此，在最终审查意见日的 2 个月内提交最终审查意见后修改（或者申请重新考虑的请求）确实是有道理的。

## 四、继续审查请求（Request for Continued Examination，RCE）

提交 RCE 实质上就是重新提交相同的申请，但是更简单同时费用也更低。

具体而言，除了需要缴纳 RCE 费用以外，RCE 只需要一个提交文件，而不需要提交一整套的申请文件，包括说明书、权利要求、摘要、附图、声明。提交文件可以是以下中的一个或多个：

- 信息披露声明（IDS）；
- 对文字说明、权利要求或者附图的修改；
- 新的争辩理由；或者
- 支持可专利性的新证据。❶

如果提交 RCE 表格时没有附带任何提交文件，则美国专利商标局会在不重新计算答复期限的情况下通知申请人，这种情况对于大部分案例而言将会导致更高的延期费或者甚至会导致申请的放弃，以及接下来的复杂的恢复程序。因此，将提交文件和 RCE 一起递交至关重要。

1. 将修改作为 RCE 文件提交——避免第一次审查意见成为最终审查意见

需要再次注意，避免审查员将 RCE 后的第一次审查意见作为最终审查意见是提交 RCE 时应当担心的最主要问题，这非常重要。这种担心应该通过 RCE 提交文件来解决。

修改是最常见的提交文件。如果申请人想要加入最终审查意见后的修改（建议性审查意见拒绝接受该修改），则不需要对当前的修改进行重新提交，勾选美国专利商标局 RCE 表格上合适的方框或者在 RCE 传送函中附上一个加入最终审查意见后的修改的请求就足够了。

如上所述，为了避免出现第一次审查意见即为最终审查意见的情况，建议申请人首先提交与在 RCE 中希望使用的修改相同的最终审查意见后修改，从而引起拒绝该最终驳回后修改接受的建议性审查意见。一旦收到这种建议性审查意见，申请人可以提交 RCE 以请求加入该最终审查意见后的修改而不用担心出现第一次审查意见即为最终审查意见的情况。由于该程序在其期间需要进行例如最终审查意见后修改以及建议性审查意见这样的沟通，因此建议申请人尽快提交最终审查意见后的修改，最好是在最终审查意见之后的 2 个月以内提交，从而可以节省延期费。

由于存在第一次审查意见即为最终审查见的可能性，因此不建议申请人直接将 RCE 和修改一起提交而不首先将该修改作为最终审查意见后修改进行提交。如果申请人仍然想要直接将 RCE 和修改一起提交，那么建议在该修改中至少包含一个新的权利要求（例如一个从属权利要求），其中包含从来没有进行过权利主张的特征，从而希望可以避免出现第一次审查意见即为最终审查意见的情况。尽管如此，这样的一个新的权利要求并不能 100% 保证 RCE 后的第一次审查意见不会被作为最终审查意见。

同样地，如果申请人提交的 RCE 中仅包含对说明书或者附图的修改，或

---

❶　37 CFR 1. 114.

者仅包含争辩，那么通常来说出现第一次审查意见即为最终审查意见的可能性很高。应当将其中包含从来没有进行过权利主张的特征的新的权利要求（例如一个从属权利要求）与 RCE 一起提交，从而降低出现第一次审查意见即为最终审查意见情况的可能性。

2. 将 IDS 作为 RCE 文件提交——通过及时提交 IDS 来避免不必要的 RCE

IDS 也可以作为一个合适的 RCE 提交文件。当申请人想要美国专利商标局在发出表明审查即将结束的意见通知书（如最终审查意见通知书或者授权通知或者授权前明显错误修改通知书）之后考虑一个相关的对比文件时，经常会遇到将 IDS 作为 RCE 提交文件的情况。让我们重温一下 IDS 时间线，如图 3 - 15 所示。

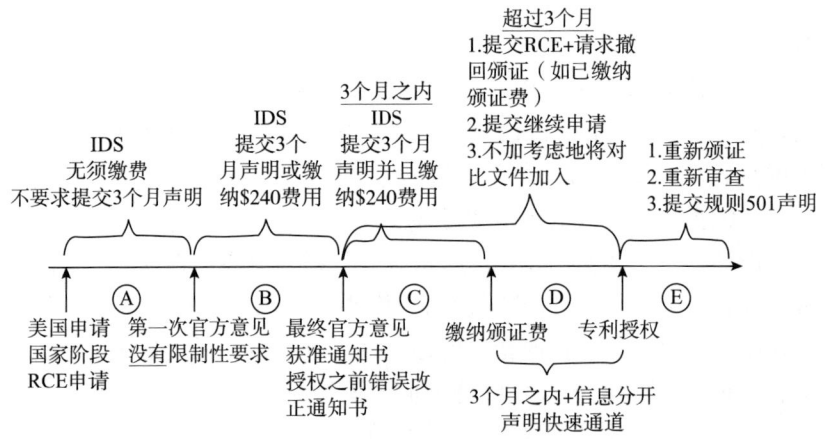

图 3 - 15 IDS 时间线示意图

有关 IDS 实践的详细讨论将会在本书的其他章节中给出。前述我们针对最终审查意见的终局性已经对时期Ⓐ和Ⓑ进行了简要的讨论。此处所讨论的情况涉及时期Ⓒ和Ⓓ。

具体而言，在时期Ⓒ期间，即在表明审查即将结束的意见通知书（例如最终审查意见通知书）之后并且在缴纳任何授权费之前，仅当 IDS 的提交是在 IDS 中引用的对比文件变为已知（例如被非美国专利局引用而变为已知）的 3 个月内并且缴纳了相关费用（截至 2019 年 3 月 1 日为 240 美元）的情况下，所提交的 IDS 才会被考虑。如果申请人在 IDS 中引用的对比文件变为已知的 3 个月内提交了该 IDS，那么在不提交 RCE 的情况下，这些对比文件也会被考虑。

但是，如果在表明审查即将结束的意见通知书（例如最终审查意见通知书）之后，申请人想要在 IDS 中引用的对比文件变为已知超过 3 个月后提交该 IDS，那么在不提交 RCE 的情况下，这些对比文件不会被考虑。为了使这些对比文件被采纳和考虑，申请人可以提交一份 RCE（直至授权）并且将 IDS 作为 RCE 的提交文件。IDS 时间线中的时期①示出了这种情况。❶

再次地，如果申请人想要避免出现第一次审查意见即为最终审查意见的情况，那么应当将其中包含从来没有进行过权利主张的特征的新的权利要求（例如一个从属权利要求）与 RCE 一起提交，尽管这不能 100% 保证 RCE 后的第一次审查意见不会被作为最终审查意见。

将 RCE 和 IDS 一起提交也适用于以下情况，即申请人在批准通知之后想要美国专利商标局对晚提交但是相关的对比文件进行考虑的情况。

3. 将声明性证据作为 RCE 文件提交

最后，RCE 提交文件的最后一种形式为支持可专利性的证据。一般来讲，这种证据会以一个或多个按第 131 条和/或第 132 条声明的形式给出，本书的其他章节将会对此进行详细讨论。这种最终审查意见之后的证据的采纳受限于美国联邦法规第 37 部分 1.116 的规定：

（e）最终驳回之后的书面证词或者其他证据*可以被采纳*，只要有正当并且充分的理由说明*为什么该书面陈述或者其他证据是必需的以及为什么没有在稍早的时候提出*。

让我们考虑下面的示例：

• 在第一次审查意见通知书中，审查员以在对比文件 D1 和 D2 的基础上显而易见的理由驳回了所有的权利要求；

• 在申请人的答复之后，审查员以在对比文件 D1、D2 和 D3 的基础上显而易见的理由驳回了所有的权利要求。

申请人可以在最终审查意见之后提交关于新对比文件 D3 的声明（例如说明为什么本领域普通技术人员不会将 D3 与 D1 和 D2 组合），因为在最终审查意见（D3 第一次被其引用）之前申请人无法提交这样的声明。

但是，关于旧对比文件 D1 和 D2 的声明在最终审查意见之后的阶段很可

---

❶　关于时期①，目前美国专利商标局提供了一种永久全面实施的快速通道 IDS（QPIDS）项目。在该试点项目下，如果在支付了授权费之后且在授权之前，在提交目标 IDS 之前，申请人想要提交一个申请人知晓时间不超过 3 个月的 IDS，申请人可以用临时 RCE（Provisional RCE）来实现（在 QPIDS 项目之前，必须提交一个真正的 RCE）。如果审查员发现该新的对比文件和本发明不比审查记录中的当前技术更相关，他／她会允许提交该 IDS 申请，而不用必须提交 RCE。这是 QPIDS 项目的首要优势。如果审查员发现新的对比文件和发明比审查档案中的技术更加相关，他会将临时 RCE 变为真正 RCE 并考虑这些对比文件。如上讨论，我们推荐在可用情形下使用该 QPIDS 方式。

能会被拒绝采认，因为申请人很难说明为什么不在最终审查意见之前提交这样的一份声明。在这种情况下，申请人需要提交 RCE 来使得该声明被采认（例如用于接下来的上诉）。

再次地，如果申请人想要避免出现第一次审查意见即为最终审查意见的情况，那么应当将其中包含从来没有进行过权利主张的特征的新的权利要求（例如一个从属权利要求）与 RCE 一起提交，尽管这不能 100% 保证针对 RCE 的第一次官方意见不会被作为最终审查意见。

4. 有效利用 RCE——每个申请不要提交一次以上的 RCE

除了上述讨论的对于 RCE 提交文件的独特要求以外，RCE 相比于常规申请（例如本书稍后将会详细讨论的继续申请）还更加便宜。RCE 的基础费用通常更低，❶ 更不用说 RCE 还不需要再次缴纳额外的权利要求费用。例如，如果申请人已经为允许的 3 个独立权利要求之外的 1 个独立权利要求付费（一共有 4 个独立权利要求）和/或为允许的 20 个权利要求之外的 3 个权利要求付费（一共有 23 个权利要求），那么在提交 RCE 时就不需要再付额外权利要求费（截至 2019 年 3 月 1 日为 760 美元）。相反，如果申请人提交了一份继续申请而不是 RCE，那么将需要负担这部分的额外权利要求费。

美国审查员非常喜爱 RCE。每一份 RCE 都会给予审查员额外的绩效点数，而这些绩效点数对于审查员而言是经济上和职业晋升上的极大激励。同样地，申请人将 RCE 作为一个很好的审查手段，因为审查几乎可以没完没了地继续下去。

但是，过度使用 RCE 会使得审查的效率变得低下。作者个人认为，对于审查员和申请人双方而言，一份 RCE 足以清楚地说明各自的立场。毕竟在审查员作出 RCE 后的最终审查意见之前，申请人还可以进行至少 3 次修改，更不用提申请人与审查员还有至少 1 次、有时候 2 次的会晤机会，在这些会晤中可以对不限次数的修改进行讨论而不会留下记录。如果在所有这些讨价还价的机会之后（审查实际上就是一个讨价还价的过程），双方还是没能达成共识，那么在审查员阶段进行进一步的修改和/或争辩很可能会是徒劳，并且如果还要继续该申请，则需要进行上诉。

因此，在大多数情况下，申请人在收到 RCE 后的最终审查意见之后（在整个审查过程中的第二个最终审查意见之后），应当为复审做好准备。例如，申请人可以在第一次修改中或者最晚在 RCE 中提出所有可进行权利主张的特

---

❶ 截至 2019 年 3 月 1 日，对于大实体来说，第一次 RCE 需要 1300 美元，第二次为 1900 美元，而一个常规申请则需要 1720 美元。

征。如果审查员在接下来的（第二次）最终审查意见中拒绝批准具有合理保护范围的权利要求，那么 RCE 之后的修改应当将权利要求变成可上诉形式，用于可能要进行的复审。任何证据（例如第 131 条和/或第 132 条声明）都应当在第二次最终审查意见之前提交。原因为如上所述在最终审查意见之后的阶段对于证据采纳的限制。

尽管对于想要在最终审查意见之后提出额外的修改和/或证据而言，RCE 确实是很好的审查手段。但是，对于 RCE 的使用不应过度，否则审查很可能会变得效率低下。在大多数情况下，申请人都应该仅提交一份 RCE，并且如果该 RCE 不能得到想要的批准，则申请人应该为上诉做好准备。

5. 中止审查请求（Request for Suspension of Action）

某些时候，申请人可能无法在提交 RCE 时将所有他们想要进行的修改和/或争辩和/或证据一并提交。于是申请人在提交 RCE 时可以缴纳费用（截至 2019 年 3 月 1 日为 140 美元）请求美国专利商标局不要对该申请采取任何行动，最长为 3 个月。在审查中止期间，申请人可以准备额外的修改和/或争辩和/或证据，在审查员发出针对 RCE 的下一次意见之前供审查员考虑。

应当注意，尽管申请人提交了中止审查请求，但是提交 RCE 本身必须是对最终审查意见进行全面答复的一次真诚尝试。例如，申请人不可以简单地提交 RCE 表格和中止审查请求，而不提交 RCE 提交文件或者提交了 RCE 提交文件但是该提交文件没有对最终审查意见中提出的所有问题进行全面的答复。

总之，当申请人考虑提交 RCE 时，应当注意以下几点：

• 由于存在第一次审查意见即为最终审查意见的风险，所以不要直接提交 RCE。最好的方法是首先提交与想要的 RCE 修改相同的最终驳回后修改，然后一旦收到拒绝采认该最终驳回后修改的建议性审查意见，再提交 RCE。

• 考虑通过提交中止审查请求，为 RCE 获取最多 3 个月的更长时间，例如用于准备第 131/132 条声明。另一种可选的方法是提交一份继续申请，下面将对这种方法进行讨论。

• 考虑在第一次 RCE 之后进行复审。第二次或者之后的 RCE 一般来讲都是徒劳，并且只应该在特殊案例中使用。

## 五、持续申请（Continuing Application）

持续申请是一个统称，指下述 3 种类型的申请：

• 继续申请（Continuation Application）；

• 分案申请（Divisional Application）；以及

- 部分继续申请（CIP）。❶

1. 持续申请的要求

除了下面的几点，对于持续申请的要求与常规申请类似。

（1）及时正确地要求母案申请的美国优先权。

一份持续申请还应当包括本国优先权❷要求，即要求母案申请的更早申请日的权益。这种本国优先权要求应当在以下两个时限中更晚的一个时限之内提交：

- 该持续申请的实际申请日起算的 4 个月；或者
- 母案申请的申请日起算的 16 个月。❸

一般来讲，前者（该持续申请的实际申请日起算的 4 个月）是可控的。

如果错过了最后期限，那么持续申请就不能享有其母案申请的更早申请日，除非申请人成功请求美国专利商标局接受稍晚提出的本国优先权要求，理由是整个本国优先权要求的延迟是无意的。❹

对于本国优先权的权利主张应当在说明书第一段或者申请数据表（ADS）中提出。最好的方法是在说明书第一段和申请数据表中同时要求本国优先权。另外还建议将母案申请以引用的方式并入该持续申请中，从而防范提交持续申请时发生缺页的情况。

（2）与母案申请共同未决。

要想持续申请中的本国优先权要求被接受，另外一个要求是该持续申请和母案申请必须是共同未决的。换而言之，持续申请必须在其母案被放弃或者被授权之前提交。

如果在母案被放弃之后提交持续申请，那么该持续申请就不能享有该母案申请的更早申请日，除非申请人成功请求美国专利商标局对该母案进行恢复，从而确保该持续申请与该母案申请是共同未决的。想要进行这种恢复必须达到两个标准：即申请的放弃是无意的和申请的放弃是不可避免的。❺ 由于不可避免的标准需要大量的证明，因此前者（无意的放弃）几乎一直是最好的方法。

在母案申请获得授权之后，持续申请一般来讲都不可以要求母案专利的更早申请日的权益。偶尔地，如果存在可以通过母案专利再颁发而改正的错误，那么申请人/专利所有人可能可以提交母案专利再颁发专利申请。然后，再针

---

❶ 37 CFR 1.53.

❷ 为了区别于基于《巴黎公约》或美国与他国间双方协议的外国优先权。

❸ 37 CFR 1.78.

❹ Id.

❺ 37 CFR 1.137.

对这种再颁的申请提交持续申请可能会被允许。这种情况十分复杂并且不会经常遇到。

（3）与母案申请至少有一个共同发明人。

最后，持续申请与母案申请至少要有一个共同发明人。例如，如果一份之前提交的（母案）申请的发明人为 X、Y 和 Z 并且一份之后提交的申请的发明人为 A、B 和 C，则之后提交的申请不是之前提交的申请的持续申请。但是，如果之后提交的申请除了将 A、B 和 C 列为发明人，还将 X、Y 和 Z 中的至少一个也列为其发明人，则该之后提交的申请是该之前提交的申请的持续申请（假设其他条件都满足）。

如果丧失了本国优先权，那么母案申请的公开文本很可能会被作为 AIA 法案之前的《美国专利法》第 102 条（b）款规定的现有技术（其资格不能被取消）来对付持续申请。

总之，在以下情况下持续申请有权享有其母案申请更早的申请日：

- 申请人在说明书或者 ADS 中及时地进行了本国优先权主张；并且
- 在提交持续申请时，该持续申请与母案申请为共同未决；并且
- 至少有一个共同发明人。

2. 持续申请的实践注意点

（1）在持续申请提交之后对其状态进行更正。

一旦正确并且及时地要求了本国优先权，申请人则可以通过提交补充的 ADS 或者通过修改说明书的第一段（如果合适的话）来改变/更正持续申请的状态。状态更正包括将持续申请的状态从继续申请、分案申请和 CIP 中的任意一种状态改变为继续申请、分案申请和 CIP 中的另外任意一种状态。例如，在母案申请中没有限制要求的情况下申请人由于疏忽将持续申请作为分案申请进行提交，申请人可以随后将该持续申请的状态更正为继续申请（如果与母案相比没有包含新的内容）或者 CIP（如果存在新的内容）。

（2）IDS 的交叉提交。

在持续申请提交之后，申请人应当考虑在持续申请和母案申请之间进行 IDS 的交叉提交。由于继续申请和分案申请与母案的公开内容完全一致或者与母案的公开内容相似（CIP），因此与一份申请相关的对比文件很可能与另外的申请也相关。如果其中一份申请被批准并且被授权，那么应当仔细地考虑所引用的用来对付其他申请的对比文件，从而决定是否需要提出复审请求或是对母案专利提交再颁专利申请。如果母案申请属于一个大的相关申请/专利的同族（组合），那么持续申请应当作为整个组合的一员，并且应当在组合成员（包括母案申请和持续申请）之间进行 IDS 的交叉提交。

（3）专利期限。

对于最近提交的持续申请而言，其专利期限为 20 年，从母案申请的最早美国申请日起算。因此，持续申请不会增加专利保护的期限，而只能改变保护的范围（通过权利要求的不同集合）。

尽管持续申请可以在母案未决期间的任何时候进行提交，但是通常都会在最终审查意见之后的阶段，即当申请人面对审查员作出的最终决定并且需要决定如何才能将申请更好地进行下去的时候才考虑提交持续申请。

## 六、继续申请（Continuation Application）

1. 继续申请的提交策略

（1）在母案申请中有可批准权利要求的情况下提交继续申请。

继续申请是受限制最少的一类持续申请。仅有的要求是继续申请相比于母案申请的公开内容不应该包含新的内容，甚至不要求继续申请的说明书与母案申请的说明书完全一致。但是，在大多数情况下，申请人在继续申请中使用与母案申请的说明书一样或者几乎一样的说明书。当然，权利要求应该不同，否则将会引起重复授权驳回。

当申请人想要在接受可批准的权利要求的同时继续寻求更宽的保护范围时，可以使用继续申请。例如，审查员在最终官方意见中驳回了独立权利要求 1 和从属权利要求 2，同时指出从属权利要求 3 包含可被批准的主题。申请人可以删除权利要求 1 和 2 并且将权利要求 3 改写为独立权利要求的形式以使得申请获得授权，同时提交一份继续申请来单独地继续争取被驳回的权利要求 1 和 2，其中可以对权利要求 1 和 2 进行进一步修改或者不修改。因此，通过权利要求 3 的批准可以获得一部分的专利覆盖范围，而通过权利要求 1 和 2 则可以追求希望得到的更宽的专利覆盖范围。

应当注意，如果被驳回的权利要求（例如上述示例中的权利要求 1 和 2）以同样的形式（不做修改）出现在继续申请中，继续申请中的审查员可能将第一次审查意见作为最终审查意见，理由与上述讨论的 RCE 后将第一次审查意见作为最终审查意见的理由相同。❶ 因此，如果申请人想要将母案中被驳回的权利要求原封不动地保留在继续申请中，那么极力建议申请人在继续申请中加入新的权利要求，从而希望能够避免审查员将第一次审查意见作为最终审查意见。

当可被批准的主题可以覆盖某个商业化/商品化产品/方法时，这种策略尤

---

❶ MPEP, section 706.07（b）.

其有用。专利保护的可用性（即使很有限）通常会极大地提高商业化/商品化产品/方法的价值。继续申请中所追求的更宽的覆盖范围，如果能授权，会进一步增加商业化/商品化产品/方法以及整个专利组合的价值。

以上讨论的策略也适用于不必获得更宽的覆盖范围，但是获得能够覆盖竞争者的商业化/商品化产品/方法的特定专利保护范围。这种方法就是人们熟知的"潜水艇专利"，即尽管专利所有人拥有一项或多个专利，但是该专利所有人还提交了与这些专利具有相同公开内容的继续申请，并且保持该继续申请在美国专利商标局的未决状态。当竞争者发布商业化/商品化产品/方法或者准备将商业化/商品化产品/方法推向市场，而该商业化/商品化产品/方法又正好落入该继续申请的公开内容时，专利所有人将会修改该继续申请的权利要求得到一个较窄的保护范围，但是该保护范围仍然可以覆盖竞争者的产品/方法。这些修改后保护范围相对较窄的权利要求很可能获得美国专利商标局的批准，并且一旦授权将会阻止竞争者对其产品/方法进行进一步商业化和/或迫使竞争者去请求专利许可。当然，在该继续申请获得授权之前，专利拥有人将会提交另一份继续申请以在美国专利商标局延续该专利链。

这种"潜水艇专利"策略曾经风靡一时。这些年来，由于各种因素，例如（保持继续申请长期未决的）高成本以及（当专利所有人无理由地延长审查以尽可能保持继续申请存在时的）审查懈怠抗辩，❶ 这种策略逐渐失去了吸引力。毫无疑问有些公司仍然在使用这种策略。

（2）为了更正发明人权而提交继续申请。

第二种可以有效使用继续申请的情况是更正发明人权。在美国，申请人有义务指出所有至少为一个权利要求做出了贡献的发明人，无论贡献是多是少。如果错误地将一个没有为任何权利要求做出贡献的人署名为发明人，或者遗漏了一个真正的发明人，那么就应该对发明人权做出更改。

如果在发现发明人权不正确之前没有提交任何声明，那么简单地提交一份更正过的发明人权声明就可以了。

但是，如果在提交该不正确的发明人权时也提交了声明，那么应当采取以下两种方法之一：

① 根据 37 CFR 1.48（a）提交请愿书并且缴纳费用，同时提交申请中的其他支持文件；或者

② 根据 37 CFR 1.53（b）简单地提交一份继续申请，该继续申请具有更

---

❶ Cancer Research Tech. Ltd. v. Barr Labs. Inc. , 625 F. 3d 724, 2010 WL 4455839（Fed. Cir. Nov. 9, 2010）.

正过的发明人权。❶

选项①需要多个文件和声明，并且请愿书的准备和提出请求可能需要花费数周甚至数月的时间。

选项②相比而言更加简单并且非常适合最终审查意见之后的情况，即不管怎样，申请人都需要提交 RCE 的情况。在这种情况下，申请人可以简单地提交一份继续申请以及包含更正后发明人权的一份声明，而不需要提交一份包含修改以及请愿书的 RCE 请求来对发明人权进行更正。继续申请中可以包含想要的权利要求修改内容而不需要再单独地对权利要求进行修改。

（3）为了争取更多答复审查意见的时间而提交继续申请。

继续申请的第三种用途是为答复最终审查意见换取更多的时间。正如前面的 RCE 概述所示，申请人必须在提交 RCE 的时候提交一份 RCE 提交文件。但是，在要求额外证据（例如第 131 条或第 132 条声明）的复杂案例中，最终审查意见的答复期限（例如 3 个月）通常都不足以用来执行所有必需的任务，例如分析整个记录、形成答复策略、搜集证据、撰写、复查、第 131/132 条声明定稿等。如上所述，尽管申请人可以请求最长 3 个月的审查中止从而获得更多的时间来准备第 131/132 条声明，但是仍然必须满足对最终审查意见做出全面响应的 RCE 提交文件与 RCE 表格一起提交的要求。

在这种情况下，一种简单的方法就是提交一份继续申请，该继续申请一般来讲会给予申请人 6 个月或者更长（取决于所涉及的技术）的时间来准备必需的声明。在提交继续申请的时候不要求提交任何提交文件，尽管继续申请中还是应当有一个新的权利要求，并且该新的权利要求中包含从来没有进行权利主张的特征，从而希望能够避免出现审查员将第一次审查意见作为最终审查意见的情况的发生。相比于常规的申请延长费支付方法（截止到 2019 年 3 月 1 日为 600 美元，用于额外 2 个月的时间），在美国专利商标局递交第一次 RCE 和递交继续申请之间的费用差（截止到 2019 年 3 月 1 日大约为 420 美元，用于额外 6 个月或更长的时间）是非常合理的。❷

使用继续申请来换取时间的一个潜在缺点是美国专利商标局可能花费过长的时间来处理该继续申请。❸ 申请人在决定是否采用这种方法时，应当将这种潜在的缺点也考虑在内。

---

❶　MPEP 201.03.

❷　除非另有说明，在本书中所有的美国专利商标局费用均是针对大实体（至少 500 雇员）。

❸　对于某种特别的技术中心，基于实质案情的第一次审查意见的平均未决情况可在美国专利商标局官网 www.uspto.gov 查到。

（4）为了"转换发明"而提交继续申请。

使用继续申请的第四个理由是为了对权利要求中的发明进行转换。例如，在原始权利要求集合中，申请人对一种用于混凝土的螺栓/锚索组件进行了权利主张，如下所示：

> 1. 一种组件，包括：
>
> 螺栓；以及
>
> 锚索，所述锚索用于接收所述螺栓，
>
> 其中……

审查员基于用于清水墙的螺栓和锚索而重复驳回了该权利要求。申请人想要在不上诉的情况下使得该申请在审查员层面的审查向前推进。

申请人意识到存在克服该驳回的机会，即如果权利要求针对的是混凝土块和螺栓/锚索组件的组合则有机会克服该驳回，权利要求如下所示：

> 1. 一种组件组合，包括：
>
> 混凝土块，所述混凝土块具有孔；
>
> 螺栓；以及
>
> 锚索，所述锚索用于接收所述螺栓并且被接收在所述混凝土块中，
>
> 其中……

现有技术最多教导了清水墙和螺栓/锚索组件的组合，但是没有公开任何混凝土块或者给出任何混凝土块的启示。

但是，原始权利要求针对的仅仅是子组合（螺栓/锚索组件），所以审查员会认为该子组合权利要求针对的是推定选中的发明。如果将该组合权利要求（例如通过 RCE 提交文件）引入到当前申请中，审查员会认为该组合权利要求针对的是推定未选中的发明并且不予考虑。审查员甚至可能认为由于 RCE 仅提出了（推定）未选中的组合权利要求，因此该 RCE 不符合要求。换而言之，申请人花费在 RCE 上的时间、努力以及金钱都将会被浪费。

申请人可以简单地提交一份包含了想要的组合权利要求的继续申请并且放弃原始申请（母案申请），而不用提交"浪费的"RCE。应当注意，该继续申请不可以被标识为分案申请，因为母案申请中实际上并没有发出任何的限制性要求（Restriction Requirement）。

使用继续申请来代替 RCE 的一个副作用是审查员可能会被更换，更换的审查员不一定更好或者更加通情达理。应当注意，请求美国专利商标局将某个申请指派（或者不指派）给特定的审查员是不允许的。提交继续申请无异于

购买乐透，目的是希望美国专利商标局会将该继续申请指派给另一个审查员。而如果提交的是 RCE，那么几乎总会是发出最终审查意见的审查员来处理该 RCE。尽管相比于 RCE，继续申请有更好的机会来更换审查员，但是更换审查员应当被作为继续申请的一个副作用而不是其主要目的。在考虑提交继续申请时，申请人不应该将更换审查员的可能性作为最优先考虑的问题。

继续申请的另一个副作用是继续申请将会被公布并且当其被公布时将会给申请人另一次临时专利权，正如在审查一章中所讨论的。

2. RCE 与继续申请的比较

表 3－2 给出了一个对比表格，并排总结了 RCE 和继续申请的许多方面。

**表 3－2　RCE 和继续申请对比表**

| | RCE | 继续申请 |
|---|---|---|
| 提交费（截至 2019 年 3 月 1 日） | ■ 第一次 RCE 更便宜，1300 美元的美国专利商标局费用<br>■ 如果之前付过额外权利要求费，则不需要再次支付额外权利要求费 | ■ 1720 美元的美国专利商标局费用<br>■ 需要再次支付额外权利要求费 |
| 发明转换 | ■ RCE 不允许发明转换 | ■ 继续申请允许发明转换 |
| 发明人权变更 | ■ 发明人权延续至 RCE<br>■ 要求 37 CFR 1.48 请愿书（缴纳费用） | ■ 继续申请允许简单地变更发明人权 |
| 时间期限 | ■ 提交 RCE 时要求提交 RCE 提交文件<br>■ RCE 将会相当快地得到处理，除非同时提交了中止审查请求（140 美元费用）<br>■ 如果想要审查立即继续下去，建议提交 RCE | ■ 提交继续申请时不要求做任何的修改<br>■ 建议增加新的权利要求以避免出现第一次审查意见即为最终审查意见的情况<br>■ 如果需要更多的时间来答复最终审查意见，则建议提交继续申请 |
| 更换审查员 | ■ 不会 | ■ 可能，但可能性不大 |
| 重新公布 | ■ 不会重新公布，除非提出新的权利要求（需要缴纳费用） | ■ 会重新公布并且有临时专利权 |

总之，申请人提交继续申请时应当考虑以下几点：

● 为了采用组合方法，即接受可批准的权利要求（以获得早的专利保护）并且在继续申请中继续追求其他的权利要求（以获得更宽的专利覆盖范围或者达到"潜水艇专利"效果）；

● 为了将权利要求转换为针对不同的发明，否则如果不提交继续申请就不能进行这样的权利要求转换；

- 为了以相比于常规申请中的发明人权变更方法更简单的方法变更发明人权；

- 为了获得额外（并且相对长的）的时间用于准备宣告性证据。

## 七、分案申请（Divisional Application）

1. 提交哪种类型的持续申请——分案申请还是继续申请

仅当母案申请中发出限制性要求的情况下才可以提交分案申请。如果不存在这种限制性要求，则必须以继续申请而不是分案申请的方式提出持续申请。

此外，如果母案申请中的限制性要求被撤回，那么任何已经提交的分案申请将会丧失其分案状态并且应该被变更为继续申请。下面的示例示出了经常遇到的涉及将权利要求重新加入审查的情况。该专利申请包含以下权利要求：

> 权利要求 1. 一种装置，包括 A 和 B。
>
> 权利要求 2. 根据权利要求 1 所述的装置，其中 A 为 A2。
>
> 权利要求 3. 根据权利要求 1 所述的装置，进一步包括 C。
>
> 权利要求 4. 根据权利要求 1 所述的装置，进一步包括 D。

审查员发出了限制性要求，要求申请人选择 C 和 D 中的一类。申请人选择了 C。由于权利要求 1 ~ 3 体现了所选的类，所以权利要求 1 ~ 3 被审查。权利要求 4 被撤回但保持未决。审查员驳回了权利要求 1 和 3，但是指出权利要求 2 包含了可被批准的主题。申请人将权利要求修改如下：

> 权利要求 1. 一种装置，包括 A 和 B，<u>其中 A 为 A2</u>。
>
> 权利要求 2.（删除）
>
> 权利要求 3. 根据权利要求 1 所述的装置，进一步包括 C。
>
> 权利要求 4. 根据权利要求 1 所述的装置，进一步包括 D。

由于其中包含了审查员指出的权利要求 2 中可被批准的主题，审查员批准了修改后的权利要求 1。审查员还批准了引用可被批准的权利要求 1 的从属权利要求 3。审查员还将权利要求 4 重新加入到审查中，因为尽管权利要求 4 针对的是未被选择的发明，但是权利要求 4 引用了可被批准的概括式或者链接式权利要求 1。接着审查员批准了重新加入的权利要求 4。由于权利要求 4 被重新加入，因此审查员也撤回了限制性要求。该申请连同权利要求 1、3、4 一起被批准。

在复查了已经获得批准的申请之后，申请人认识到由于权利要求 1 中记载了限定特征 A2，因此所获得的专利覆盖范围很窄，不能令人满意，尤其是对于 D 类（权利要求 4）而言。申请人想要在持续申请中单独地追求原始权利要求 4（一种装置包括 A、B 和 D）的保护范围。这样的一个持续申请应当以继续申请的形式而不是分案的形式来提交，原因在于限制性要求已经被审查员撤回。

2. 分案申请与继续申请对比——重复授权问题

分案申请与继续申请之间最主要的区别在于《美国专利法》第 121 条❶，该条禁止基于母案申请的权利要求对分案申请的权利要求发出重复授权驳回。❷ 如果持续申请以继续申请的形式提交，那么该继续申请的审查员可以不受约束地基于母案申请的权利要求对该继续申请的权利要求发出重复授权驳回。

当然，继续申请中发出的重复授权驳回可以通过提交期末放弃轻而易举地消除。这种期末放弃不会导致任何专利期限的丧失。因此，读者可能问，区分分案申请和继续申请到底有何意义。

问题的答案在于期末放弃会带来不利的影响，正如前面所讨论的，如果申请中提交了期末放弃并且该申请被授权为专利，则仅当该专利以及先前母案仍然为共同所有时，该专利权才将是可实施的。这个要求极大地限制了申请人对专利进行单独许可的能力。

因此，相比于当持续申请为受制于期末放弃的继续申请的情况，如果申请人能够保持该持续申请的分案状态，则申请人将会有更大的自由来实施其专利权。

由于正在审查的母案申请中的限制性要求被撤回，该母案申请的持续申请的分案状态也将同时丧失。考虑上述相同的示例，但是这一次申请人没有将未选中的权利要求 4 在母案申请中保持未决，而是删除了权利要求 4 并且为该权利要求 4 提交了一个分案申请，该分案申请的审查与母案申请的审查同时进行。在提交该分案申请时，因为限制性要求仍然有效，所以其分案的状态是恰当的。审查员在该分案申请中不会发出基于母案申请的权利要求的重复授权驳回。

之后，在母案申请的审查过程中，审查员意识到他可以在没有任何严重负

---

❶ AIA 法案对《美国专利法》第 121 条的修改看上去没有直接影响这个章节的讨论。

❷ 《美国专利法》第 121 条的分案申请……按本款规定对一个专利申请做出限制性要求，或者一个专利申请是由于限制性要求而提出的，那么基于这两种专利申请授权的专利，不能在专利商标局或法院作为对比文件，针对一个分案申请或该原始申请或任何基于该两者授权的专利，并且该分案申请在基于其他申请的专利授权之前提交。

担的情况下对整个申请进行审查。然后审查员主动地撤回了限制性要求。突然间，该分案申请丧失了其分案状态，并且必须被变更为继续申请。这种从分案申请变为继续申请的连续性类型的变更并不复杂，只需要简单地提交一份补充的 ADS 即可。但是，一个更严重的后果是现在审查员可以基于母案申请的权利要求对该变更后的继续申请的权利要求发出重复授权驳回。这样的一个重复授权驳回可能会迫使申请人提交期末放弃，而期末放弃反过来会限制申请人在实施其专利权方面的自由。

为了避免像这样的"惊喜"，建议申请人还是等到母案申请被批准后再提交分案申请。一旦母案申请被批准，审查员就不能再撤回限制性要求，所以随后提交的分案申请就不会丧失其分案状态。因此，申请人就可以单独地实施专利同族中的专利权。

3. 分案申请提交策略

如上所述，有效使用分案申请的第一条策略就是保持其分案状态，例如，通过在母案申请获得批准后再提交分案申请。

第二条策略类似于上述讨论的继续申请策略，即在分案申请中追求概括式的覆盖范围。让我们考虑一个示例，其中母案申请包括以下权利要求：

权利要求 1. 一种装置，包括 A 和 B。

权利要求 2. 根据权利要求 1 所述的装置，其中 A 为 A2。

权利要求 3. 根据权利要求 1 所述的装置，进一步包括 C。

权利要求 4. 根据权利要求 1 所述的装置，进一步包括 D。

审查员发出了限制性要求，要求申请人选择 C 和 D 中的一类。申请人选择了 C。由于权利要求 1~3 体现所选的类，所以权利要求 1~3 被审查。权利要求 4 被撤回但保持未决。审查员驳回了概括式权利要求 1 和 2，但是指出具体针对被选类的权利要求 3 包含了可被批准的主题。

以下为建议采用的策略。

申请人应当接受可被批准的主题，并且将权利要求修改如下：

权利要求 1~2.（删除）

权利要求 3. 根据权利要求 1 所述的装置，进一步包括<u>一种装置，包括 A、B 和 C</u>。

权利要求 4.（删除）

然后审查员应当对具有具体针对所选类别 C 的权利要求 3 的该申请予以批准。因为该申请已经被批准，所以审查员就不能够再撤回限制性要求。

　　申请人将会在母案申请授权之前或者最好在母案申请获批之后不久提交一份分案申请，该分案申请中包括概括式权利要求以及具体针对其他类别 D 的权利要求，例如：

　　　　权利要求 1. 一种装置，包括 A 和 B，其中……

　　　　权利要求 2. 根据权利要求 1 所述的装置，其中 A 为 A2。

　　　　权利要求 3. （删除）

　　　　权利要求 4. 根据权利要求 1 所述的装置，进一步包括一种装置，包括 A、B 和 D。

　　如上所述，（相比于母案申请的原始权利要求 1）该分案申请的权利要求 1 可以包括任何必要的附加特征以克服母案申请中使用的现有技术。如果/当该分案申请的权利要求 1 和/或权利要求 2 被批准，申请人将会获得覆盖类别 C 和 D 的专利保护范围。这种被批准的概括式权利要求还应该更宽地覆盖其他未指定的类别，否则如果只追求具体针对类别 C（权利要求 3）和类别 D（权利要求 4）的权利要求，则这些未指定的类别的专利保护范围将会丧失。

　　该策略有利于：

　　● 通过母案申请为选中的类别（类别 C）提供更早的专利保护；以及

　　● 通过一个或多个分案申请提供概括式的覆盖范围（该覆盖范围也应该覆盖未选中的类别，如 D）。

　　如果除了选中类别的覆盖范围，母案申请还获得了一个窄的概括式覆盖范围，那么相同的策略也适用于这种情况。具体而言，在这种情况中，审查员除了批准类别权利要求 3，还批准了窄的概括式权利要求 2，除此之外的事实与上述讨论的保持不变。

　　申请人应当通过将权利要求 2 和 3 变为可被批准的形式（独立权利要求形式）来接受可被批准的主题并且等待授权通知书，然后提交分案申请来追求更宽的概括式覆盖范围以及类别 D 覆盖范围，分案权利要求的示例如下所示：

　　　　权利要求 1. 一种装置，包括 A 和 B，其中……

　　　　权利要求 2~3. （删除）

　　　　权利要求 4. 根据权利要求 1 所述的装置，进一步包括一种装置，包括 A、B 和 D。

　　因此，除了通过母案申请中可被批准的权利要求 2 所获得的窄的概括式覆盖范围（受限于限制性特征 A2）之外，在该分案申请中可以追求更宽的概括式覆盖范围。

总之，申请人使用分案申请时应当谨记两点，即，

- 最好能够保持分案状态，从而避免基于母案申请的权利要求而发出的不必要的重复授权驳回；以及

- 分案申请不仅可以用来追加未被选中的权利要求，还可以用来获得更宽的/概括式覆盖范围。

## 八、部分继续申请（Continuation – in – part Application，CIP）

1. 部分继续申请（CIP）与分案申请/继续申请对比

继续申请或者分案申请与母案申请的原始公开内容相比不可以包含新内容（New Matter），与此不同的是部分继续申请可以（并且应该）包含新内容。如果一个部分继续申请不包含新内容，则应该用继续申请取而代之。

因为部分继续申请同时包含旧的以及新的公开内容，所以其权利要求受制于不同的现有技术集合。具体而言，受母案申请（旧的公开内容）支持的部分继续申请有权享有母案申请的申请日，并且受制于更窄的现有技术集合。相反，得不到母案支持的权利要求不能享有母案申请的申请日而只能享有部分继续申请的申请日，并且受制于更宽的现有技术集合，该现有技术的集合包括母案申请的申请日与部分继续申请的申请日之间出现的介入现有技术。❶

由于复杂的现有技术使用方式以及其他因素，例如部分继续申请不能延长专利期限或者专利所有人在专利诉讼中负有证明其有权享有早期申请日的责任❷等，如今部分继续申请较之前变得缺乏吸引力。

2. 部分继续申请提交策略

（1）为了消除公开文本中的缺陷而提交部分继续申请。

部分继续申请作为消除原始申请中缺陷的手段最具吸引力。例如，如果母案申请中遗漏了一个附图，但是母案申请中包含了对该遗漏附图的文字支持或者描述，那么提交部分继续申请可能是加入该遗漏的附图最简单、最有效的方法。最好在通过其他方法尝试加入该遗漏的附图失败后（例如由于审查员坚持认为该遗漏附图的加入会引入新内容）再提交这样一个继续申请。专利从业人员可以简单地提交一个带有该遗漏附图的部分继续申请，而不需要和审查员进行进一步争辩。部分继续申请的权利要求的文字支持应当在原始公开中找到，并且不应当受制于介入现有技术。

部分继续申请的一个类似用途是用于引入一个新的附图以满足美国专利商

---

❶ Paperless Accounting v. Bay Area Rapid Transit System，804 F. 2d 659 at 665（Fed. Cir. 1986）.

❷ Power Oasis, Inc. v. T – Mobile USA, Inc. , 522 F. 3d 1299, 1304 n 3（Fed. Cir. 2008）.

标局的要求，即附图应当显示所有进行权利主张的特征。例如，如果母案申请包括一个权利要求，该权利要求中的一个特征没有出现在原始附图中，并且审查员拒绝采纳显示了该特征的一个新的附图，那么提交一个具有该新的附图的部分继续申请应当能够使事情得到解决并且不会出现重大的问题。

同样地，部分继续申请还可以用于修复母案申请的说明书中的问题。例如，在母案申请的审查过程中，说明书被多次重复修改，其中一些修改被审查员采纳而另外一些则被拒绝。有些时候，想要辨别哪个修改后的说明书版本是最新准入的版本，从而可以按照美国专利商标局的要求用适当的标记（下划线和/或删除线）来示出相对于该最新准入的版本所做的进一步修改是不可能的。此时，一个简单的修复方式是提交一个部分继续申请，在该部分继续申请中包括期望的说明书的干净版本。

（2）为了加入新的公开内容来克服驳回而提交部分继续申请。

除了上述讨论的对形式性问题的修改以外，部分继续申请可以包括实质性修改或者额外的实质性内容。利用部分继续申请来将能表明权利要求中的特征的关键程度的额外试验数据包括在内就是一个例子。具体而言，审查员可能声称权利要求中的特征（例如一个数值范围）相对于现有技术是显而易见的，原因是没有证明权利要求中的范围关键程度的证据。克服审查员的理论依据的一个方法是提交一份第132条声明，并且在其中给出支持该权利要求中的范围的关键程度的实验性数据。另一种方法则是提交一个部分继续申请，并且将该实验性数据用文字写入该部分继续申请的说明书中。由于说明书中的信息相比于声明中的信息通常更具分量，因此采用部分继续申请的方法被认为更好。部分继续申请的方法也会导致在该部分继续申请的基础上授权的专利中包含该实验性数据。

（3）为了公开最新进展并且对其进行权利主张而提交部分继续申请。

最后同样重要的是，部分继续申请可以用于公开母案申请主题的最新技术进展并且对该最新技术进展提出权利主张。建议采用的策略是，随着母案申请提交之后发展的技术进展，提交一个或多个（最好是一系列）临时申请。在这种一系列临时申请的最后或者在完成了重要的改进之后，应当提交一份继续申请来要求母案申请以及截止到当时所提交的临时申请的优先权。部分继续申请应当在该改进被公开披露或者销售或者许诺销售的1年以内提交，从而避免不符合AIA法案前的《美国专利法》第102条（b）款的规定和/或从而希望

能够维持 AIA 法案第 102 条（b）（1）款所规定的现有技术的<u>例外情况</u>。❶

上述建议的部分继续申请的使用方法可以很好地保护与母案申请密切相关的改进。例如，母案申请公开了一个宽范围 10 ~ 100nm 以及一个窄范围 50 ~ 80nm。在该母案申请提交之后，申请人发现另一个窄范围，例如，35 ~ 45nm 是最好的并且申请人想要对该新的范围提出权利主张。如果在母案申请中直接引入针对该新范围 35 ~ 45nm 的权利要求，那么审查员可能会拒绝采纳该新的权利要求。提交一个部分继续申请会是最好的解决方法。

对于一个新的技术进展而言，提交一个新申请会比提交一个基于一系列临时申请的部分继续申请更好。这样的一个新申请会享有完整的 20 年专利权期限，而不是如提交部分继续申请享有的受限于母案申请早期申请日的专利权期限。

总之，部分继续申请对于修复母案申请公开内容中的缺陷或者对密切相关的改进进行公开和权利主张是非常有用的。对于新的技术进展，提交新申请会是一个更好的选择。

3. 部分继续申请的实践注意点——与母案申请必须至少有一个共同发明人

需要特别注意，对于部分继续申请（继续申请或者分案申请也一样）而言，为了享有母案申请的早期申请日，除了满足别的要求以外，部分继续申请和母案申请还必须具有至少一个共同发明人。由于继续申请或分案申请与母案申请具有相同的公开内容，因此继续申请和分案申请几乎都会自动满足这项要求。但是，部分继续申请很可能会署上为该部分继续申请的额外公开内容（新内容）做出贡献的一个新发明人。❷ 部分继续申请中的多数发明人不是母案申请中的发明人，这样的情况并不罕见。但是，不管部分继续申请中署名了多少新的发明人，该部分继续申请必须至少署上一名母案申请中的原始发明人。如果没有这样一名共同发明人，该部分继续申请将会失去其继续部分申请状态并且对母案申请早期申请日的任何权益主张也会丧失。更糟的是，母案申请的公开文本可能会成为 AIA 法案之前的《美国专利法》第 102 条（b）款所规定的现有技术（或者根据 AIA 法案不符合现有技术例外情况），可用于对付

---

❶ 对于发生在部分继续申请（CIP）的有效申请日前 1 年或更短时间内的销售或许诺销售，是否属于 AIA 法案第 102 条（b）（1）款下例外的"公开"并不能很快地从 AIA 的法律条文中清楚地得出，并且可能需要法院的解释。

❷ 但是，对于一个继续申请或分案申请可以列入一个不在母案申请中的发明人这种情况，并没有被排除。它取决于母案申请的权利要求是怎么写的（基于权利要求，而非公开内容来确定署名发明人）。

该部分继续申请。许多申请人没有意识到或者忽略了共同发明人这项要求，因此专利从业人员应当用心与申请人核对部分继续申请的发明人权信息，从而确保母案申请和部分继续申请中指定了<u>至少一个共同发明人</u>。

## 九、上诉通知书（Notice of Appeal）❶

当申请人不想在审查员层面进行进一步审查时，上诉通知书是上诉程序中需要的第一步。上诉通知书必须伴随着复上诉一起提交（截止到 2019 年 3 月 1 日为 800 美元）。

上诉通知书通常在最终审查意见之后提交。但是，如果申请中的权利要求已经被<u>两次</u>驳回，则也可以在非最终审查意见之后就提交上诉通知书。❷ 例如，在以下情况中提出上诉通知书都是正确的：

（i）最终审查意见→RCE→针对 RCE 的第一次审查意见→上诉通知书；

（ii）第一次审查意见→答复→第二次非最终审查意见→上诉通知书；

（iii）母案申请中的最终审查意见→继续申请（至少有一个相同的权利要求）→继续申请提交后的第一次审查意见→上诉通知书。

在情况（i）中，权利要求已经被最终审查意见和 RCE 后的第一次审查意见两次驳回。申请人可以在 RCE 后的第一次审查意见之后提交上诉通知书，尽管该 RCE 后的第一次审查意见为非最终审查意见。

在情况（ii）中，权利要求已经被两个非最终审查意见两次驳回。申请人可以在第二次审查意见之后提交上诉通知书，尽管该第二次审查意见为非最终审查意见。

在情况（iii）中，在母案申请的最终审查意见之后，申请人提交了一份继续申请，其中至少有一个权利要求与母案申请中被最终驳回的一个权利要求相同。在针对该继续申请的第一次审查意见之后，该继续申请中与母案申请中被

---

❶ 除了将专利上诉和干预处理委员会的名字变为"专利审判和上诉审委员会"外，AIA 法案在申请的上诉程序中<u>没有</u>引入重大变化。但是，在派生程序上，复审、授权后审查，双方审查程序上有一些别的变化。

❷ 35 U. S. C. 134（a）：一个申请人申请一个专利，其权利要求已经被两次驳回，那么该申请人对主要审查员的决定，向专利上诉和干预处理委员会申请复审，并已为该复审缴过费（加入了强调部分）。

37CFR41. 31（a）（1）：每个申请人，其权利要求已被两次驳回，则其通过提交上诉通知书以及缴纳§41. 20（b）（1）列出的费用，在该条文部分§1. 134 规定时间期限内，可针对审查员的决定向专利上诉和干预处理委员会提出上诉（加入了强调部分）。

请见，MPEP，section 2104. I. 引用案例 Ex Parte Lemoine，46 USPQ2d 1420，1423（Bd. Pat. App. & Inter. 1994）。只要申请人两次被拒绝专利授权，上诉即可提交（加入了强调部分）。

最终驳回的一个权利要求相同的那个权利要求已经被两次驳回，即在母案申请中第一次被驳回，在该继续申请中第二次被驳回。因此，申请人可以在针对该继续申请的第一次审查意见之后提交上诉通知书，即使该第一次审查意见为非最终审查意见。

上诉通知书必须在其之前的上诉所针对的最近一次审查意见发出日之后的6个月内提交。当然，对于在第4、第5或第6个月提交的上诉通知书，还需要缴纳延期费。

从上诉通知书日期起算的2个月内（如缴纳延期费则可延长至最多6个月），申请人可以提交RCE、持续申请或者上诉理由。如果申请人想要提交上诉前简要审查请求（PABRR），必须与上诉通知书一起提交。上诉前简要审查请求（PABRR）将会在下面进行讨论。

一份及时提交的上诉通知书具有时钟停摆效应，即可以暂时防止申请被放弃。因为这个原因，即使申请人不打算上诉也可以提交上诉通知书。例如，审查员在最终审查意见中指出了一些权利要求的可被批准的主题，申请人在答复该最终审查意见时提交了最终驳回后的修改以接受可被批准的主题并且将不可被批准的权利要求删除。但是由于一些原因，审查员直到6个月的期限截止都没有批准该申请。万一审查员找到了不采纳申请人最终驳回后的修改的理由，在这种情况下为了防止该申请被放弃，申请人应当在6个月时限之前提交一份上诉通知书从而使得时钟停摆。然后申请人将会有从上诉通知书提交日算起的额外2个月时间（还可以进一步延长），以提交最终驳回后修改的补充修改或者RCE的方式来跟审查员解决任何未决的问题。

总之，上诉通知书可用于延长答复期限，并且可以在申请人的权利要求已经被两次驳回之后的任何时候提交。

## 十、上诉前简要审查请求（Pre – Appeal Brief Request For Review，PABRR）

通常在最终审查意见之后，如果申请人对审查员的决定不满意，那么进行上诉将会是申请人采用的传统方法。最近，美国专利商标局引入了一个被称为上诉前简要审查请求（PABRR）的试点项目，旨在减少复审量。PABRR试点项目原本被设定为只运行一段有限的时间。但是由于该项目非常成功，因此已经被无限延期。但是由于该项目的"试点"性质，因此除非美国专利商标局将项目变为永久性的项目，否则其还是可能被终止。

1. PABRR与申请重新考虑请求对比

PABRR项目的成功在于其有效减少了转至专利上诉和干预处理委员会的

上诉量。具体而言，美国专利商标局最新公布的数据显示在 PABRR 项目实行之后 35% 的最终驳回有望被撤回（7% 被批准，28% 重新开启审查程序），如图 3 – 16 所示。实际上只有大概一半（54%）的上诉案件被转至专利上诉和干预处理委员会。

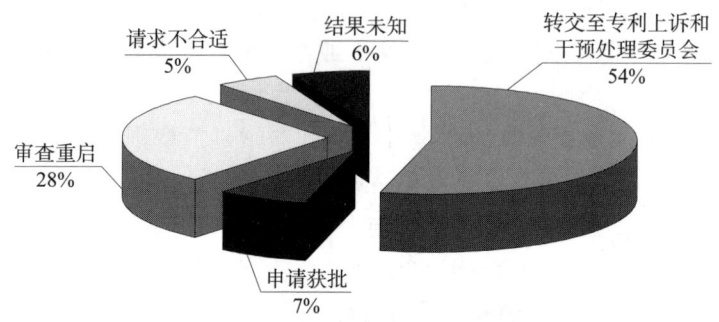

**图 3 – 16　美国专利商标局复审前的统计图**

有经验的专利从业人员可以有效地利用 PABRR 来获得更好的结果。图 3 –17 是从作者公司的数据库中挖掘出的最近的 PABRR 数据，其中 50% 的驳回有望被撤回（4% 被批准，46% 重新开启审查程序）。

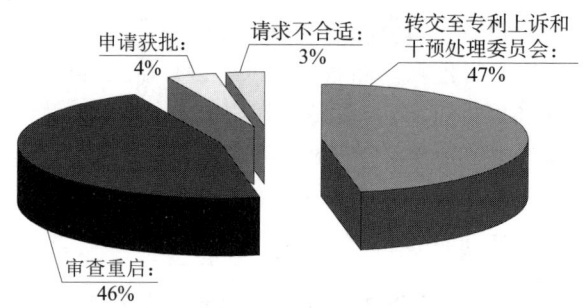

**图 3 –17　作者公司复审前的统计图**

应当注意，PABRR 仅包含争辩，而可与之类比的最终审查意见之后的方法，即申请重新考虑的请求也仅包含争辩，但其达不到这么高的驳回撤回率。

PABRR 比申请重新考虑的请求更加有效的主要原因在于上诉程序。申请重新考虑的请求通常都是由负责该案件审查的审查员一个人进行复查，审查员很显然不愿意否定自己。监督审查员可能偶尔会检查负责该案的审查员的工作，尤其在该负责的审查员（SPE）为新聘的审查员的情况下。但是，大多数情况下都是负责该案的审查员一个人来决定基于反驳理由是否应该将最终驳回撤回。结果不言而喻。

相反，PABRR 由 3 名审查员即负责该案的审查员、他的监督审查员以及一名质量保证专员（QAS）组成的小组进行复查，质量保证专员通常由另一位监督审查员或者经验丰富/训练有素的审查员担当。虽然负责该案的审查员以及监督审查员多多少少都会站在同一边（即审查员一边），但是质量保证专员的存在通常才是决定性因素，质量保证专员的存在会使得结果朝着有利于申请人的方向发展。

尽管每个 PABRR 都必须伴随一份上诉通知书并且提交该上诉通知书需要额外的费用，但是基于 PABRR 相比于申请重新考虑的请求有更高的驳回撤回率，PABRR 仍然是更好的选择。

2. PABRR 与上诉理由对比

相比于需要完整上诉理由的传统上诉方法而言，PABRR 更加便宜，然而在使得论述不佳的驳回撤回方面却相对更加有效。对于有理有据的驳回将需要一个全面的上诉理由才能够克服。下面将针对 PABRR 和上诉理由之间的比较进行讨论。

（1）PABRR 更便宜。

从成本方面来讲，PABRR 更加便宜。PABRR 仅需要缴纳美国专利商标局上诉费用（截止到 2019 年 3 月 1 日为 800 美元）并同时提交上诉通知书。而上诉理由需要同时缴纳上诉通知书费用（截止到 2019 年 3 月 1 日为 800 美元）和额外上诉转送费（截止到 2019 年 3 月 1 日为 2000 美元）。因为需要对上诉理由中的每一个驳回理由进行处理从而获得专利上诉和干预处理委员会的全面复查，所以针对上诉理由的律师费也更高。相反，PABRR 仅需要专注于审查员的观点特别弱的那些驳回理由。还有一种快速（也便宜）地准备 PABRR 的方法，即对先前递交的争辩理由进行重复，不管是文字重复还是通过引用进行重复。下面立即对这种方法进行讨论。

PABRR 在内容量上的限制也是其律师费较低的一个因素。具体而言，美国专利商标局只允许每个 PABRR 中包括 5 页的理由（争辩）。如果 PABRR 中包括了超过 5 页理由，那么该 PABRR 将不予考虑，审查员甚至都不会考虑其中的实质性内容。虽然这 5 页的限制不包括传输或签名页，但是出于安全还是建议整个 PABRR（包括任何封面/签名页以及理由）只包括 5 页。相反，上诉理由即使没有附页也很容易就超过 25 页，因此需要更多的时间和精力去准备。

（2）可以将先前的争辩以引用的方式并入 PABRR 中（而在上诉理由中不建议这么做）。

在准备 PABRR 时应当考虑到其 5 页的限制。庆幸的是，美国专利商标局允许以引用的方式将先前提出的争辩并入 PABRR 中。因此，申请人可以用下面的方式引入先前提出的争辩理由，而不需要对该争辩理由进行字面上的重复，因为有时候先前争辩的内容量（页数）可能会导致这种字面上的重复变得有问题。

> 当前对权利要求 1~20 相对于对比文件 X 和 Y 的显而易见性驳回明显是不正确的，理由在 2008 年 4 月 7 日提交的修改中的第 7 页第 5 行至第 17 页第 21 行已经给出，这些理由通过引用方式并入此处。

不管以引用方式并入的争辩包括多少页，只要以引用方式并入该争辩的 PABRR 的争辩部分不超过 5 页，则该 PABRR 就是可接受的，并且美国专利商标局应当予以考虑。在上面给出的示例性段落中，先前的争辩大约有 10 页长，但是只需要几行字就可以将其并入 PABRR 中。余下的空间（页数）可以用来提出新的争辩。

（3）在 PABRR 中不允许提交修改（包括形式性修改）。

提交 PABRR 时不可以包含任何的权利要求修改。同时提交的权利要求修改会立即导致该 PABRR 被拒绝受理。虽然允许对说明书、摘要或附图进行修改，但还是建议申请人直到 PABRR 被接受和考虑再做这样的修改。原因是避免由于这些非权利要求修改导致的潜在的（虽然是不正确的）拒绝受理 PABRR 的可能性。

如果申请人想要一些权利要求的修改能够被 PABRR 采纳，那么应当在提交 PABRR 之前提交一份最终驳回后的修改。接着申请人应当等待收到一份建议性审查意见，其中指出出于上诉目的，该最终审查意见之后的修改已经被采纳。然后申请人才应当提交 PABRR，并且在 PABRR 中引入与已被采纳的最终驳回后修改后的权利要求对应的争辩理由中。这种情况通常会在当权利要求的改变仅仅是针对形式性问题的修改，或者是为了解决简单的不明确问题（如缺乏引用基础）而进行的修改，或者是为了接受审查员提出的修改意见而进行的修改时遇到。这种修改在最终审查意见之后的阶段是可以被采纳的，并且这种修改可以使权利要求变得更加适合在上诉或者 PABRR 中使用。

在最终审查意见之后不应当做出任何涉及权利要求实质内容的修改。如果这样的修改是上诉或者 PABRR 想要的，那么申请人应当提交 RCE 来使得该修改被采纳，然后在 RCE 后的第一次审查意见（可以是非最终审查意见通知书）之后再提交想要的上诉或者 PABRR。

与 PABRR 相反，提交上诉理由时可以包含对权利要求的修改。但是这种修改非常局限，仅限于删除权利要求，或者将从属权利要求改写成独立权利要求形式，或者解决简单的不明确问题。换而言之，只有使得问题简单化（如删除权利要求）或者使得权利要求更适合上诉使用（如将从属权利要求改写成独立权利要求形式，或者解决简单的不明确问题）的那些修改才会被采纳。

因此，从修改方面来看，PABRR 和上诉理由真正的区别在于上诉理由可以包含有限的权利要求修改，而 PABRRA 不可以包含权利要求的修改。任何想要用于 PABRR 的权利要求修改都应当在 PABRR 之前提交并且被采纳。

（4）PABRR 的准备时间相比于上诉理由更短。

如上所述，提交 PABRR 的时间期限更紧，原因在于 PABRR 必须在提交上诉通知书时一并提交。上诉理由可以在提交上诉通知书后另行提交，即在无须缴纳延期费情况下提交上诉通知书的 2 个月内提交上诉理由，或者在缴纳延期费情况下最长再有额外 4 个月内（一共是在提交上诉通知书的 6 个月内）提交上诉理由。上诉理由还可以在针对先前提交的 PABRR 的决定发出后的 1 个月内提交，此外还可以进一步延期。

（5）美国专利商标局对 PABRR 作出决定相比上诉理由更快。

PABRR 的决定通常很快会做出（至少根据美国专利商标局的指南是这样），即在 PABRR 提交之后的 45 天内做出。相反，针对上诉理由的决定可能需要 2~3 年才能做出。上诉理由决定的这种长期未决性是申请人不愿意进行上诉的主要原因之一。PABRR 之所以受欢迎，很大程度上是由于其可快速的转变。

（6）PABRR 和上诉理由可能会由相同专家组进行复查。

PABRR 和上诉理由很可能由负责该案的审查员、他的监督审查员以及质量保证专员组成的相同专家组进行复查。因此，如果专家组对 PABRR 做出了不利的决定，那么该决定将会给专利从业人员一个很好的参考，让他们预期专家组将会对随后提交的上诉理由做出怎么样的决定，也就是说通过提交上诉理由也不大可能使得审查员撤回驳回，并且专利上诉和干预处理委员会（三名行政法官组成的专家组）将会做出最终决定。

（7）PABRR 和上诉理由的复查标准不同。

PABRR 和上诉理由的复查标准也不尽相同。对于 PABRR 而言，专家组只会对驳回中的明显错误进行复查，即：

● 明显事实缺陷，例如基于事实错误做出的不正确的驳回（例如使用的对比文件没有教导全部的权利要求特征）；和

● 明显法律缺陷，例如初步驳回所要求的必要元素的疏漏（例如驳回中缺乏显而易见性理由的清晰论证）。

明显的事实错误通常出现在基于《美国专利法》第 102 条的预期驳回中，其中审查员将现有技术的某个元素错误地描述为与权利要求中的某个限定对等。

这种明显的事实错误也可能在基于《美国专利法》第 103 条（a）款的显而易见性驳回中遇到，其中使用的所有对比文件都没有教导或者公开某个特定的权利要求元素，因此组合也会缺少该权利要求元素（尽管审查员的声称与之相反）。

明显的法律错误通常出现在基于《美国专利法》第 103 条（a）款的显而易见性驳回中，其中审查员无法提供明确的相关联的理由说明进行权利主张的发明为何是显而易见的。❶ 例如，审查员依赖于 KSR 案小节中讨论的非 TSM 附加理论依据，但是却忘记提供所要求的一系列认定中的一个环节，例如认定在"显易尝试"的理论依据中存在<u>有限数量</u>的<u>经过识别</u>的（已知的）或者可预期的解决方案。在另一个常见的例子中，审查员在显而易见型重复授权驳回中简单地声称相冲突的权利要求是显而易见的变型，但是却没有提供支持该显而易见性决定的任何理由。

但是，如果审查员已经提供了一些论证（在申请人看来可能是不正确的），则专家组可能会认为不存在明显的错误，并且会维持申请的上诉状态而不会推翻审查员的观点。因此，审查员的理论依据错误不是一个非常明显的错误，应当考虑使用全面的上诉理由而不是通过 PABRR 来对这种错误进行处理。

（8）PABRR 或者上诉理由的选择策略。

PABRR 最好用于指出：

• 《美国专利法》第 102 条以及第 103 条（a）款驳回中审查员对<u>事实</u>的错误认定；或者

• 《美国专利法》第 103 条（a）款驳回中审查员对清晰的显而易见性论证的<u>疏漏</u>。

PABRR 用于对付审查员已经提供了一些（不一定正确的）理由的《美国专利法》第 103 条（a）款驳回不太有效。

另外，上诉理由会对驳回中的明显和不太明显的错误都进行复查。上诉的上诉理由中考虑但是 PABRR 中可能不考虑的问题包括：权利要求的解释、审查员的显而易见性理论依据的正确性等，除此以外还有很多其他问题。申请人还应该将所有可用的争辩理由都在呈现在上诉理由中。没有出现在上诉理由中的任何理由，专利上诉和干预处理委员会将不予考虑。申请人在提交答辩书时还有机会引入新的争辩理由，但是上诉理由仍然是将所有的争辩理由有组织地呈现出来的最佳机会。

---

❶ 显而易见性驳回不能仅由结论性的论述来支持，而必须有采用了一些理论依据的清晰的论证来支撑显而易见性的法律结论。请见案例 KSR International Co. v. Teleflex Inc., 550 U. S. at 417, 82 USPQ2d at 1396。

3. 在 PABRR 决定做出后的选择

针对 PABRR 做出的决定可以是以下之一：

（1）至少存在一个进行上诉的实际争议问题（继续复审）；

（2）重新开启审查；

（3）在现有权利要求的基础上申请被批准；

（4）由于不符合要求，PABRR 不予考虑。

决定（1）（继续复审）意味着申请被维持在上诉状态，并且要求申请人在 PABRR 决定的 1 个月内采取行动，也可缴纳延期费进行延期。这个阶段可采取的措施包括：

- 提交全面的上诉理由进行常规的上诉；
- 提交最终驳回后的修改以接受任何可被批准的主题，同时提交或者不提交持续申请；
- 提交 RCE 和/或持续申请，同时提交对权利要求的进一步修改；以及
- 放弃申请。

采取哪种措施取决于申请人的专利保护需求。例如，如果申请人明确地想要当前的权利要求获得批准而又不存在可被批准的权利要求，那么建议提交全面的上诉理由进行上诉。

在存在可被批准的主题的情况下，建议采用提交最终驳回后修改的方法。考虑到很多申请人提交 PABRR 明显是为了追求更宽的专利覆盖范围，那么建议一旦申请获得批准就提交一个持续申请（例如继续申请），并且将想要得到的宽泛权利要求包含在该持续申请中。

提交 RCE/持续申请的方法建议在申请人想要在再次复审前对权利要求进行改进的情况下使用。在提交了包含改进后权利要求的 RCE 并且该 RCE 可能被再次驳回之后，申请人随后可以立即提交一份上诉通知书（无须缴纳美国专利商标局的费用），同时提交第二次 PABRR 或者一份全面的上诉理由。

从审查员的驳回被推翻这点来看，决定（2）（重新开启审查）是一个有利的决定。这是最常见的一种 PABRR 结果。一旦决定重新开启审查，那么申请人不需要采取任何措施。审查员会对他的检索进行更新和/或对他的驳回理由进行重新组织，以用于下一次审查意见。在大多数情况下，审查员会继续驳回较宽的权利要求，并且指出其他权利要求（较窄的权利要求）中可被批准的主题。如果申请人认为所有可被批准的权利要求都没用，并且如果审查员重新组织的驳回理由仍然不正确，那么申请人可以提交第二次上诉通知书（无须缴纳美国专利商标局的费用），同时提交第二次 PABRR。

换而言之，上诉通知书的费用只需要缴纳一次。在此之后，申请人可以不

断地提交 PABRR（假设不需要进行权利要求的修改），提交每个 PABRR 的同时也提交一份单独的上诉通知书，并且无须再次缴纳上诉通知书的费用。这个过程可以一直持续下去，直到申请人决定提交一份上诉决定并且收到了专利上诉和干预处理委员会对于该上诉的决定为止。本质上，从美国专利商标局的费用来看，提交第二次或者后续的 PABRR（直到专利上诉和干预处理委员会的决定为止）都是免费的。

决定（3）（批准）是最好的决定，但是很少碰到。

如果专利从业人员仔细遵从上述讨论中给出的建议，即将 PARBB 保持在5 页以内、PABRR 不要包含权利要求的修改等，那么应当不会发生决定（4）（不予考虑）的情况。

专利上诉和干预处理委员会可能会对上诉理由做出的决定将会在下面单独讨论。

**4. PABRR 提交策略总结**

总之，PABRR 明显优于申请重新考虑的请求。两种方法都要求只可以包含争辩，但是 PABRR 可以让审查员的驳回接受监督审查员的复查，因此相对于包含了相同争辩理由的申请重新考虑的请求而言，PABRR 会更加有效。所以，当申请人想要对驳回进行反驳而不进行任何的权利要求修改时，PABRR 将会是推荐使用的方法。

与一份全面的上诉理由相比，PABRR 有优势也有劣势。PABRR 更加便宜、准备且更快速，并且在驳回中存在明显错误的情况下特别有效。由于PABRR 的费用更低，因此可以进行重复提交直到专利上诉和干预处理委员会做出决定为止，并且只需要缴纳一次上诉通知书费用。但是，正是由于PABRR 的明显错误标准，因此它的复查范围很有限。如果想要对驳回中的所有方面进行全面的复查，那么还是需要提交上诉理由。当 PABRR 无法使得驳回被逆转时（PABRR 不一定会失败，失败可能由于申请人的争辩太弱），上诉理由也是一个备用的选项。

表 3-3 给出了一个对比表格，并排总结了 PABRR 和常规上诉的多个方面。

**表 3-3　PABRR 和常规上诉的对比表**

| 对比项 | PABRR | 常规上诉 |
|---|---|---|
| 费用（截止到2019 年 3 月 1 日） | 更便宜<br>■ 包含在上诉费中（800 美元）<br>■ 律师费与申请重新考虑的请求相当<br>■ 上诉转送费（2000 美元），并且如果申请人在 PABRR 获胜则无须缴纳用于准备上诉理由的律师费 | ■ 需要同时缴纳上诉费（800 美元）以及上诉转送费（2000 美元）<br>■ 律师费明显更高 |

续表

| 对比项 | PABRR | 常规上诉 |
|---|---|---|
| 何时提交 | 时间期限更紧<br>■ PABRR 必须与上诉通知书一起提交 | 上诉可以在<br>■ 上诉通知书提交后的 2 个月内或 6 个月内（缴纳延期费的情况下）或者<br>■ PABRR 决定做出后的 1 个月内提交 |
| 多久做出决定 | 提交上诉通知书之后的 45 天做出决定 | 专利上诉和干预处理委员会在提交上诉通知书之后的 2~3 年做出决定 |
| 对权利要求的修改 | PABRR 不允许任何权利要求的修改 | 如果<br>■ 修改使得问题简化或者<br>■ 修改使得权利要求更适于复审<br>则允许对权利要求进行修改<br>例如<br>■ 删除权利要求<br>■ 将从属权利要求改写为独立权利要求形式<br>■ 解决简单的不明确问题 |
| 内容 | ■ 5 页或更少<br>■ 可以从先前争论中快速产生<br>■ 允许以引用的方式并入 | ■ 要求完整的上诉理由 |
| 复查标准 | ■ 仅针对明显的错误 | ■ 针对驳回中所有可上诉的理由 |
| 专家组 | 3 名审查员组成的专家组<br>■ 负责该案的审查员<br>■ 监督审查员<br>■ "独立的"主审官（质量保证专员 QAS） | ■ 3 名审查员组成的专家组（与 PABRR 专家组类似）准备审查员的答辩<br>■ 3 名行政法官组成的专家组对审查员的答辩以及上诉理由进行复查，并且做出决定 |
| 决定 | ■ 非最终决定，即如果申请人对决定不满意可进行常规上诉<br>■ 可能的结果包括：<br>（1）继续复审<br>（2）重新开启审查<br>（3）在现有权利要求的基础上申请被批准<br>（4）由于不符合要求，请求不予考虑 | ■ 受制于司法审查，一般为最终决定<br>■ 可能的结果包括：<br>（1）审查员的理由被确认或者被部分确认<br>（2）审查员的理由被推翻<br>（3）候审<br>（4）专利上诉和干预处理委员会引入了新的驳回理由 |
| 接下来的步骤 | ■ 常规上诉<br>■ 接受获批的权利要求<br>■ RCE/继续申请<br>■ 放弃 | ■ 请求重新审理<br>■ 起诉至美国联邦巡回上诉法院或者在华盛顿特区法院进行民事诉讼<br>■ 请求重新启动审查以处理新的驳回理由<br>■ 接受获批的权利要求<br>■ RCE/继续申请<br>■ 放弃 |

## 十一、上诉理由及上诉程序中的后续步骤

### 1. 上诉理由（Appeal Brief）❶

正如上述与 PABRR 的对比中所讨论的，上诉理由可以在 PABRR 失败后提交。当申请人认为问题太过复杂以至于在 PABRR 的"明显错误"标准下不能够进行成功复查时，上诉理由也可以在中间没有 PABRR 的情况下直接提交。申请人有很多的时间来准备并且提交上诉理由，即从上诉通知书的日期或者 PABRR 决定的日期起算最长为 6 个月（需缴纳延期费）。该允许的时间期限应当足够申请人提出所有可用的争辩理由。实际上，申请人应当尝试将所有可用的争辩理由都提出来，因为没有提出的任何争辩理由专利上诉和干预处理委员会都不予考虑。

如上所述，上诉理由可以与有限的权利要求修改一起提交。不允许进行任何实质性的修改或者提交任何实质性的证据。如果申请人想要这种实质性修改或者证据在上诉中被采纳，那么他们应当首先提交 RCE 并且在 RCE 中包含想要的修改和证据，然后再提出上诉（直至专利上诉和干预处理委员会作出决定之前都不需要缴纳任何美国专利商标局的上诉费）。

争辩是上诉理由的实质性部分。正如上面反复强调的，申请人应当在该部分中提出所有可用的争辩理由。争辩应当不仅针对独立权利要求，还应当针对任何不是由于从属关系而是本身在现有技术的基础上可单独授权的从属权利要求。任何单独进行争辩❷的权利要求都必须列在一个独立的标题下面，如下所示。

> 权利要求 1
> 基于以下详细给出的理由 A 和 B 中的任意一个，申请人尊敬地不同意审查员对权利要求 1 的驳回……
> 权利要求 2
> 至少基于权利要求 1 的理由，权利要求 1 的从属权利要求 2 应该具有专利性。权利要求 2 在以下详细给出的理由 C 的基础上还单独具有专利性。

对于任何没有进行单独争辩的权利要求，专利上诉和干预处理委员会都不会进行单独考虑。这也是为什么要将针对所有单独可授权的权利要求的全部可用争辩列出的另一个原因。

---

❶ 37 CFR 41.37.

❷ 参见 37 CFR 41.37（c）。除非包含一个声明，即这组权利要求不成立或不相互依存，专利上诉和干预处理委员会应该从这组中选择一个单独的权利要求，并且做出针对该单独的权利要求的基础上的驳回理由的复审决定。

除了以上讨论的要求之外，上诉理由中争辩部分的撰写原则应当与修改中评论部分的撰写原则大体相同，即针对权利要求而不是说明书进行争辩，从而避免费斯托（Festo）案的问题等。

2. 审查员的答辩（Examiner's Answer）❶

在提交上诉理由之后，专家组（与复查 PABRR 的专家组基本相同）随后会对上诉理由进行审查并且做出他们的决定，决定可以是以下之一：

- 授权或者审查员的修改；
- 重新开启审查；
- 审查员的答辩。

前两个选项已经在上面进行过讨论，此处不再赘述。审查员的修改表明审查员至少维持了对一些权利要求的驳回。审查员将在审查员答辩中给出他们的解释，申请人可以针对这些解释进行答复。

审查员的修改可能会撤回对一些权利要求的驳回，例如，对权利要求 5～10 的驳回。如果不存在对例如权利要求 5～10 的驳回，实际上表明这些权利要求包含可被批准的主题。此时，如果所获得的权利要求覆盖范围令人满意，那么申请人可以将申请从上诉中撤回并且提交一份最终驳回后的修改，从而将可被批准的权利要求修改为适合授权的状态，同时提交或者不提交持续申请。

审查员的修改可能会针对一些权利要求提出新的驳回理由。此时，申请人可以将申请从上诉中撤回并且提交一份修改来处理这些新的驳回理由。但是，如果申请人认为该新的驳回理由是错误的，那么他们应当提交答辩书以使得上诉继续。

3. 答辩书（Reply Brief）❷

答辩书是审查员做出修改之后的一个可选选项。但是，如果审查员的答辩包含了新的驳回理由并且申请人没有提交修改来处理这些新的驳回理由，那么申请人必须提交答辩书以维持上诉。

即使审查员的答辩没有包含任何新的驳回理由，在大多数情况下还是建议申请人提交答辩书。原因类似于辩论，即辩论双方都想要作最后的发言同时又不让对方有最后发言的机会。相同的辩论技巧也适用于此，即在申请人自己拥有最终陈词机会的情况下（通过提交答辩书），让审查员拥有最终陈词的机会（通过审查员的修改）是不明智的。

答辩书应当针对审查员的答辩中提出的问题进行答复，尤其是审查员对于申请人争辩理由的答复以及新的驳回理由。

---

❶　37 CFR 41. 39.

❷　37 CFR 41. 41.

与上诉理由类似，答辩书中不允许有任何的修改或者证据。

答辩书必须在审查员提交修改之后的 2 个月内提交，基本上禁止延期。

提交答辩书不需要缴纳美国专利商标局费用。准备答辩书的律师费用取决于案件的复杂程度以及审查员的争辩范围。一般来讲，答辩书的成本应当介于常规答复和上诉理由之间（但是没有上诉理由那么昂贵）。

4. 审查员对于答辩书的答复——第二次答辩书（Examiner's Response to Reply Brief – Second Reply Brief）

提交答辩书之后，审查员可能会采取以下措施：

- 简单地采纳答辩书；
- 重新开启审查；
- 提交一份审查员对该答辩书的答复。

第一个选项（仅仅采纳答辩书）是申请人最喜欢的一个措施。如果审查员决定提交一份对于答辩书的答复，那么申请人可能需要提交第二次答辩书以对审查员的答复做出答复。正如上面所讨论的，这样做不仅是为了处理审查员提出的一些新的问题，也是为了在专利上诉和干预处理委员会接管案件之前能够拥有"最后陈词"的机会。

上诉规则的最新提案去除了审查员对答辩书的答复——第二次答辩书的程序，从而使得案件能够更快地被专利上诉和干预处理委员会管辖。

5. 口头审理请求（Request for Oral Hearing）❶

口头审理是可选的选项，如果想要进行口头审理，那么必须在审查员提交答辩之后的 2 个月内提出口头审理请求，即与提交答辩书的期限相同。同样基本上禁止延期。与答辩书的不同之处在于，提交答辩书不需要缴纳美国专利商标局费用，而口头审理请求要求缴纳很高的美国专利商标局费用，截止到 2019 年 3 月 1 日该费用为 1300 美元。如此高的费用，再加上用于准备口头审理以及参加口头审理的律师费用，往往会阻止许多申请人进行口头审理请求。此外，申请人只有 20 分钟的时间来解释他们的立场。对于大部分案例而言，如此有限的时间不值得花费高昂的成本。

一旦正确地提交了口头审理请求并且缴纳了费用，所缴费用概不退还。

因此，尽管口头审理可能对于案件呈现在专利上诉和干预处理委员会之前有所帮助，但是通常只会在特别重要的案件中才会请求进行口头审理。

6. 专利上诉和干预处理委员会的决定（Board's Decision）

以下是专利上诉和干预处理委员会可能做出的决定：

---

❶ 37 CFR 41.47.

- 维持：审查员是正确的；
- 部分维持：审查员针对某些权利要求的决定是正确的；
- 推翻：审查员是错误的；
- 候审：没有足够的证据来做出决定；
- 专利上诉和干预处理委员会采纳新的驳回理由。

决定做出之后的 2 个月（基本不可延长）内，申请人必须在以下措施中采取一个合适的措施：

- 请求重新审理；
- 如果对权利要求有进一步修改并且这些修改是可接受的，则提交 RCE 或者持续申请；
- 提交最终驳回后修改以将任何可被批准的权利要求变成适于批准的形式；
- 通过提交带有权利要求修改和/或证据的常规答复以处理被专利上诉和干预处理委员会采纳的任何新驳回，从而请求重启审查；
- 向美国联邦巡回上诉法院起诉；
- 向美国哥伦比亚特区的美国地区法院（DC 地区法院）投诉美国专利商标局。❶

当审查员的观点被全盘肯定或者部分肯定，或者当专利上诉和干预处理委员会采纳了新的驳回理由时，申请人可以提出重新审理的请求。在重新审理中，申请人通常只可以对在上诉理由/答辩书中提出但是在专利上诉和干预处理委员会的决定中没有被全面考虑的观点进行讨论。重新审理中不可以提出新的争辩理由，除非专利上诉和干预处理委员会采纳了新的驳回理由。此处应当再次注意，所有可用的争辩理由都应当在上诉理由中提出，否则这些争辩理由很可能会被视为放弃。如果重新审理失败（常常都会失败），申请人又将会有 2 个月的时间来采取上述列出的措施之一。

如果审查员的观点被全盘肯定或者部分肯定，并且申请人想要通过对权利要求的进一步修改来进一步追求该申请，那么申请人应当提交 RCE 或者持续申请。但是，如果申请人认为专利上诉和干预处理委员会对驳回的肯定是错误的或者通过重新审理不能获得有利的决定，那么申请人应当通过向美国联邦巡回上诉法院起诉或者向 DC 地区法院提起民事诉讼来寻求司法审查。向美国联邦巡回上诉法院的起诉不允许有新的证据，而向 DC 地区法院提起的民事诉讼

---

❶ 在 AIA 法案下，该方式仅对于一个申请的申请人或一个派生程序的一方可用。对于再审、授权后审查，或者双方再审中的一方或几方是不可用的。

允许有新的证据。❶

如果审查员的观点被推翻或者案件候审，则申请人一方不需要采取任何措施。推翻通常意味着授权。但是，不排除审查员可能能够说服他的技术中心主管来重新开启对案件的审理。不幸的是，当前的美国专利商标局法规允许审查员不断重复地重新开启审查，但是公平地说，这样的规定也使得申请人能够不断重复地提交 RCE。

候审通常意味着审查很可能会由审查员或申请人重新开启，从而对记录中的证据进行全面考虑。

申请人可以通过以下方式来处理专利上诉和干预处理委员会采纳的新驳回理由：

- 通过提交包含修改、争辩或者证据的答复来请求重新开启审查；或者
- 请求重新审理。

前者（请求重新开启审查）通常来说是更好的选择。

## 十二、最终审查意见之后的实践总结

通过对于最终审查意见之后的许多可用选择的探讨，读者现在可能对使用何种选择以及何时使用有些困惑。决定采用何种选择以及何时使用不是一件简单的事请，它取决于许多因素，例如，可被批准的权利要求的范围、发明的重要程度、是否有可用的有意义的权利要求修改、申请人是否愿意为一个或多个持续申请花费时间和成本、申请人对于专利保护需求是否迫切、审查员的审查实践、专利从业人员与审查员的工作关系等。

图 3-18 给出了概括性的建议指南。

| | | 是否有可用的/可被接受的进一步证据/修改？ | |
|---|---|---|---|
| | | 有<br>（RCE 或者继续申请） | 没有<br>（上诉是唯一的机会） |
| 重要权利要求获批？ | 是 | ■ 接受获批的权利要求→更早的专利保护<br>■ 提交继续申请→追求更宽/想要的保护范围 | ■ 接受获批的权利要求→更早的专利保护<br>■ 提交继续申请及后续的上诉→追求更宽/想要的保护范围 |
| | 否 | ■ RCE 或者继续申请 | ■ 上诉<br>提交/不提交诉前合议组审查 |

**图 3-18　最终审查意见之后的建议指南**

---

❶ Hyatt v. Kappos, slip op. 2007 - 1066（Fed. Cir. Nov. 8, 2010）（en banc）.

但是，如果情况允许，申请人还是应当考虑上述列表中的一个或多个因素或者任何其他的因素，亦或是本章的前面部分给出的建议，从而针对每个案件形成一个最好的策略。

# 第四节 以审查员为导向的审查

除了上述讨论的最终审查意见之后的各种策略，以审查员为导向的审查是另一种审查策略，而使用这种审查策略可以达到经济有效的结果。从以下的各种因素来看，这种策略变得尤为重要，这些因素包括例如美国专利商标局不断增长的工作积压、KSR 案之后更低的显而易见性门槛以及随之而来的《美国专利法》第 103 条驳回数量的增加、美国专利商标局最近的授权率从平均67% 下降至接近 40%，以及不断增长的复审量等，这仅举几例而已。更长的审查时间（或者更长的美国专利商标局未决时间）对于（想要以低成本获得更早专利保护的）申请人和（想要处理旧案件而不是重复提交的 RCE 的）审查员都没有帮助。下面提出的以审查员为导向的审查是对审查策略的调整，为了使处理特定案件的审查员达到最经济的处理结果。

具体而言，特定技术组别（申请人的特定技术对应的技术组别）中的审查员通过他们的批准率被分成不同的级别。审查员的批准率是指他/她在特定的一段时间内批准的案件数量除以他/她在该相同时间段内审理的案件数量。

## 一、对于具有很高批准率的 A 级别审查员的推荐策略

例如，级别 A 的审查员具有很高的批准率（例如至少 70%）。级别 A 的审查员通常更愿意与申请人配合，并且在可能的情况下经常性地指出或建议可被批准的主题。他们通常也被认为愿意去讨论和考虑申请人的观点。对于级别 A 的审查员而言，提交 RCE 是更好的选择，因为通常会认为这些审查员最终都会批准申请，而不建议进行复审。通常来说也不需要进行会晤，因为级别 A 的审查员不管怎样都会认真地审查。对于重要的案件而言，可以请求进行个人面谈以加快批准进程。

## 二、对于具有较低批准率的 B 级别审查员的推荐策略

级别 B 的审查员具有较低的批准率（例如 40% ~ 70%）。这些审查员也很可能愿意与申请人配合，但是可能不如级别 A 的审查员那么开放。申请人可以通过提交 RCE 来维持或者发展与审查员之间良好的工作关系，并且期望这

些审查员最终能够变为级别 A 的审查员。除非所有可接受的修改/争辩理由都已经用完并且十分必要，否则不建议进行复审或者预复审。相比于级别 A 的审查员，对于级别 B 的审查员要提出更多的会晤请求，但也不是每个案件中都要这样，因为常规会晤请求意味着审查员需要花费更多的时间来准备，并且可能使得申请人与审查员之间良好的工作关系变差。申请人可以时不时地请求与专利监督审查员（SPE）进行个人面谈，但是仅限于重要的案件。

### 三、对于具有非常低批准率的 F 级别审查员的推荐策略

级别 F（失败）的审查员具有非常低的批准率（例如 40% 以下，通常低于 25%）。这些审查员往往刚愎自用并且很不讲理。对于这些审查员来说，RCE 和会晤纯粹是浪费时间。唯一可能推进审查进程的方法就是进行上诉。提交 RCE 往往起不到效果，因为不论申请人对权利要求进行怎样的修改或者争辩，这些审查员很可能会继续驳回。花费在 RCE 上的时间和金钱会让这些审查员更加坚定他们的驳回。申请人应该第一时间进行上诉。

当然，除了批准率，申请人还可以考虑其他的因素从而针对特定的审查员进行审查策略的调整。但是，批准率是一个来自与审查员和/或他/她的技术组别的工作历史，且相对容易确定的客观衡量标准。基于审查员的批准率（或者其他标准），申请人可以确定是会晤、修改/RCE 还是复审等。批准率是推动审查进程的最经济有效的方法。

# 第四章
# 中美法律体系与专利事务实践的比较及处理技巧

## 第一节　中美法律体系的比较

中国的法律体系是大陆法体系（或成文法体系）。在大陆法体系下，法官基于对成文的法条的理解和解释来对是否构成专利侵权或专利是否有效进行判定。一般来说，除了中国最高人民法院规定的指导性案件外，以前案件的判定在法律上对以后案件的判定没有约束力。当成文的法条对于处理具体案件缺乏实务操作标准时，中国最高人民法院会发布司法解释，作为处理相关案件的可操作规则。

和中国法律体系不同，美国的法律体系是普通法体系（或案例法体系）。在普通法体系下，先前案件的判定对以后的案件的判定有约束力。所以，在美国的法律体系下，美国法官基于成文的法条和以前法庭判定的相关案件对是否构成专利侵权或专利是否有效进行判定。在美国，成文法条提供判定案件的一般原则，但是不能提供基于当前法律事实判定当前案件的可操作规则。所以，在审理当前案件时，美国法官会根据以前案例提供的规则来判定当前案件。如果以前案例不能提供直接的规则来判定当前案件，当事法官就会依照以前相关案例所提供的原则来判定当前案件。因为当前案件的判定也会对以后的案件有约束力，当事法官会非常具体地写明当前案件焦点和如何应用以前案例的原则，以及如何将以前案例的原则应用到当前案件的具体事实中，使得律师和法官理解以后如何使用当前案件判决中的规则。在普通法体系下，法官通过对每一个具体案件的审判，不断地改进和完善现有规则或产生新的规则。所以，美国的专利律师要及时地学习新的案例，以跟上不断变化的法律规则。

事实上，在美国专利审判案件中，每一个实务专题都会有一条"案例线"（A Line of Cases），这条"案例线"不断将该法律专题的判定规则具体化，使得律师以后在处理与该实务专题有关的新案件时，沿用这条"案例线"来判断法官如何判定该新案件。如本书中所论述的，对于"权利要求范围的解释""恶意侵权的认定"和"等同侵权原则的适用范围"等实务专题，美国的法院都有"案例线"。所以，美国专利律师在执业时，非常重视学习、理解、更新不同的案例线。同样，在中国代理人阅读本书时，也要按照普通法体系来理解本书中的论述。

例如，本书中费斯托（Festo）案中所涉及的实务专题为：权利要求解释中等同侵权原则的适用；案件焦点是：在答复专利审查意见时对权利要求技术特征的修改，能防止对技术特征适用等同侵权原则吗？法官对费斯托（Festo）案的判定是："如果对权利要求技术特征的修改是为了权利要求的专利性，可以反驳的假设是：该技术特征的文字范围不能扩大（等同侵权原则不适用）"。再例如，本书中美国约翰逊（Johnson & Johnson）案中所涉及的实务专题是：权利要求解释中等同侵权原则的适用；案件焦点为：当说明书中有两个实施例，而权利要求中只包括了一个实施例，能用等同侵权原则包括另一个实施例吗？法官对约翰逊（Johnson & Johnson）案的判定是："等同侵权原则不能涵盖另一个实施例，因为申请人把该实施例捐献给公众了"。

据上所述，费斯托（Festo）案对美国专利从业者的启示是：在处理专利申请的过程中要尽量避免对权利要求进行专利性的修改。也就是说在美国费斯托（Festo）案以后，过宽的独立权利要求不是最佳选择，因为过宽的独立权利要求会在答复审查意见时引起过度的专利性修改，从而放弃了等同范围的可能性。如果在答复审查意见时权利要求的修改是形式性的修改，那么要说明这种修改是非专利性的，那么就保留了等同范围的可能性。约翰逊（Johnson & Johnson）案对美国专利从业者的启示是：如果说明书披露了多个实施例，权利要求的文字应该涵盖所有的实施例。如果权利要求的文字描述漏掉了一个实施例，该权利要求的等同范围就不包括该实施例。也就是说，没有被权利要求文字涵盖的实施例不如不写，因为不写该实施例，还可以用等同侵权原则来涵盖该实施例；然而如果描述了一个实施例，但是权利要求没有用文字来涵盖该实施例，该实施例就被"捐献"了。

对于具有同样或相似的法律事实的先前案件和当前案件，即使美国法官认为先前案件中的规则不适用于当前案件，该法官也不可以直接忽视先前案件中的规则，在当前案件中采用与先前案件相违背的规则。在普通法体系下，如果美国法官认为由于情况的变化，先前案件中的规则已经不再适用于以后案件，该法官必须先根据法理具体说明为什么已经不再适用，而后才能在当前案件中采用与先前案件相违背的规则。一般说来，经过这样的程序，该法官就推翻了先前案件中的规则，该先前案件对以后的案件就没有约束力了。在普通法体系下，上级法院可以在上诉过程中推翻下级法院的判定。如果上级法院推翻了下级法院的判定，该下级法院的判定对以后的案件没有约束力。

应该注意的是，在普通法体系下，法官在判决案件的过程中会不断地产生新的法律规则。但是，成文法条的法律效力高于案例的法律效力，当修改后或新的成文法条推翻了先前案件中的规则，这些先前案件对以后的案件判定不再有约束力。例如，以前的美国专利法规定如果有多个申请人就同一发明各自申请专利，申请权不是属于最先申请人，而是属于最先发明人（先发明制）。根据先发明制，美国的法庭产生了一种"干涉程序"（Interference），继而又产生了一系列有关干涉程序的"案例线"。但是后来美国修改了其案例法，将"先发明制"改成了"先申请制"，从而导致有关干涉程序的"案例线"统统失效。

另外，在美国法律体系下，一审审判的特点是由法官和陪审团共同审判案件。具体地说，在一审审判过程中分为两个不同方面的问题，即"事实问题"和"法律问题"。在美国法律体系下，"事实问题"由陪审团决定，而不是由法官决定。相反"法律问题"由法官决定，而不是由陪审团决定。尽管"事实问题"由陪审团决定，但陪审团在对"事实问题"作决定时，是由法官决定适用的法律和说明如何应用法律。具体到专利诉讼中的美国一审审判，"争议产品是否侵犯有关专利"和"赔偿数额"是"事实问题"，由陪审团在法官的指导下决定。而"解释权利要求的范围"则是"法律问题"，由法官来决定。

在美国法律体系下，上诉程序中对一审判决认定的"事实问题"和"法律问题"的处理程序是不一样的。对于一审法院"事实问题"的判决，除非有重大程序上的问题，否则上诉法庭对其不会重新审理；而对于一审法院"法律问题"的判决，上诉法庭对其都会重新审理。

总之，了解美国的法律体系和法律思维的一般原则，有助于读者理解本书的内容。

# 第二节　中美专利事务实践的比较及处理技巧

由本杰明·皓普曼（Benjamin Hauptman）先生撰写的题为《美国专利申请撰写及审查处理策略》一书较详细地描述了美国专利事务处理实践。其中涉及的一些美国专利事务处理原则和技巧对在中国执业的从业人员有借鉴之处。但是，作者也认识到中国与美国专利事务处理实践之间的区别，有些中国与美国专利事务处理实践的区别不但不相互抵触，而且可以相得益彰。在这种情况下，我们按照中国专利事务处理实践为中国客户撰写权利要求、说明书和附图时就可以兼顾美国专利事务处理实践中的要求。有些中国与美国专利事务处理实践的区别不能相互兼顾。在这种情况下，我们按照中国专利事务处理实践为中国客户完成权利要求、说明书和附图的撰写后，在该申请进入美国时还应该做相应的改动。特别是，在专利申请处理阶段，中国与美国专利事务处理实践有一些较大的区别。在这种情况下，在中国与美国进行专利申请处理就要采取不同的策略和技巧。

## 一、说明书支持权利要求的标准

按照作者的理解，在中国的专利撰写和处理实践中，说明书对权利要求的支持标准在专利申请向中国国家知识产权局递交时与在专利申请审查程序中是不同的。具体地说，在专利申请书递交时，说明书中的描述和附图，以及根据说明书中的描述和附图所得出的上位概念和所进行的概括都可以用来支持权利要求中的语言，只要本领域的普通技术人员根据说明书中的内容能够理解、实施该权利要求中的上位概念和概括即可。但是，按照中国国家知识产权局公布的专利审查指南，当专利申请递交以后，如在专利申请中加入任何新的权利要求或修改原有的权利要求，那么新的权利要求或权利要求中新加的内容需要记载在说明书中或从说明书的描述中"直接地、毫无疑义地得出"。也就是说，在专利申请审查程序中，权利要求中新加的内容需要或几乎需要引用说明书中的原文描述，否则审查员会以"超出原申请范围"为理由拒绝接受新的权利要求或对权利要求的修改。而且，审查员不会接受新加或修改的权利要求中对说明书中的描述进行上位概括的语言，即使本领域的普通技术人员根据说明书中的内容能够理解、实施该权利要求中的上位概念和概括。

相反地，按照作者的理解，在美国的专利撰写和处理实践中，说明书对权利要求的支持标准在专利申请向美国专利商标局递交时与在专利申请审查程序中是相同的。具体地说，在美国的专利撰写和处理实践中，和中国一样，在专利申请书递交时，说明书中的描述和附图，以及根据说明书中的描述和附图所得出的上位概念和所进行的概括都可以用来支持权利要求中的语言，只要本领域的普通技术人员根据说明书中的内容能够理解、实施该权利要求中的上位概念和概括即可。并且，在专利申请递交以后，美国专利商标局会用同样的（或者至少用相对宽松的）标准来判断新加的权利要求或修改后的权利要求中的语言是否能够得到说明书的支持。

　　由于中国和美国在权利要求得到说明书支持标准方面的区别，在专利申请处理实践中，中国专利代理人和美国专利代理人在专业交流中需要适应各自的专利撰写和申请处理实践。例如，在回复以美国优先权为基础的中国专利申请的审查意见时，在给中国专利代理人的指示中，美国专利代理人对权利要求的修改经常是说明书中描述的上位概念语言或对说明书中内容的概括语言。这种修改往往会被中国审查员以"超出原申请范围"的理由拒绝接受。所以，在收到美国专利代理人对权利要求的修改意见后，中国专利代理人要将权利要求中的上位概念语言和概括性语言与说明书中的具体描述内容进行比较，向美国专利代理人说明中国审查员不允许在权利要求的修改中使用上位概念语言或概括性语言，并提出符合中国专利审查实践的权利要求的语言。反过来说，在回复以中国优先权为基础的美国专利申请的审查意见时，在给美国专利代理人的指示中，中国专利代理人对权利要求的修改就不应该局限于说明书中的描述，在能够克服对比文件的情况下，应该在修改的权利要求中使用说明书中描述的上位概念或对说明书中描述内容的概括。

　　另外，由于中国和美国在权利要求得到说明书支持标准方面的区别，在专利说明书和权利要求的撰写实践中，中国和美国的专利代理人在专业交流中需要适应各自的专利撰写和处理实践。例如，许多美国的专利说明书往往非常直接、具体地描述实施例中的部件（或元件），因为在美国的专利申请处理实践中，新加的权利要求或对原权利要求的修改中使用上位概念语言或概括性语言一般被认为能从说明书具体描述实施例中的部件（或元件）得到支持。而在中国，这种对实施例中的部件（或元件）的直接具体描述会对在专利申请处理中新加权利要求或修改原有权利要求形成很大限制。所以，在中国撰写说明书时，除了描述具体部件和具体部件的关系，还要在描述前做一些铺垫，如包括对部件（或元件）结构和功能方面的上位概括或描述。这样的处理方法对专利申请中的发明点部分尤其有必要。作为一个示例，假如一个发明涉及将部件 A 和部件 B 用一个圆头螺丝连接在一起。在美国的专利说明书中，"部件 A 和部件 B 用一个圆头螺丝连接在一起"这样的直接简单描述就能对在专利申请以后的专利申请处理程序中新加的权利要求中的语言"连接装置，用于连接部件 A 和部件 B"进行支持。而在中国的专利说明书中直接简单的描述"部件 A 和部件 B 用一个圆头螺丝连接在一起"是不能支持新加权利要求中的语言"连接装置，用于连接部件 A 和部件 B"的。在现阶段，在中国的专利申请处理中，有的中国审查员甚至不接受"螺丝，用于连接部件 A 和部件 B"这样的语言，而只接受"圆头螺丝，用于连接部件 A 和部件 B"这样的语言，因为说明书中仅描述了"圆头螺丝"。因此，如果"部件 A 和部件 B 用一个圆头螺丝连接在一起"是发明的重要点，除了在说明书中有"部件 A 和部件 B 用一个圆头螺丝连接在一起"的具体描述，还要有结构和功能方面的上位概括，使得在以后专利申请处理程序中能够根据引用的对比文件对权利要求进行适当的修改。

## 二、对权利要求修改限制

在美国的专利申请审查程序中，对权利要求的修改要比在中国的专利申请审查程序中宽松。具体地说，在美国的专利申请处理程序中，申请人可以在授权以前的任何一次修改中基于原申请的内容增加权利要求、删除权利要求或修改权利要求，而这种对权利要求的修改不需要针对审查员的审查意见来进行。只要专利申请还在审查程序中，申请人可以在任何一次修改中基于原申请的内容增加权利要求、删除权利要求或修改权利要求。相比之下，在中国的专利申请处理程序中，除了主动修改的两次机会外，申请人对权利要求的修改必须针对审查意见通知书中的审查意见进行。并且，在实审阶段开始后，如果不是基于对审查意见通知书中的审查意见的答复，申请人不能扩大独立权利要求的保护范围，即在实审阶段开始后，申请人不能主动扩大权利要求的保护范围。而且，在实审阶段开始后，即使是针对审查意见通知书中的审查意见的答复，申请人也不能增加任何独立和从属权利要求。

由于中国和美国在专利申请处理程序中对权利要求修改的要求不同，对待权利要求撰写的策略也有所不同。对于美国专利代理人来说，他们可以在专利申请处理过程中，基于审查员所引用的对比文件根据说明书中的内容来重写权利要求（包括加入新的权利要求或大幅修改现有权利要求），以继续进行专利审查处理，从而避免费斯托（Festo）案的影响。但在中国的专利申请处理程序中，审查员不会接受扩大权利要求范围的修改，也不会接受新加独立权利要求或从属权利要求。所以，在审查员对专利申请进行实质审查前，中国的专利代理人不但要将反映发明的权利要求写完全，而且要将独立权利要求写完善，因为在中国的申请处理程中，中国专利代理人可能没有机会删除独立权利要求中不合适的限制，也没有机会加入新的权利要求。

### 三、满足创造性的要求——技术问题和有益技术效果

在美国的专利申请审查程序中，在审查权利要求中所要保护的发明是否显而易见，并不需要在说明书中描述出权利要求中的区别技术特征在解决某个特定技术问题时具有有益技术效果。在中国的专利申请审查实践中，在审查权利要求所要保护的发明是否具有创造性时，需要考虑说明书中是否描述出权利要求中的区别技术特征在解决某个特定技术问题中具有有益技术效果。对于某个区别技术特征，如果说明书中没有描述其有益技术效果，或者只是笼统地提及有益技术效果而没有和该区别技术特征相联系，中国审查员会认为该区别技术特征是公知技术，因而认为权利要求不具有创造性。进一步地，根据作者的观察，在有些情况下（尤其当中国审查员认为最接近现有技术与被审查权利要求中所要保护的发明比较接近时），即使说明书中描述了该区别技术特征在解决某个特定技术问题时具有有益技术效果，中国审查员还是会认为该区别技术特是公知技术，因为现有技术也会有这样的有益技术效果。所以较佳的方法是，在说明书中不但要将有益技术效果与区别技术特征联系起来描述，而且要将达到有益技术效果在工程上的原理与区别技术特征联系起来描述。这样做，有利于克服在中国专利申请审查程序中"没有创造性"的审查意见这一问题。

对于要进入美国的专利申请，根据皓普曼先生在本书中的意见，不恰当地将技术问题和有益技术效果写到专利说明书中在美国的专利审查处理、无效和维权过程中可能会产生不好的影响，尤其是将技术问题和有益技术效果写入背景技术部分和发明内容部分。所以对于要进入美国的专利申请的说明书，最好将技术问题和有益技术效果写到实施例的描述部分。而且，根据皓普曼先生所介绍的案例，不要将有益技术效果写成"本发明的有益技术效果"，而要写成"所描述实施例具有的有益技术效果是……"，因为"本发明的有益技术效果"在美国的专利无效和维权过程中会被解释成权利要求的有益技术效果，从而对权利要求形成不必要的限制。这种写法能同时兼顾中国专利申请与美国专利申请的不同要求。

### 四、专利申请审查程序中的后续申请

在美国的专利申请处理程序中，美国审查员对一个美国专利申请发出最终审查意见后，申请人可以不受次数限制地继续提交申请，从而为同样的申请启动一个新的专利申请审查程序。而且，在美国审查员对一个美国专利申请发出最终审查意见后，申请人可以进行上诉程序，并且根据上诉程序中的走向来决

定是否或如何启动继续申请程序。这种审查实践使得美国专利代理人在专利申请处理程序中拥有非常大的灵活性。所以，为了避免不必要的费斯托（Festo）案影响，美国专利代理人对权利要求的修改和对审查意见的答复可以比较有"节制"，不用一次性将权利要求修改得较窄，或一次性将所有的争辩观点都写到答复意见中去，因为美国专利代理人总有下一次机会根据审查员的答复来决定是否还需要进一步修改权利要求并采取对应的争辩策略。

在中国的专利申请处理程序中，中国专利申请被审查员驳回后就不被允许继续申请。当一个中国专利申请被审查员驳回后，如果想要得到专利授权，申请人只能进行向上一步的审查程序，即向中国专利复审委员会❶要求复审。在复审程序中，申请人还有一次修改权利要求的机会。如果申请人不满意中国专利复审委员会的决定，申请人只能进行更上一步的审查程序，即向法院提起行政诉讼。而在行政诉讼程序中，申请人是不能修改权利要求的。虽然，在原始专利申请被驳回后，申请人还可以申请分案，但在中国的专利申请处理程序中，在原始申请的审查程序已经结束的情况下，不可以基于分案再申请分案。也就是说，在原始申请的审查程序已经结束的情况下分案申请是申请人最后的一次机会，即申请人要将所有想要的权利要求写入分案中。所以，中国专利代理人在答复审查意见时，有必要将所有（或至少主要）争辩观点写出，而且除了保证独立权利要求中具有可争辩新颖性和创造性的区别技术特征外，也要保证从属权利要求中具有可争辩新颖性和创造性的区别技术特征，以防当审查员不接受对独立权利要求的争辩时，也有后备可授权的权利要求。

## 五、对附图要求的区别

在中国和美国的专利申请实践中，关于附图对权利要求的支持存在较大的区别。在中国的专利申请审查实践中，权利要求中的技术特征不一定要在附图中体现，只要在说明书中有充分的描写即可。而在美国的专利申请处理实践中，权利要求中的技术特征不但要在说明书中有所描写，而且一定要在附图中体现出来。所以，对于要进美国的中国专利申请而言，一定要保证所有权利要求中的技术特征在附图中有所体现。而且，所有与发明有关的细节都要尽可能地在附图中体现出来，这样以后在向已有权利要求中加入新的技术特征时，这些新加的技术特征都能在附图中找到。

关于美国专利申请实践中对附图的要求，皓普曼先生建议，在撰写权利要

---

❶ 2019 年 3 月 15 日起，中国国家知识产权局专利复审委员会变更为国家知识产权局专利复审和无效审理部。

求之前要将附图完全准备好，附图中要体现发明的主要方面和相关细节。特别是对于用方法权利要求来保护的，与控制过程、生产过程有关的发明，在撰写权利要求之前要用流程图的方式将控制过程、生产过程所反映的发明表示出来。另外，皓普曼先生还建议包含更多的附图可以帮助解决专利适格性问题，因为美国的增加新内容的规则比许多其他国家更为宽松。通过包含附加的附图，可以在专利审查期间修改权利要求以增加可以避免/克服专利适格性驳回的附加特征。作者完全同意皓普曼先生对附图的建议。

作者在美国处理一些基于中国原始申请的美国专利申请时，发现独立权利要求中一些技术特征在附图中没有体现出来，而这些技术特征很可能会被认为是"新内容"而被拒绝加入到现有附图中。在这种情况下，原有中国申请中的发明在中国能得到充分的保护，而在美国就不能得到充分的保护。

## 六、考虑中国和美国相应的处理历史

在美国的专利申请处理程序中，美国专利商标局要求申请人将自己知晓的相关对比文件在规定期限内告知审查员。这种告知是申请人的责任，如果不履行这种责任，在授权以后，该美国专利的可维权性可能会受到影响。按规定，这种相关的对比文件也包括中国审查员在审理以某一美国专利申请为优先权的中国专利申请中所引用的对比文件。所以，对于基于美国专利申请优先权的中国专利申请，当中国审查员在审查意见通知书中引用对比文件时，如果所引用的对比文件没有出现在美国的处理记录中，则中国专利代理人需要及时通知美国专利代理人，以便为相应的美国专利申请向美国专利商标局提供在中国引用的对比文件。但是，在中国专利申请处理程序中，中国国家知识产权局目前没有规定申请人有责任将自己知晓的相关对比文件告知审查员，中国专利代理人也没有义务递交在国外相应专利申请处理过程中引用的对比文件。

另外，在美国专利维权时对授权的权利要求的解释过程中，非常重视在申请处理程序中申请人对权利要求所作的修改、解释和争辩。在美国的专利维权程序中，被控侵权方会利用在申请处理程序中申请人对权利要求所作的不当修改、解释和争辩来限制权利要求的保护范围，甚至来使权利要求无效。所以，在答复基于美国专利申请优先权的中国专利申请审查意见时，一定要（至少是最好）查看相应的美国专利申请的处理历史，以保证在中国专利申请处理程序中对权利要求的修改、解释和争辩尽量和美国专利申请的处理历史一致。如果中国专利申请处理程序中对权利要求的修改、解释和争辩与美国专利申请的处理历史不一致，那一定要保证在中国专利申请处理程序中对权利要求的修改、解释和争辩不会对美国授权的权利要求产生负面影响。

　　具体地说，如果在美国相应专利申请的处理过程中，美国审查员引用的对比文件与中国审查员引用的对比文件一样，而且缺乏新颖性和/或显而易见性（创造性）的理由也一样，那么在答复中国审查意见时，最好根据美国的权利要求改动来对中国的被审权利要求进行相应的修改，并对修改后的权利要求作同样的解释和争辩。

　　如果在美国相应专利申请的处理过程中，美国审查员引用的对比文件与中国审查员引用的对比文件不一样，随之而来缺乏新颖和/或显而易见性（创造性）的理由也不一样，那么也要判断美国对权利要求的修改能否克服中国审查意见中的对比文件。如果美国对权利要求的修改能克服中国审查意见中的对比文件，在答复中国审查意见时最好根据美国的权利要求改动来对中国的被审权利要求进行相应的修改，但对修改后的权利要求要针对中国审查意见中引用的对比文件作答复和争辩。同样要记住：在对中国审查意见中引用的对比文件作答复和争辩时，不能对相应的美国申请产生任何不利影响。如果美国对权利要求的修改不能克服中国审查意见中的对比文件，那么最好不要将相应美国专利申请的独立权利要求中新加的技术特征加入中国申请的独立权利要求，但是要将相应美国专利申请的独立权利要求中新加的技术特征加入中国申请的从属权利要求中，以防以后在中国的专利无效程序中，无效请求人使用在美国相应专利申请的处理过程中所引用的对比文件来主张中国的权利要求无效。

# 第五章
# 法律意见书

## 第一节　法律意见书（美国）

在专利法背景下，存在不同类型的法律意见书，如不侵权（侵权）意见书、无效（有效）意见书、可专利性意见书、自由实施意见书和尽职调查意见书等。被控侵权人通常寻求不侵权意见书和无效意见书，以证明：（1）被控告的产品或方法并未侵犯所主张的专利权利要求；（2）所主张的专利权利要求无效。专利权人通常寻求侵权意见书和有效意见书，以证明：（1）被控告的产品或方法侵犯了所主张专利的权利要求；（2）所主张的专利权利要求有效。申请人通常可以在进行了可专利性或现有技术检索的情况下寻求可专利性意见书，以在提交发明专利申请之前评估该发明的可专利性或取得专利的可能性。通常，在制造商针对其潜在商业产品领域中竞争对手所拥有的专利或提交的专利申请进行了检索的情况下，制造商可以寻求自由实施意见书，目的是在发布产品前对专利侵权的风险和许可证获取的必要性进行评估。尽职调查意见书通常涉及复杂的法律研究，包括一个或多个的法律问题。

在实践中最有可能碰到的是不侵权（侵权）意见书和无效（有效）意见书。本章将对不侵权意见书进行详细讨论。在大多数情况下，无效（有效）意见书与审查意见通知书类似，但应包括下面所讨论的详细的"权利要求解释"部分。

### 一、为什么需要不侵权意见书

最直接的答案适用于大多数被控侵权人，即如果法院或陪审团认定被控侵权人的产品或方法侵犯了所主张的专利权利要求，如果有不侵权意见书，则可以降低赔偿金额提高的风险。AIA 35 U. S. C. 284（法院可以将赔偿金额提高至发现或评估金额的三倍）允许提高赔偿金。提高损害赔偿金的最常见依据是故意侵权❶。有能力的专利律师的意见可以保护被控侵权人免受故意侵权指控。❷ 因此，通过及时获得不侵权意见书，被控侵权人可能能够证明其侵权活动是非故意的，这反过来可以降低其赔偿给专利权人的赔偿金提高的风险。

美国最高法院最近在 *Halo Electronics，Inc v. Pulse Electronics* 136 S. Ct 1923（2016）案（以下简称 Halo 案）中作出的决定强调了不侵权意见书的重要性。在 Halo 案之前，专利权人必须满足的证明故意侵权以获得更高的赔偿金（如果获得的话）的门槛相对较高，正如美国联邦巡回上诉法院在 Seagate 案中所阐明的那样。根据美国联邦巡回上诉法院在 Seagate 案中的阐述，专利权人必须通过明确和令人信服的证据证明两部分，即客观轻率和主观认识。当专利权人能够证明尽管侵权人的行为具有很高的侵犯有效专利的客观可能性，侵权人仍然实施了其行为时，则第一部分即客观轻率得到满足。当专利权人能够证明侵权风险是侵权人已知的或非常明显以至于侵权人应当知道时，则第二部分即主观认识得到满足。由于门槛很高，当 Seagate 案仍然有效时，故意侵权指控的数量并不是特别多。

美国最高法院在 Halo 案中本质上降低了 Seagate 案的高门槛。具体而言，美国最高法院移除了 Seagate 案中用于证明故意侵权的"明确和令人信服的证据"的高标准，取而代之采用了常规的、较低标准的"优势证据"规则。美国最高法院还以过于僵化为由取消了 Seagate 案中的第一部分，即客观轻率的证明要求。因此，在 Halo 案之后，主张故意侵权的专利权人只需要证明第二部分，即侵权行为是否表现"以故意不当行为为特点的恶劣案件"的主观认识。作为门槛降低的结果，Halo 案之后，故意侵权指控的数量有所增加。

在 Halo 案之后，作为对潜在故意侵权指控的辩护，被控侵权人应当考虑及时从合格律师处获得不侵权法律意见书。虽然 AIA 35 U. S. C. 298 减轻了被控侵权人未获得法律顾问意见的负担❸，但是仍然强烈建议被控侵权人立即获得不侵权法律意见书，从而表明其实施被控侵权活动的决定不是故意的，并且能够依靠这种法律意见书进行辩护。

---

❶ State Indus. v. Mor–Flo Indus. , 883 F. 2d 1573, 1581,（Fed. Cir. 1989）.

❷ Graco, Inc. v. Binks Mfg. Co. , 60 F. 3d 785（Fed. Cir. 1995）.

❸ AIA 35 U. S. C. 298（律师的意见），被控侵权人未能就任何涉嫌侵权的专利获取律师的意见，或被控侵权人未能向法院或陪审团提出此类意见，不得用于证明被控侵权人故意侵犯了该专利或侵权人意图诱导侵犯该专利（着重强调）。

## 二、何时获得不侵权法律意见书以及需要哪些文件

在某些情况下，被控侵权人获得不侵权法律意见书的时间取决于何时收到来自声称被侵权的专利权人的停止和终止侵权信函。在其他情况下，当制造商例如通过上面提到的自由实施检索而发现可能侵权的专利时，可以获得不侵权的法律意见书。

另一方面，在对竞争对手的产品或方法主张专利侵权之前，专利权人通常会获得侵权法律意见书。

要准备不侵权（侵权）法律意见书，至少需要以下文件：

（1）处于争议专利的副本。该文件可从美国专利商标局的专利数据库❶获得。

（2）包含任何审查意见、答复和修改的美国专利商标局的文件历史的副本。在大多数情况下，这些文件可以从美国专利商标局的公共专利申请信息检索（PAIR）❷中获得。在某些情况下，还需要相关美国案件（如继续申请、母案）和非美国案件的文件历史。

（3）对被宣称侵权的产品或方法的描述。该描述应尽可能详细，并且最好有一个或多个附图。如果可以，应获取实际产品或原型以进行实物检查。如果可能，应避免使用专有或机密信息。

准备无效（有效）意见书时，则需要上述第（1）项和第（2）项文件，第（3）项文件可用现有技术取代。

## 三、不侵权意见书的内容

1. 案件陈述和意见摘要

本节大体上论述了不侵权意见书的范围以及产品是否侵犯专利的结论。下面示出了本节的示例性措辞：

> 响应于客户最近提出的要求，本备忘录陈述客户产品是否侵犯了专利号为 X，XXX，XXX 的美国专利的权利要求 3 的问题。在我们浏览了以下材料之后，
>
> ● USTPO 关于 XXX 专利及其审查处理的历史，
>
> ● 申请号为 PCT／JP2009／YYYYYY 国际申请的审查处理的历史，其

---

❶ http：／／patft. uspto. gov／netahtml／PTO／search – bool. html.

❷ https：／／portal. uspto. gov／pair／PublicPair.

中XXX专利是该PCT申请的美国国家阶段，

- 申请号为JP2010‐ZZZZZZ的日本专利申请的审查处理的历史，其对应于XXX专利，以及

- 客户对产品的描述。

作为结论，我们的意见是，如果XXX专利有效且可维权，客户的产品不会对XXX专利的权利要求3构成字面侵权或等同侵权。

2. 与侵权相关的适用法律原则

本节描述了与不侵权意见书相关的法律。本节应说明现行的侵权法，并应持续更新以反映最新的相关法院判决。

3. 关于有争议的专利和权利要求的讨论

本节描述了与争议专利相关的事实。本节应当对专利中所描述和主张的发明以及将在意见书中分析的权利进行简要的概述，例如描述所要求保护主题的支持和/或其优点。如果审查历史可能对权利要求的解释、等同侵权原则下的等同范围或等同侵权原则的任何应用限制产生影响，那么此处还应对专利或相关案件的审查处理的历史进行讨论。本节使用上述提到的第（1）项和第（2）项中文件。

4. 对产品的描述

本节描述了与产品相关的事实。本节应描述可能与有争议的权利要求的特征相关的产品的特征。本节使用上述提到的第（3）项文件。

5. 不侵权（侵权）分析

本部分使用上述法律原则和概述事实来解释有争议的权利要求，并在有或者没有等同侵权原则应用限制的情况下得出文字侵权（不侵权）和等同侵权（不侵权）的结论。本分析具有以下步骤：

（1）权利要求解释；

（2）字面侵权；

（3）等同侵权；

（4）等同侵权原则的应用限制。

下面将对以上步骤进行详细讨论。

A. 权利要求解释。

权利要求解释（也称为权利要求解读）是法律分析中的第一步，也是最重要的一步。根据美国最高法院在 *Markman v. Westview Instruments*，517 U. S. 370（1996）中的决定，权利要求解读是由法官决定的法律问题，而不是由陪审团决定的事实问题。在上诉时，权利要求解读将被重新审查。美国联邦巡回

上诉法院已在 *Phillips v. AWH Corp.*，75 USPQ2d 1321（Fed. Cir. 2005）中提出，权利要求解读中应考虑以下事项：

（1）权利要求书的文字表述；

（2）说明书的其余部分；

（3）审查处理的历史；

（4）外在证据，诸如词典、条约、技术参考文献、专家证词。

上述第（1）～（3）项被称为内在证据，第（4）项被称为外在证据，内在证据比外在证据重要得多。只有在内在证据中权利要求含义不明确时才应考虑外在证据。

在考虑内在证据时

（a）说明书，

（b）审查处理的历史和

（c）其他权利要求

中术语取其普通和惯常的含义❶，除非经审查表明发明人对其中术语的含义另有所指。

关于（a），必须依据说明书来解读权利要求书，它们是说明书的一部分❷。因此，说明书可以充当一种字典，其解释了本发明并且可以定义权利要求中使用的术语❸。例如，专利权人可以自由地在说明书中给权利要求中的术语进行任何特殊的定义❹，只要该定义并不完全误解词汇的普通含义。

关于（b），在解读权利要求语言时必须考虑审查处理的历史。❺ 例如，申请人在审查处理期间所持的立场可能会对权利要求的解释进行限制，以排除在审查处理期间为了获得权利要求授权而被有效放弃或否认的任何解释。❻ 在没有明确相反说明的情况下，审查处理期间就权利要求术语的含义做出的答辩理由与专利的每项权利要求中对该术语的解释相关。❼

---

❶　Nike Inc. v. Wolverine World Wide, Inc., 43 F. 3d 644, 646（Fed. Cir. 1994）.

❷　Markman, 52 F. 3d at 979.

❸　Id.

❹　Autogiro Co. of Am. v. United States, 384 F. 2d 391, 397（Ct. Cl. 1967）；Markman, 52 F. 3d at 980.

❺　Markman, 52 F. 3d at 980；DMI, Inc. v. Deere & Co., 755 F. 2d 1570, 1574（Fed. Cir. 1985）.

❻　Johnson v. Stanley Works, 903 F. 2d 812, 817（Fed. Cir. 1990）.

❼　Southwall Technologies, Inc. v. Cardinal IG Co., 54 F. 3d 1570 at 1579, 34 USPQ2d 1673 at 1679（Fed. Cir. 1995）, cert. denied, 516 U. S. 987（1995）.

关于（c），应当考虑权利要求区分原则，即如果从属权利要求中增加了特定的限制，那么可以推测独立权利要求中不存在所述特定的限制。❶

只有在考虑了所有可用的内在证据后，在权利要求中仍然存在一些真正含糊不清的情况下，才可以依赖外在证据。❷ 但是，专家证词仅可以用于帮助法院正确理解权利要求，其不得用于改变权利要求语言或与权利要求语言相抵触。❸ 类似地，可以依赖词典定义，只要词典定义不与通过阅读专利文件发现或确定的任何定义相矛盾。❹

B. 字面侵权。

在对权利要求进行了适当的解读之后，要对专利权利要求和被控产品或方法进行比较，以确定被控产品或方法是否对经解读的专利权利要求构成字面侵权。❺ 对字面侵权的认定要求权利要求中的每一个实质限制和特征都出现在被控产品或方法中。❻ 因此，如果被控产品或方法没有满足专利权利要求的一项实质限制和特征，则排除被控产品或方法对专利权利要求构成字面侵权的认定。

C. 等同侵权。

如果被控产品或方法没有对专利权利要求构成字面侵权，仍然可能在等同侵权原则下构成侵权。❼ 在等同侵权原则下的本质问题是：被控产品或方法是否包含与专利发明要求保护的每个元素相同或等同的元素？❽

美国联邦巡回上诉法院已经明确了两种测试法，即非本质差异测试法和功能、方法、结果测试法，用于评估被控侵权的产品或方法的元素是否等同于专利权利要求中的元素。在非本质差异测试法下，需测试的是所要求保护的权利要求和被控产品或方法之间的差异是否是非本质的。❾ 在功能、方法、结果测试法下，需测试的是被控产品或方法是否"以实质相同的方法实现了实质相

---

❶ Phillips, 75 USPQ2d at 1327.

❷ Vitronics, 90 F. 3d at 1584.

❸ Id. (emphasis added); accord, Markman, 52 F. 3d at 981.

❹ Id.

❺ Caterpillar Tractor Co. v. Berco SPA, 714 F. 2d 1110, 1114 (Fed. Cir. 1983).

❻ Id. at 1570.

❼ Warner‐Jenkinson Co. v. Hilton Davis Chem. , 520 U. S. 17, 137 L. Ed. 2d 146; (1997), rev'g, 62 F. 3d 1512 (Fed. Cir. 1995).

❽ Warner‐Jenkinson at *39.

❾ Hilton Davis, 62 F. 3d at 1517, see also Ethicon Endo‐Surgery, Inc. , v. United States Surgical Corp. , 149 F. 3d 1309 (Fed. Cir. 1998).

同的整体功能或工作，从而获得了与所要求保护的发明实质相同的整体结果。"❶

功能、方法、结果测试法被广泛采用并且通过以下示例得到更详细地解释。在 Vodav. Cordis Corp.，536 F. 3d 1311（Fed. Cir. 2008）案中，该案中的权利要求记载了"一种股骨近端血管成形术导向导管，其包括：……第二直线部（图 5-1 中的 124）连接到第一直线部……"

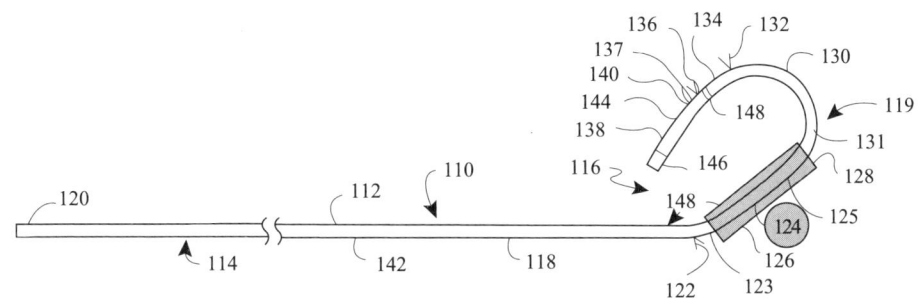

**图 5-1　应用功能、方法、结果测试法的典型示例图**

被控产品为 XB 导管，其用弯曲部替换了第二直线部，从而避免了字面侵权。为了证明被控产品在等同侵权原则下构成侵权，专利权人（Voda）提供了专家证词，声明：

1. "XB 导管的弯曲部提供了与 Voda 的权利要求中的直线部和大致直线部相同的功能，因为其在使用期间为导管提供额外的备用支持。"

2. "XB 导管的弯曲部与 Voda 的权利要求中的直线部和大致直线部以相同的方式运作，因为其在使用过程中与冠状动脉口相对的主动脉壁接合相当一段长度。"

3. "通过在使用期间使引导导管难以从所期望的方向移开，弯曲部实现了与直线元件和大致直线元件相同的结果。"

美国联邦巡回上诉法院认同专利权人提供的专家证词，并认定被控产品在等同侵权原则下构成侵权。这个例子示出了专家证词或意见在 DOE 分析中的重要性。

应该进一步注意的是，等同侵权原则必须应用于权利要求的单个元素，而

---

❶ Pennwalt Corp. v. Durand - Wyland, Inc.，833 F. 2d 931, 934（Fed. Cir. 1987）cert. denied, 485 U. S. 961（1988）.

不是整个发明。❶ 利用等同侵权原则来评估等同性的合适时间是侵权时，而不是被控产品专利获得授权时（适用于装置加功能性限定）。❷ 即使被控产品中的多个组件的组合实现了由专利发明的单个元件所实现的功能，也可能存在等同侵权，反之亦然。❸

D. 等同侵权原则的应用限制。

等同侵权原则的应用可能在几个方面受到限制。本书前面已经针对 L. B. Plastic 案讨论了其中的一个方面。在该案中，专利权人的说明书批评了现有技术，导致法院认定被控侵权方法在等同侵权原则下并未构成侵权，理由是被控侵权方法采用了申请人的说明书中所批评的现有技术。

限制等同侵权原则应用的另一个方面是本书前面讨论的捐献原则，即所公开但未要求保护的主题被认为是捐献给公众的。在 Johnson & Johnston 案中，该专利公开了将铝和其他材料（包括不锈钢）用于 PCB 基板，但仅要求保护铝。被控侵权人使用不锈钢避免了字面侵权。专利权人主张在等同侵权原则下构成侵权，争辩理由是不锈钢与要求保护的铝是等同物。美国联邦巡回上诉法院不认同该专利权人的主张，并且认定被控侵权产品在等同侵权原则下并未构成侵权，理由是该专利中公开了不锈钢但是并未要求保护不锈钢，因此该主题已经被捐献给了公众。

然而，限制等同侵权原则应用的最常用的方面是审查处理历史禁止反悔原则，该原则由美国最高法院在费斯托（Festo）案决定中提出（以下简称 Festo 原则）。在这一原则下，如果专利权人因与美国专利商标局在审查期间可专利性相关的原因而缩窄了专利权利要求的字面范围，则应用审查处理历史禁止反悔原则的可反驳推定，将修改后的权利要求要素的范围限制为其字面含义，即不允许在等同侵权原则下扩大权利要求的范围，除非专利权人能够证明在修改权利要求时，无法合理地预期本领域普通技术人员起草了一个字面上包含所声称的等同物的权利要求。专利权人可以通过以下任何一个事项来证明无法合理地预期：❹

（1）在申请时，该等同物是不可预见的；

（2）修改所依据的合理性与所涉等同物之间不相干；或

---

❶　Warner – Jenkinson at ＊22.

❷　Warner – Jenkinson at ＊35.

❸　Dolly, 16 F. 3d at 398 – 99; accord Corning Glass Works v. Sumitomo Elec. U. S. A., Inc., 868 F. 2d 1251, 1259 (Fed. Cir. 1989).

❹　122 S. Ct. at 1842, 62 U. S. P. Q. 2d at 1713 – 14.

（3）其他原因表明无法合理地预期专利权人会描述所讨论的非本质替代物。❶

但在实践中，很难根据上述（1）～（3）任何一项反驳 Festo 原则。因此，为了增加等同侵权原则可以在不受 Festo 原则限制的情况下应用的可能性，在审查期间避免对权利要求进行缩窄性的修改或明确指出修改是出于与可专利性无关的原因就变得很重要。

本章末尾提供的图 5-2 对涉及 Festo 原则考虑的侵权分析进行了总结。

应该注意的是，本章旨在对美国代理人在侵权分析中必须考虑的非常复杂的法律问题提供简要的理解。本章还说明了几种使这种分析"更简单"的方法，例如，通过以诉讼为准备、具有 Festo 原则意识心态来仔细地准备申请撰写和审查，为美国代理人提供明确、完整和有用的信息来协助准确评估（不）侵权，特别是在等同侵权原则下的评估。

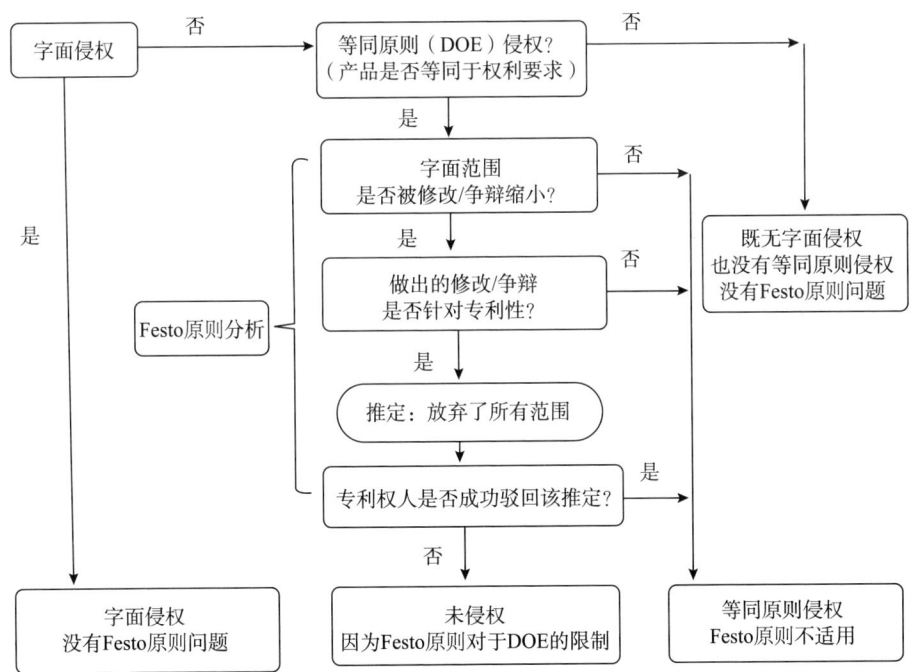

**图 5-2　涉及 Festo 原则考虑的侵权分析总结**

---

❶ 122 S. Ct. at 1842, 62 U. S. P. Q. 2d at 1713-14.

# 第二节 法律意见书（中国）

本书第二版增加了根据美国的法律和案例如何在美国撰写侵权法律意见书或不侵权法律意见书。在中国，发明人取得专利权的最终目的是维护法律赋予自己的权益。在专利维权过程中，专利权人在提起专利侵权诉讼前要请专利代理人提供侵权分析意见书。而在专利诉讼过程中，被告一般要请专利代理人提供不侵权分析意见书。

## 一、侵权分析规则

《中国专利法》第11条规定了专利权人对其专利产品或方法所享有的专有权，如下：

> ……除本法另有规定的以外，……，任何单位或者个人 …… 不得为生产经营的目的制造、使用、许诺销售、销售、进口其专利产品……

根据《中国专利法》第11条的规定，未经专利权人允许，他人不得制造、销售和使用专利产品。所以，专利权是赋予专利权人的一种禁止权，任何第三方违反了这种禁止权就构成了专利侵权。但是，《中国专利法》第11条没有从实务（或从可操作）的层面来认定具体产品对专利构成了侵权。

《中国专利法》第59条规定："发明或实用新型专利权的保护范围以其权利要求的内容为准，说明书及附图可以用于解释权利要求的内容。"但是，《中国专利法》第59条没有从实务（或从可操作）的层面规定权利要求的保护范围。

最高人民法院通过司法解释规定了权利要求的保护范围并且规定了落入权利要求保护范围的两种侵权评判标准，即文字侵权和等同侵权。而且，通过司法解释，最高人民法院规定了"文字侵权"（全面覆盖原则）和"等同侵权"的认定方法和机制，以及在对权利要求进行等同解释时的"禁止反悔原则"。

关于文字侵权，《最高人民法院关于审理侵犯专利权纠纷案件应用法律若干问题的解释》（法释〔2009〕21号）第7条规定：

> 人民法院判定被诉侵权技术方案是否落入专利权的保护范围，应当审查权利人主张的权利要求所记载的全部技术特征。
>
> 被诉侵权技术方案包含与权利要求记载的全部技术特征相同或者等同的技术特征的，人民法院应当认定其落入专利权的保护范围；被诉侵权技

术方案的技术特征与权利要求记载的全部技术特征相比，缺少权利要求记载的一个以上的技术特征，或者有一个以上技术特征不相同也不等同的，人民法院应当认定其没有落入专利权的保护范围。

专利从业者应该注意，"全面覆盖原则"要求在权利要求中（尤其是在独立权利要求中）不能包括对于体现新颖性和创造性不必要的技术特征，因为不必要的技术特征会将独立权利要求的保护范围不必要地变窄。作者看到过许多授权专利，原发明是非常有商业价值的，但因为权利要求中含有不必要的技术特征，使得该授权专利毫无商业价值。

"全面覆盖原则"还告诉我们，权利要求中的每一个字和每一个词都是用来定义权利要求的范围的。如果在权利要求中有一个字或一个词用错，都可能会导致权利要求无效，因为错的字或错的词所形成的技术方案不符合专利申请中的发明点。所以我们在撰写或修改权利要求时，一定要斟酌，确保准确地使用每个字和每个词。

"等同侵权"原则用于即使一个权利要求在"全面覆盖原则"下，因为在争议产品中缺少权利要求中的一个技术特征而不能形成"文字侵权"的情况下，用等同的方法在争议产品中找到等同的技术特征，从而仍然能用等同的方法认定该权利要求涵盖该争议产品。

关于等同侵权，《最高人民法院在关于审理专利纠纷案件适用法律问题的若干规定（2015 修正)》（法释〔2015〕4 号）第 17 条规定：

> 专利法第五十九条第一款所称的"发明或者实用新型专利权的保护范围以其权利要求的内容为准，说明书及附图可以用于解释权利要求的内容"，是指专利权的保护范围应当以权利要求记载的全部技术特征所确定的范围为准，也包括与该技术特征相等同的特征所确定的范围。
>
> 等同特征，是指与所记载的技术特征以基本相同的手段，实现基本相同的功能，达到基本相同的效果，并且本领域普通技术人员在被诉侵权行为发生时无需经过创造性劳动就能够联想到的特征。

根据《最高人民法院关于审理侵犯专利权纠纷案件应用法律若干问题的解释》（法释〔2009〕21 号）第 7 条规定，中国的文字侵权的判断标准和美国的文字侵权的判断标准基本相同。但是，根据《最高人民法院关于审理专利权纠纷案件适用法律问题的若干规定（2015 修正)》（法释〔2015〕4 号）第 17 条规定，中国的等同侵权的判断标准和美国的等同侵权的判断标准有所不同。美国的等同侵权的判断标准有三个法律规则要件，而中国的等同侵权的判断标准有四个法律规则要件。具体地说，美国的等同侵权的判断标准的三个法律规则要件与中国的等同侵权的判断标准的前三个法律规则要件基本相同。然而，和美国的等同判定的原则相比，中国的等同判定原则具有额外的要求："本领域普通技术人员在被诉侵权行为发生时无需经过创造性劳动就能够联想到的特征。"也就是说，按美国法律判定成立的等同侵权，有可能在中国不构成等同侵权，如果这种等同对于本领域普通技术人员在被诉侵权行为发生时需经过创造性劳动才能够联想到的话。

关于禁止反悔原则，《最高人民法院关于审理侵犯专利权纠纷案件应用法律若干问题的解释》（法释〔2009〕21号）第6条规定：

> 专利申请人、专利权人在专利授权或者无效宣告程序中，通过对权利要求、说明书的修改或者意见陈述而放弃的技术方案，权利人在侵犯专利权纠纷案件中又将其纳入专利权保护范围的，人民法院不予支持。

《最高人民法院关于审理侵犯专利权纠纷案件应用法律若干问题的解释（二）》（法释〔2016〕1号）第13条规定了适用禁止反悔原则的例外情况，如下：

> 权利人证明专利申请人、专利权人在专利授权确权程序中对权利要求书、说明书及附图的限缩性修改或者陈述被明确否定的，人民法院应当认定该修改或者陈述未导致技术方案的放弃。

"禁止反悔原则"要求我们在答复审查意见和无效程序中考虑我们的任何争辩或修改对维权程序的影响。

根据《最高人民法院关于审理侵犯专利权纠纷案件应用法律若干问题的解释》（法释〔2009〕21号）第6条的规定，中国的禁止反悔原则和美国的禁止反悔原则基本一样。但是，该司法解释第6条还额外规定专利无效过程中的相关行为也属于禁止反悔原则的适用范围。

根据以上解读，中国专利从业者在中国提供侵权法律意见或不侵权法律意见时，操作思路和美国专利律师在美国提供侵权法律意见或不侵权法律意见基本相同或相似。但是，中国专利从业者在中国提供侵权法律意见或不侵权法律意见时，除了依据中国专利法，还要依据中国最高人民法院的司法解释和规定来进行。

## 二、权利要求范围解释规则

撰写专利侵权或不侵权法律意见书的基础涉及权利要求范围的解释。通过阅读本书的第二版，我们可以知道了美国对权利要求范围的解释规则主要是由两个案例规定的，即美国最高法院的马克曼（Markman）案和美国联邦巡回上诉法院的飞利浦（Phillips）案。

在中国，对于权利要求范围解释规则的法律来源包括：中国专利法、中国专利法实施细则、中国最高人民法院司法解释、中国最高人民法院指导案例、中国国家知识产权局的规章（包括专利审查指南）等。

《中国专利法》第59条规定："发明或者实用新型专利权的保护范围以其权利要求的内容为准，说明书及附图可以用于解释权利要求的内容。"作者认为，根据《中国专利法》第59条规定，尽管说明书及附图可以用于解释权利要求的范围，但是根据中国专利侵权审判实践，除了说明书中有明确限制的描述外，说明书中对实施例的描述可以用于解释权利要求的内容，但是说明书中对实施例的描述不能用来限制权利要求的范围。也就是说，在对争议产品应用"全面覆盖原则"分析时，在字面意思清楚的情况下，权利要求的范围应该根据权利要求的语言来定，而不是被说明书中对实施例的描述限制。

虽然《中国专利法》第59条规定了说明书及附图用于解释权利要求范围的作用，但是没有给出可用于解释权利要求范围的实务操作规则。在《最高人民法院关于审理侵犯专利权纠纷案件应用法律若干问题的解释》（法释〔2009〕21号）中，最高人民法院提供了可用于解释权利要求范围的实务操作规则。

《最高人民法院关于审理侵犯专利权纠纷案件应用法律若干问题的解释》（法释〔2009〕21号）第2条规定如下：

> 人民法院应当根据权利要求的记载，结合本领域普通技术人员阅读说明书及附图后对权利要求的理解，确定专利法第五十九条第一款规定的权利要求的内容。

根据《最高人民法院关于审理侵犯专利权纠纷案件应用法律若干问题的解释》（法释〔2009〕21号）第2条的规定，对权利要求和说明书及附图的理解是以本领域普通技术人员的理解为基础的。

《最高人民法院关于审理侵犯专利权纠纷案件应用法律若干问题的解释》（法释〔2009〕21号）第3条规定如下：

> 人民法院对于权利要求，可以运用说明书及附图、权利要求书中的相关权利要求、专利审查档案进行解释。说明书对权利要求有特别界定的，从其特别界定。
>
> 以上述方法仍不能明确权利要求含义的，可以结合工具书、教科书等公知文献以及本领域普通技术人员的通常理解进行解释。

根据《最高人民法院关于审理侵犯专利权纠纷案件应用法律若干问题的解释》（法释〔2009〕21号）第3条第1款的规定，对权利要求进行解释的内部来源是专利文件（包括说明书及附图、权利要求书）和专利审查档案。根据作者理解，按照《最高人民法院关于审理侵犯专利权纠纷案件应用法律若干问题的解释》（法释〔2009〕21号）第3条第1款的规定，从属权利要求可以用来区别独立权利要求的范围，在使用从属权利要求来区分独立权利要求这一点上，美国的案例法与中国的司法解释基本一致。

根据《最高人民法院关于审理侵犯专利权纠纷案件应用法律若干问题的解释》（法释〔2009〕21号）第3条第2款的规定，对权利要求进行解释的外部来源是工具书、教科书等公知文献以及本领域普通技术人员的通常理解。

根据《最高人民法院关于审理侵犯专利权纠纷案件应用法律若干问题的解释》（法释〔2009〕21号）第3条第1款和第2款的规定，在专利文件本身能够解释权利要求的范围时，就无需借助外部来源来解释权利要求。只有在专利文件本身不能够明确解释权利要求的范围时，才需使用外部来源来解释权利要求。但是，专利从业者必须认识到，在撰写专利说明书时，要尽力用专利申请的内部来源来解释权利要求，避免用外部来源来解释权利要求。启用专利申请的外部来源解释权利要求至少有两个缺陷：第一是诉讼后果不可控，第二是诉讼成本增加。在使用内部来源和外部来源解释权利要求这一点上，美国的案例法和中国司法解释基本一致。

《最高人民法院关于审理侵犯专利权纠纷案件应用法律若干问题的解释》（法释〔2009〕21号）第4条规定如下：

> 对于权利要求中以功能或效果表达的技术特征，人民法院应当结合说明书和附图描述的该功能或者效果的具体实施方式及其等同的实施方式，确定该技术特征的内容。

根据《最高人民法院关于审理侵犯专利权纠纷案件应用法律若干问题的解释》（法释〔2009〕21号）第4条的规定，对于功能性或效果性的技术特征的解释范围局限于说明书和附图描述的该功能或者效果的具体实施方式及其等同的实施方式。也就是说，功能性或效果性的技术特征的范围并不像字面意义上那么宽泛。所以，如果可能，说明书要用两个或多个不同工作原理的实施例来支持功能性或效果性的技术特征。

为了进一步明确解释权利要求中以功能表达的技术特征的规则，《最高人民法院关于审理侵犯专利权纠纷案件应用法律若干问题的解释（二)》（法释〔2016〕1号）第8条规定如下：

　　功能性特征，是指对于结构、组分、步骤、条件或其之间的关系等，通过其在发明创造中所起的功能或者效果进行限定的技术特征，但本领域普通技术人员仅通过阅读权利要求即可直接、明确地确定实现上述功能或者效果的具体实施方式的除外。

　　与说明书及附图记载的实现前款所称功能或者效果不可缺少的技术特征相比，被诉侵权技术方案的相应技术特征是以基本相同的手段，实现相同的功能，达到相同的效果，且本领域普通技术人员在被诉侵权行为发生时无需经过创造性劳动就能够联想到的，人民法院应当认定该相应技术特征与功能性特征相同或者等同。

　　根据《最高人民法院关于审理侵犯专利权纠纷案件应用法律若干问题的解释（二）》（法释〔2016〕1号）第8条的规定，功能性或效果的技术特征的范围是用与实施例的等同方法来解释的，与非功能或效果表达技术特征的等同方法有些相似。但是，专利从业者须注意到，功能性或效果性的技术特征的等同范围与非功能或效果性技术特征的等同范围不同。

　　具体地说，在对非功能或效果性技术特征进行等同解释时，《最高人民法院关于审理专利纠纷案件适用法律问题的若干规定（2015修正）》（法释〔2015〕4号）第17条使用"三个基本"，即"以基本相同的手段，实现基本相同的功能，达到基本相同的效果"，也就是说其等同范围并不需要完全相同。但是，在对功能性或效果性技术特征的说明书实施例进行等同解释时，使用"一个基本和两个相同"，即"以基本相同的手段，实现相同的功能，达到相同的效果"，也就是说对于手段等同范围不需要完全相同，而对于功能和效果必须相同，等同范围显然缩小。《最高人民法院关于审理侵犯专利权纠纷案件应用法律若干问题的解释（二）》（法释〔2016〕1号）第5条规定："在人民法院确定专利权的保护范围时，独立权利要求的前序部分、特征部分以及从属权利要求的引用部分、限定部分记载的技术特征均有限定作用。"

　　根据《最高人民法院关于审理侵犯专利权纠纷案件应用法律若干问题的解释（二）》（法释〔2016〕1号）第5条的规定，独立权利要求的前序部分以及从属权利要求的引用部分对权利要求均有限定作用。事实上，在无效程序中，独立权利要求的前序部分以及从属权利要求的引用部分均可以用于区别对比文件。

　　《最高人民法院关于审理侵犯专利权纠纷案件应用法律若干问题的解释（二）》（法释〔2016〕1号）第6条第1款规定："人民法院可以运用与涉案专利存在分案申请关系的其他专利及其专利审查档案、生效的专利授权确权裁判文书解释涉案专利的权利要求。"

根据《最高人民法院关于审理侵犯专利权纠纷案件应用法律若干问题的解释（二）》（法释〔2016〕1 号）第 6 条第 1 款的规定，与涉案专利存在分案申请关系的其他专利及其专利审查档案、生效的专利授权确权裁判文书影响对涉案专利权利要求范围的解释。

总之，在中国撰写侵权法律意见书或不侵权法律意见书时，要按照中国的专利法和相关的司法解释，并遵循中国法律思维的原则来进行。

# 第六章
# 专利实务中的法律思维

　　本书的第二版中增加了"法律意见书（美国）"章节，论述了根据美国的相关法律和案例如何撰写侵权或不侵权法律意见书，以及根据美国法律体系下的法律思维如何撰写侵权或不侵权法律意见书。中国专利从业者要认识到，撰写法律意见是法律实践，专利文件的撰写以及答复专利审查意见也是法律实践。在美国是如此，在中国也是如此。事实上，本书第一版的内容原本是为美国法学院的二年级或三年级的学生准备的专利实践教材。美国法学院的学生在一年级学习的过程中，都已经接受了法律思维的教育和训练，因此理解本书的内容是没有障碍的。而且，在对美国案例进行解释和理解时，本书也是按照法律思维进行的。所以，本书第一版和第二版的内容都是基于读者具有相关法律思维知识的设想来撰写的。

　　为了使中国专利从业者能够更好地理解本书的内容，作者根据本书中的法律分析和案例分析来叙述法律思维的一般规则。作者认为这种法律思维的一般规则可能具有美国法学院专业教育的特点，掌握这种法律思维的一般规则对中国专利从业者有所帮助。

## 第一节　法律思维的规则

　　一般来说，法律从业者的实践包括四种法律实务：一是准备法律文件；二是出具法律意见；三是进行法律争辩；四是提供法律咨询。相应地，专利法律实践也包括四种法律实务：一是撰写专利说明书和权利要求或专利许可协议（即准备法律文件）；二是出具专利侵权法律意见或专利规避设计法律意见（即出具法律意见）；三是答复专利申请审查意见或撰写专利无效代理词（即进行法律争辩）；四是评判发明方案的专利性（即提供法律咨询）。作者认为，从法律实务的观点来看，以上四种法律实务中的法律结论或法律目的是否成立的最终判定者是法庭，法庭在判定法律结论或法律目的是否成立时，必须依据相关法律和相关事实，使用法律思维进行分析和推理。

例如，在专利审查和无效程序中，代理人和专利局之间或两方代理人之间进行的争辩，由专利局做出决定。但通过诉讼程序，最终结局是由相关法庭按照相关法律来决定的。事实上，在专利审查和无效程序中的法律争辩过程中，争辩双方都应该考虑这样一个问题，即争辩观点和争辩方法在将来的诉讼程序中能否被法庭接受。在诉讼程序中，法庭也得按照法律争辩的原则来对案件做出决定。所以，在与专利局和对方代理人的争辩中，专利从业者要将相关法律、相关事实和争辩方法表述清楚，做好诉讼准备工作，以便在诉讼争辩时，法庭能够接受其争辩。

为了能更好地描述法律争辩的逻辑思维，作者用答复中国专利审查意见作为场景来分析。在答复中国专利审查意见时，专利从业者首先要认识到答复审查意见是法律争辩，而法律争辩具有两方面的特点。第一，法律争辩是以法律规则为依据的，即争辩的双方必须按照事先公布的法律规则来进行争辩，任何一方不可以离开法律规则随意进行争辩，也就是说，不以法律规则为依据的争辩不成立。第二，法律争辩有其特定的方法，在进行法律争辩时，要按照特定的方法来进行。在法律争辩中，要有适用法律和相关事实，不能只有结论；而且，光有适用法律和相关事实还不够，一定要将适用法律应用到相关事实上进行具体分析，这样法律结论才能成立。作为一般规律，专利从业者在答复审查意见时所用的法律争辩方法适用于其他法律领域的法律争辩。所以，专利从业者在进行争辩时，第一要理解法律，第二要理解相关事实，第三要会应用法律对事实进行分析。

## 一、法律争辩的方法

从总体上来说，法律争辩就是将相关的法律规则应用到相关法律事实上，即在确定了适用的法律规则后，在相关法律事实满足（或不满足）适用的法律规则要件的情况下，通过法律分析，做出一个法律结论。

例如，根据判断权利要求新颖性的法律规则得到的判断一个权利要求是否具有新颖性的实务性规则是，如果权利要求中包括对比文件中（更严格地说是一个对比文件中的一个实施例中）没有的至少一个技术特征，则该权利要求相对于该对比文件具有新颖性。所以，在争辩一个权利要求具有新颖性时，就是将这个法律规则应用到权利要求中的技术特征和对比文件的技术特征中去，即将权利要求中的技术特征与对比文件中一个实施例的技术特征进行对比。

在实务操作中，有时反面描述一个法律规则具有同样的重要性，因为反面描述更有实务上的操作性。例如，判断权利要求没有新颖性的实务性规则是，如果一个权利要求中的所有技术特征被包含在一个对比文件中（更严格地说是一个对比文件中的一个实施例中），则该权利要求没有新颖性。这样，判断权利要求具有新颖性的法律规则可改写成：当找不到含有权利要求中所有的技术特征的一个对比文件（更严格地说是当找不到一个对比文件中的一个实施例）时，就应该判定该权利要求具有新颖性。

## 二、关于总体和个别的争辩关系

当主张方声称的结论是基于所有条件都成立时，反驳方只要证明其中有一个条件不成立，就能证明主张方的结论不成立；当主张方声称的结论是基于一些条件成立时，反驳方需要证明所有条件都不成立，才能证明主张方的结论不成立。

例如，当主张方声称的结论是篮子里所有苹果都是新鲜时，反驳方只要证明篮子中至少有一个苹果不新鲜，就能证明主张方的结论不成立；当主张方声称的结论是篮子里一些苹果是新鲜的，反驳方需要证明篮子中所有苹果都不新鲜，才能证明主张方的结论不成立。

理解了这一原则，在法律争辩中，专利从业者就不会犯"过度争辩"和"不足争辩"的错误。

## 三、法律争辩的基本原则

一条法律规则可以只有一个法律规则要件，但在大多数情况下，一条法律规则往往具有数个法律规则要件。数个法律规则要件之间的关系可以是串行关系（"和"）或并行关系（"或"）。

法律争辩的基本原则是：（1）对于具有数个串行法律规则要件的法律规则，主张用该法律规则得出法律结论的一方必须证明满足所有的法律规则要件，即所有法律规则要件成立；而主张该法律结论不成立的一方只要证明有一个法律规则要件不满足或不成立即可。（2）对于具有数个并行法律规则要件的法律规则，主张用该法律规则得出法律结论的一方只要证明满足其中一个法律规则要件即可；而主张该法律结论不成立的一方必须证明所有法律规则要件不满足或不成立。作者认为，这样一个法律争辩基本规则体现在了本书的第一版和第二版中。

1. 对包括串行法律规则要件的法律规则的应用

例如，如果一条法律规则中有 A 和 B 两个串行法律规则要件，主张用该法律规则得出法律结论的一方必须证明满足所有的法律规则要件 A 和 B，即两个法律规则要件都要满足或成立；而主张该法律结论不成立的一方只要证明两个法律规则要件 A 和 B 中有一个不满足或不成立即可。

2. 对包括并行法律规则要件的法律规则的应用

例如，如果一条法律规则中有 A 或 B 两个并行法律规则要件，主张用该法律规则得出法律结论的一方只需证明两个法律规则要件 A 或 B 有一个成立即可；而主张该法律结论不成立的一方必须证明两个法律规则要件 A 和 B 都不成立。

3. 否定基于串行法律规则要件的法律结论时对串行法律规则要件的应用

在实践中，有时要将基于串行法律规则要件做出的法律结论以否定形式表示。当以否定形式表示法律结论时，每一个串行的法律规则要件被写成否定形式，且否定形式的法律规则要件之间转而形成并行关系。因此，只要证明了一个否定形式的法律规则要件成立时，就得到否定形式的法律结论，即证明了原来的法律结论不成立。因此，这种方法也是对基于包括串行法律规则要件的法律规则得到的法律结论的反驳方法。

比如，根据法律规定，基于两个法律规则要件 A 和 B 的串行关系得到一个法律结论。如果要将该法律结论写成否定形式，法律规则要件要被写成 A 和 B 的否定形式且形成并行关系。因此，只要证明了 A 的否定形式或 B 的否定形式成立，就能得到原来的法律结论不成立的结论。

作者将在下文中介绍实践中关于该应用的实例。具体是审查员在使用新颖性和创造性判定规则时，将新颖性和创造性判定规则中的串联形式的规则要件变为否定形式来判定发明不具有有新颖性和创造性（见图 6－2、图 6－6）。

4. 否定基于并行法律规则要件的法律结论时对并行法律规则要件的应用

在实践中，有时要将基于并行法律规则要件做出的法律结论以否定形式表示。当以否定形式表示法律结论时，每一个并行的法律规则要件被写成否定形式，且否定形式的法律规则要件之间转而形成串行关系。从而，只有证明了全部否定形式的法律规则要件成立时，才能得到否定形式的法律结论，即证明了原来的法律结论不成立。因此，这种方法也是对基于包括并行法律规则要件的法律规则得到的法律结论的反驳方法。

比如，根据法律规定，基于两个法律规则要件 A 和 B 的并行关系得到一个法律结论。如果要将该法律结论写成否定形式，法律规则要件要被写成 A 和 B 的否定形式且形成串行关系。因此，只有证明了 A 的否定形式和 B 的否定形式都成立，才能得到原来的法律结论不成立的结论。

## 四、复合法律规则

实践中的法律规则会更复杂，法律规则可以有肯定性的数个串行法律规则要件，也可以有肯定性的数个并行法律规则要件。而每个肯定性的串行或并行法律规则要件中也可以有下一层的肯定性的数个串行或并行法律规则要件。但是，不管复合法律规则有多复杂，以上所述的法律争辩的基本原则和应用总是适用的。

对于各种复杂的法律规则，总可以使它简化，最终使用法律争辩总原则来进行法律争辩。

## 五、对新颖性的法律规则进行法律要件分割的示例

从实务操作的理论层面，专利从业者的一个基本功是如何将一条法律规则分割成法律规则要件，然后根据分割后的法律规则要件来使用该法律规则。现以新颖性的法律规则（见《中国专利法》第22条第2款）为例来分析，将其分割成法律规则要件，如下：

"新颖性，是指该发明或者实用新型不属于现有技术；也没有任何单位或者个人就同样的发明或者实用新型在申请日以前向国务院专利行政部门提出过申请，并记载在申请日以后公布的专利申请文件或者公告的专利文件中。"

从新颖性的法律规则中，我们可以总结出要得到满足新颖性的法律规则有两个串行的法律规则要件A和B：

新颖性法律规则要件A，即<u>不属于</u>现有技术；和

新颖性法律规则要件B，包括B1<u>没有</u>在申请日以前向国务院专利行政部门提出过申请和B2<u>没有</u>记载在申请日以后公布的专利申请文件或公告的专利文件中（即没有公布的抵触申请存在）。

1. 应用新颖性法律规则，主张发明有新颖性

根据以上的分析，要证明一个发明具有新颖性，必须证明该发明满足：（1）该发明没有被现有技术公布（新颖性法律规则要件A）；（2）没有被抵触申请公布（新颖性法律规则要件B）。

从以上总结新颖性法律规则我们可以看到：新颖性法律规则要件A包括一个否定性的法律规则要件，而新颖性法律规则要件B包括两个串行的否定性法律规则要件。事实上，有时要证明一件事实没发生过是做不到的，所以在实

际专利审查中，审查员只能确认至今还不能找到公布被审权利要求中所有技术特征的现有技术和抵触申请。在找不到公布被审权利要求中所有技术特征的现有技术和抵触申请的情况下，就不能否定被审权利要求的新颖性，从而承认被审权利要求具有新颖性。

2. 应用新颖性法律规则，主张发明没有新颖性

根据以上分析，我们要将评判新颖性的两个串行的法律规则要件写成否定形式，并且将它们变成并行的两个法律规则要件，且当任一否定形式的法律规则要件成立，则证明该发明没有新颖性。

根据以上的分析，要证明一个发明没有新颖性，主张方只要证明该发明不满足新颖性法律规则要件 A 或不满足新颖性法律规则要件 B 即可。在证明不满足新颖性法律规则要件 A 时，主张方需要证明被审权利要求的所有技术特征被现有技术公布；在证明不满足新颖性法律规则要件 B 时，主张方需要证明：

（1）至少有一个单位或个人就同样的发明或者实用新型在申请日以前向国务院专利行政部门提出过申请；或

（2）同样的发明或者实用新型记载在申请日以后公布的专利申请文件或公告的专利文件中（即被抵触申请公布）。

3. 法律要件的分割层次

对于反驳方来说，将法律规则中的法律规则要件分得越多、越细越有利，因为串行的法律规则要件多了，作为反驳方，容易找出争辩的理由。所以，在理解法律规则的基础上，将法律规则细分成法律规则要件，是专利从业者的一个基本功。

## 六、法律规则的推论

有时从字面上来使用法律规则还不能有效地进行法律争辩。作者认为，在一些情况下，根据法律争辩的需要，将法律规则改写成推论形式，会有利于法律争辩。具体地说，《中国专利审查指南》（下文称审查指南）在判定创造性时规定了"三步法"。在第三步评判是否"显而易见"的过程中，审查指南具体规定：根据所定义的技术问题，在将另一份对比文件中的区别技术特征结合到最接近的对比文件中从而得到被审权利要求中的技术方案时，区别技术特征在另一份对比文件中所起的作用要与区别技术特征在被审权利要求的技术方案中所起的作用相同。

作为一个示例，评判"显而易见"规则的一个推论是："审查员在使用另一份对比文件中的区别技术特征得到被审权利要求的技术方案时，一定要具体

参考最接近对比文件中的具体结构来评论"；或"审查员在使用另一份对比文件中的区别技术特征得到被审权利要求的技术方案时，不能离开最接近对比文件中的具体技术方案来凭空评论"。这样，如果在专利审查意见中，审查员离开最接近的对比文件来推论从另一份对比文件中的技术特征得到被审权利要求的技术方案，或抽象地将另一份对比文件中的技术特征结合到最接近的对比文件中去时，上述"显而易见"规则的推论就能更有针对性地反驳审查意见。

### 七、争论焦点的选择

在进行法律争辩时，专利从业者要根据相关法律事实和相关法律规则选择赢面较大（或最大）的法律规则要件进行争辩，这就是所谓的定义"争论焦点"，即"争论焦点"是能够从实务操作层面决定本案走向的争论点。从实务来说，争论焦点的选择，决定了争辩的成功和失败。所以，专利从业者的另一个基本功是根据本案的相关法律事实和相关法律规则，选择"争论焦点"。在进行法律争辩时，不要对所有的法律规则要件都进行争辩，对于某些法律规则要件不进行争辩的原因是：（1）基于相关法律事实，没有可争辩的地方；（2）争辩理由不充分或争辩理由复杂，赢面较小；（3）争辩其他的法律规则要件，理由更充分或简单明了，赢面更大。

应该说明的是，对于审查员的错误观点，专利从业者不能全部都反驳，因为如果审查员犯的错误和相关法律规则要件无关，争辩赢了也没用。

### 八、法律争辩的判断步骤

从实务的操作层面，专利代理人形成法律争辩的步骤包括：
（1）理解和确认相关事实；
（2）确定相关法律规则；
（3）确定争论焦点；
（4）进行法律争辩；
（5）得到法律结论。

### 九、法律争辩类型

法律争辩类型有三个，如下：
（1）事实争辩，即对方所依据的相关法律事实有错误；
（2）法律争辩，即对方应用的法律不适用、理解法律错误或没有法律依据；
（3）逻辑争辩，即对方的推理逻辑不对。

在以上三种法律争辩类型中，事实争辩最有效，因为事实错误一旦成立，没有主观成分，不确定性成分小；法律争辩的效率次之；而逻辑争辩最难，因为有主观成分。所以，在争辩中，优选事实争辩，次选法律争辩，最后选逻辑争辩。

### 十、专利审查中的举证责任

在法律争辩中，法律规则会要求争辩双方中的主张方承担举证责任，如果主张方不能完成自己的举证责任，主张方就要承担不利的法律结果。在专利审查过程中，如果审查员主张一个权利要求不具有新颖性或创造性，则举证责任在审查员。

但是，举证责任的分配并不是说在答复审查意见时，在此时，专利代理人只要指出审查员审查意见中的错误即可。事实上，在答复审查意见时，专利代理人经常主动陈述被审权利要求的新颖性和创造性，以加速被审权利要求授权，避免被审查员驳回。

### 十一、对争辩的反驳

法律争辩是争辩双方的交流，不是由争辩的一方说了算的。在进行法律争辩时，反驳方也要符合法律争辩的原则。所以，本章所叙述的原则和方法，既适用于主张方，也适用于反驳方。即反驳方的争辩也要遵循法律争辩的原则。

需要说明的是，以上的法律争辩方法是围绕答复专利审查意见来叙述的。但是作者认为其中的一般原则也适用于其他法律领域。

## 第二节　争辩规则的链接图分析法

如本书第一版中关于如何答复美国专利商标局审查意见部分所示，将法律思维中的规则要件用链接图来表示，会使得法律争辩的分析更加清楚和直观。所以，作者将中国关于发明专利申请（以下称发明）新颖性和创造性的判定规则用规则要件链接图来表示，从而将法律思维中的规则要件分析方法应用到中国关于发明新颖性和创造性的判定规则中。对中国发明新颖性和创造性的判定规则用规则要件链接图进行解释，能够帮助读者更好地理解美国专利商标局审查意见部分的规则要件链接图。

## 一、关于中国发明新颖性判定规则的链接图分析

1. 《中国专利法》关于发明具备新颖性的判定规则的规则要件链接示意图

《中国专利法》第 22 条第 1 款关于发明具备新颖性的判定规则的规则要件可用链接图表示为图 6 - 1：

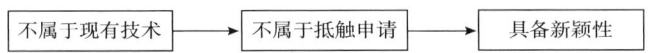

**图 6 - 1　发明具备新颖性的判定规则的规则要件链接示意图**

如图 6 - 1 所示，发明具备新颖性的判定规则有两个串联规则要件，即该发明：（1）不属于现有技术；（2）不属于抵触申请。也就是说，如果举证责任在申请人，为了证明发明专利具有新颖性，申请人要证明该发明：（1）不属于现有技术；（2）不属于抵触申请。

2. 审查指南关于发明不具备新颖性判定规则的规则要件链接示意图

因为在专利审查中，申请人没有举证责任去证明其发明具有新颖性，是审查员具有举证责任证明（或认定）该发明没有新颖性。所以，我们有必要将发明具备新颖性的判定规则的两个串联规则要件写成如图 6 - 2 所示的否定形式，成为两个否定的并联规则要件，如下：

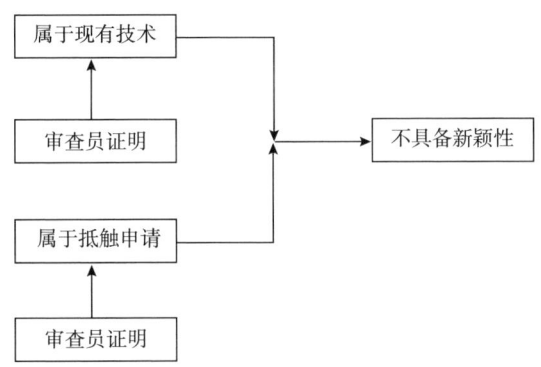

**图 6 - 2　发明不具备新颖性判定规则的规则要件链接示意图**

如图 6 - 2 所示，为了认定发明没有新颖性，审查员可以证明（或认定）该发明属于现有技术，或证明（或认定）该发明属于抵触申请，或证明（或认定）该发明同时属于前后两者。

3. 申请人对于发明不具备新颖性的判定的反驳方法的链接示意图

图 6－3 示出申请人对审查员关于发明不具备新颖性的判定的反驳方法的规则要件链接图，如下：

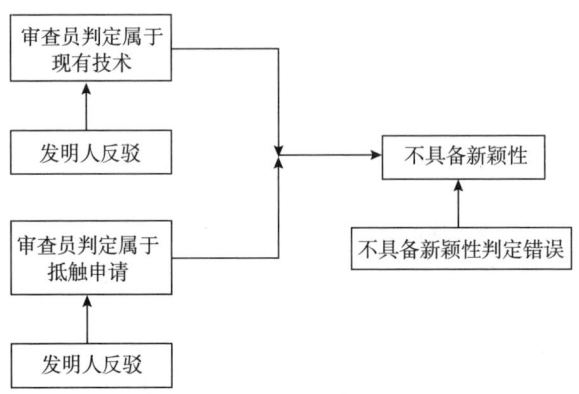

**图 6－3　申请人对于发明不具备新颖性的判定的反驳方法的规则要件链接图**

如图 6－3 所示，如果审查员仅仅是认定发明属于现有技术，申请人只需反驳发明属于现有技术的认定；如果审查员仅仅是认定发明属于抵触申请，申请人只需反驳发明属于抵触申请的认定；如果审查员认定发明既属于现有技术又属于抵触申请，申请人需要反驳发明属于现有技术的认定，而且也要反驳发明属于抵触申请的认定。

## 二、关于中国发明创造性判定规则的链接图分析

1. 《中国专利法》关于发明具备创造性的判定规则的规则要件链接示意图

《中国专利法》第 22 条第 3 款关于发明具备创造性的判定规则的两个串联规则要件可用链接表示为：

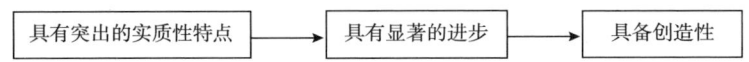

**图 6－4　专利法关于发明具备创造性的判定规则的规则要件链接示意图**

如图 6－4 所示，发明具备创造性的判定规则有两个串联规则要件，即（1）具有突出的实质性特点；（2）具有显著进步。也就是说，如果举证责任在申请人，为了证明发明具有创造性，申请人要证明该发明：（1）具有突出的实质性特点；（2）具有显著进步。

2. 审查指南关于发明具备创造性的判定规则的规则要件链接示意图

为了使得《中国专利法》第 22 条第 3 款关于发明具备创造性的判定规则要件具有可操作性，审查指南中将《中国专利法》第 22 条第 3 款关于发明具备创造性的判定规则要件变成可操作形式，如图 6-5 所示。

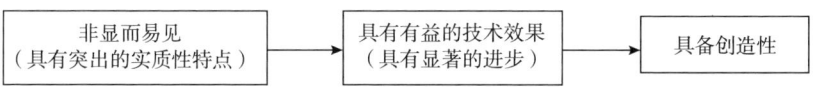

**图 6-5　审查指南关于发明具备创造性的判定规定的规则要件链接示意图**

发明具备创造性的判定规则有两个串联规则要件，即该发明：（1）非显而易见；（2）具有有益的技术效果。也就是说，如果举证责任在申请人，为了证明发明具有创造性，申请人要证明该发明：（1）非显而易见；（2）具有有益的技术效果。

3. 审查指南关于发明不具备创造性的判定规则的规则要件链接示意图

因为，在专利审查中，申请人没有举证责任去证明其发明具有创造性，是审查员具有举证责任证明（或认定）该发明没有创造性。所以，我们有必要将发明具备创造性的判定规则的两个串联规则要件写成如链接图 6-6 所示的否定形式，成为两个否定的并联规则要件。

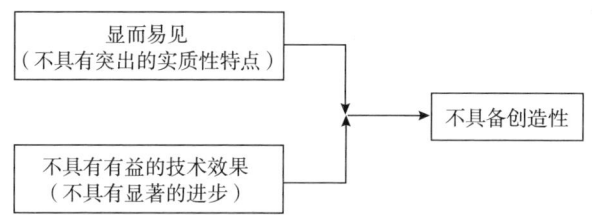

**图 6-6　审查指南关于发明不具备创造性判定规则的规则要件链接图**

如果审查员仅仅是认定权利要求显而易见，申请人只需反驳权利要求显而易见的认定；如果审查员仅仅是认定权利要求不具有有益的技术效果，申请人只需反驳权利要求不具有有益的技术效果的认定；如果审查员认定权利要求既显而易见又不具有有益的技术效果，申请人需要同时反驳权利要求显而易见的认定和不具有有益的技术效果的认定。

4. 审查指南中对于发明"显而易见"的判定规则的规则要件链接示意图

审查指南中将发明"显而易见"的判定规则分成三个子规则要件（或三步法），即（1）确定最接近的现有技术；（2）确定发明的区别特征和发明实际解决的技术问题；（3）判定要求保护的发明对本领域技术人员是否显而易见（判断是否显而易见）。三步法的规则要件链接示意图如图 6 – 7 所示。

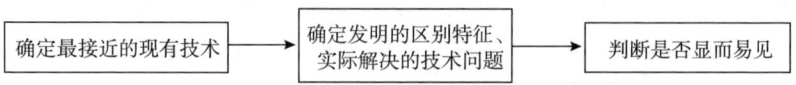

**图 6 – 7    三步法的规则要件链接示意图**

5. 审查指南关于发明"显而易见"的判定规则的分规则要件链接示意图

为了使得认定"确定发明的区别特征和发明实际解决的技术问题"和认定"要求保护的发明是否显而易见"具有可操作性，审查指南将"确定发明的区别特征和发明实际解决的技术问题"进一步分成三个串联子规则要件，并将"要求保护的发明显而易见"分成四个串联子规则要件，如图 6 – 8 所示。

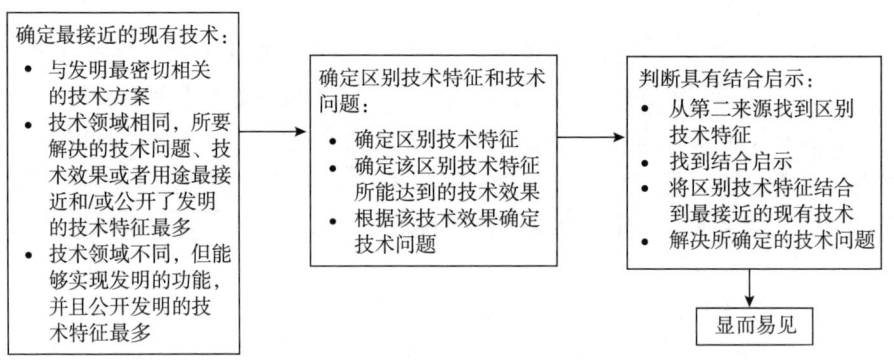

**图 6 – 8    发明"显而易见"的判定规则的分规则要件链接示意图**

为了判定权利要求显而易见，审查员必须证明（或认定）三步法中的所有规则要件和每一个要件中的所有子规则要件成立。

6. 申请人对于发明"显而易见"的判定的反驳方法的链接示意图

图 6 – 9 示出申请人对于审查员关于发明显而易见的判定的反驳方法的规则要件链接示意图。

如图 6 – 9 所示，如果审查员在证明发明显而易见的三个规则要件的过程中存在一个或多个错误，申请人只要证明其中的一个错误即可反驳审查员关于发明显而易见的判定，当然反驳所有错误会使得争辩成功的把握更大。

进一步地说，审查员在证明"确定发明的区别特征和发明实际解决的技术问题"的规则要件的过程中和/或证明"要求保护的发明是否显而易见"的规则要件的过程中，在证明三个子规则要件和/或四个子要件时存在一个或多个错误，申请人只要证明其中的一个错误即可反驳审查员关于发明显而易见的

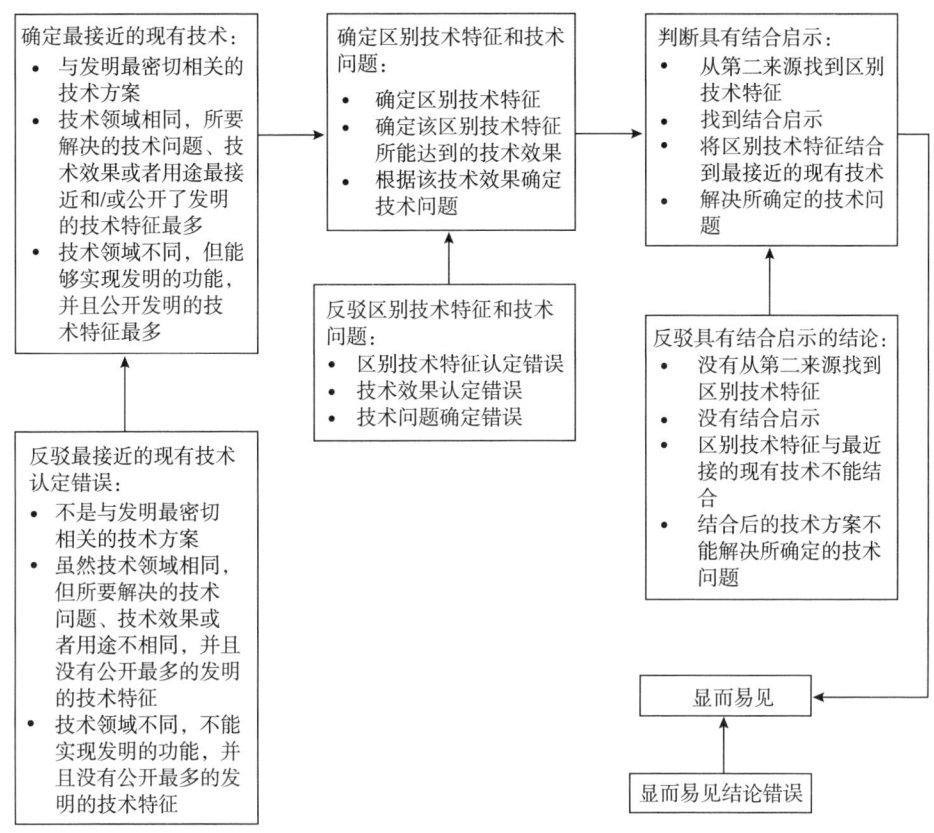

**图6-9　申请人对于发明显而易见的判定的反驳方法的规则要件链接示意图**

判定，当然反驳所有错误会使得争辩成功的把握更大。

需要说明的是，按照审查指南，区别技术特征可以从两个来源找到，即可以从另一份对比文件中找到区别技术特征，也可以从公知技术中找到区别技术特征。应该注意的是，按照审查指南，在将从公知技术中找到的区别技术特征结合到最接近的现有技术中去时，审查员无需提供结合启示。

7. 审查指南关于"确定最接近的现有技术"判断规则的分要件链接及反驳示意图

为了使得读者能够更直观地应用"确定最接近的现有技术"的判断规则来答复审查意见通知书，现将"确定最接近的现有技术"判断规则分要件链接及反驳示意图列出，如图6-10所示。

如图6-10所示，如果审查员在确定与发明最接近的现有技术中三个规则分要件的过程中存在一个或多个错误，申请人只要证明其中的一个错误即可反

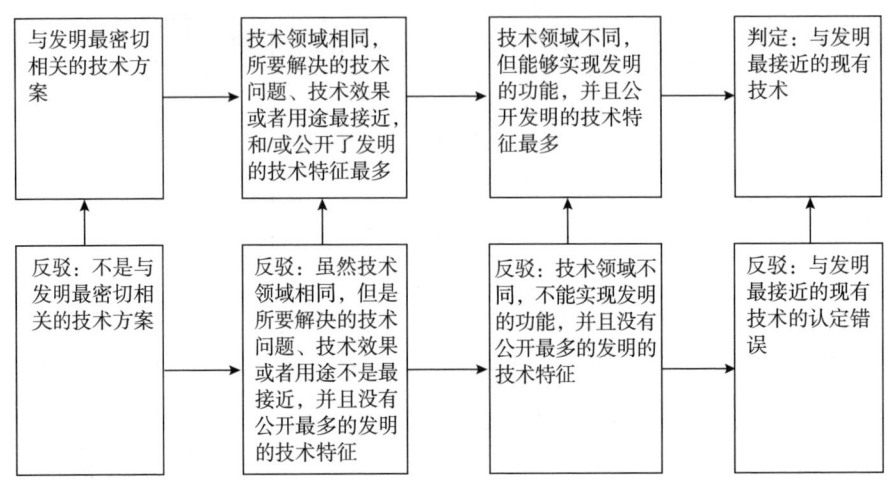

**图 6 – 10　关于确定最接近的现有技术判断规则的分要件链接及反驳示意图**

驳审查员关于与发明最接近的现有技术的判定，当然反驳所有错误会使得争辩成功的把握更大。

　　需要说明的是，争论审查员"确定最接近的现有技术"发生错误的成功率比较小。但是，如果审查员在确定与发明最接近的现有技术时发生严重错误，或者审查员在确定与发明最接近的现有技术时发生的错误严重影响到了争辩的成功率，这时，专利代理人必须要在这一点上和审查员进行争辩。

　　8. 审查指南中关于"确定区别技术特征和技术问题"的判断规则的分要件链接及反驳示意图

　　为了使得读者能够更直观地应用"确定区别技术特征和技术问题"的判断规则来答复审查意见通知书，现将"确定区别技术特征和技术问题"判断规则分要件的链接及反驳示意图列出，如图 6 – 11 所示。

　　如果审查员在确定区别技术特征和技术问题的三个规则要件的过程中存在一个或多个错误，申请人只要证明其中的一个错误即可反驳审查员关于区别技术特征和技术问题的判定，当然反驳所有错误会使得争辩成功的把握更大。

　　9. 审查指南关于"判断具有结合启示"的判断规则的分要件链接及反驳示意图

　　为了使得读者能够更直观地应用"判断具有结合启示"的判断规则来答复审查意见通知书，现将"判断具有结合启示"判断规则分要件的链接及反驳示意图列出，如图 6 – 12 所示。

　　如果审查员在判断具有结合启示的四个规则要件的过程中存在一个或多个错误，申请人只要证明其中的一个错误即可反驳审查员关于具有结合启示的判

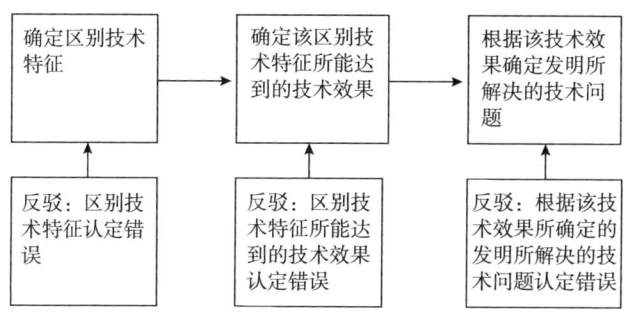

**图 6 – 11　关于"确定区别技术特征和技术问题"**
**的判断规则的分要件链接及反驳示意图**

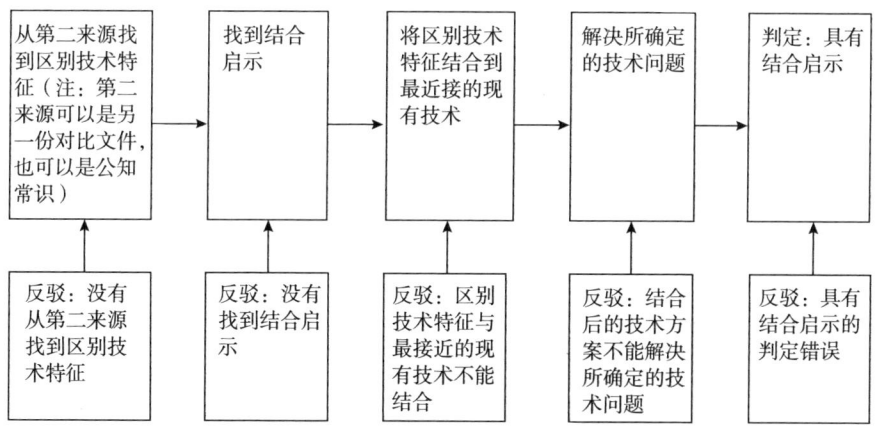

**图 6 – 12　关于"判断具有结合启示"的判断规则的分要件链接及反驳示意图**

定，当然反驳所有错误会使得争辩成功的把握更大。

10. 审查指南中关于"具有结合启示"的判定规则的分规则要件链接示意图

审查指南将"具有结合启示"的子规则要件分成三个并联的子规则要件，如图 6 – 13 所示。

在审查员判定具有结合启示时，从争辩逻辑角度说，审查员可以证明三个子规则要件中的任一个规则要件，或任两个规则要件，或全部三个规则要件成立，就可以判定具有结合启示。

11. 发明人对于"具有结合启示"的判定的反驳方法的链接示意图

图 6 – 14 示出申请人如何反驳审查员对具有结合启示的判定的规则要件的链接关系。

在审查员判定具有结合启示的过程中，如果审查员认定了三个子规则要件中的一个成立，只需反驳审查员对一个子规则要件的认定；如果审查员认定了

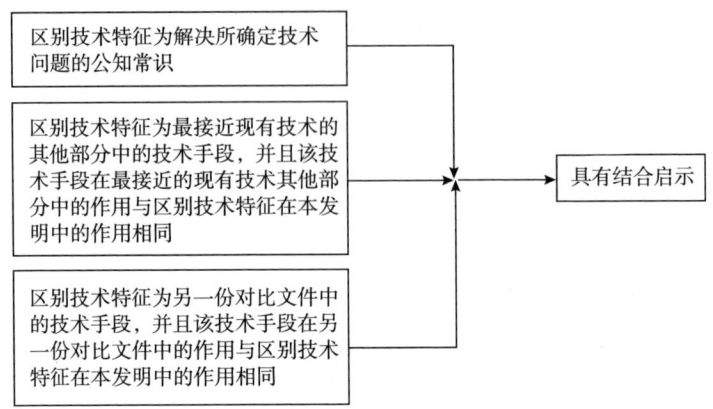

**图 6－13　关于"具有结合启示"的判定规则的分规则要件链接示意图**

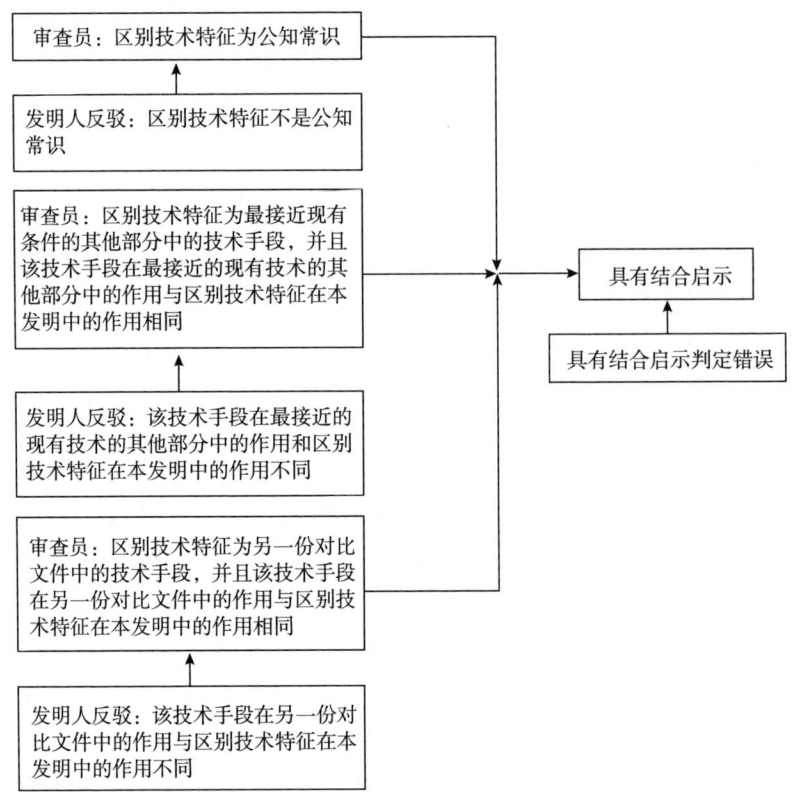

**图 6－14　对"具有结合启示"的判定的反驳方法的链接示意图**

三个子规则要件中的两个成立，就需反驳审查员对两个子规则要件的认定；如果审查员认定了三个子规则要件全部成立，就需反驳审查员对三个子规则要件的认定。

12. 关于审查员认为区别技术特征是"公知常识"的判断规则的反驳示意图

为了使得读者能够更直观地应用"公知常识"的判断规则来答复审查意见通知书，现将"公知常识"判断规则的反驳示意图列出，如图6-15所示。

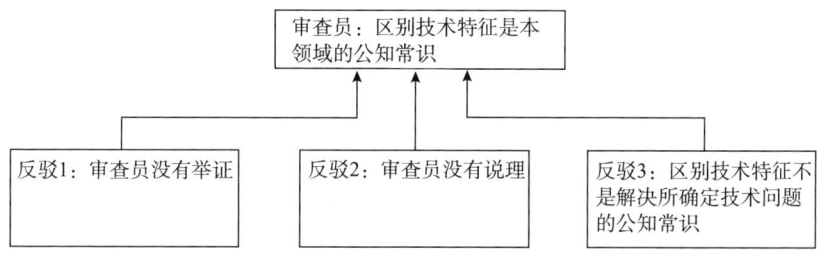

**图6-15　关于区别技术特征是"公知常识"的判断规则的反驳示意图**

如果审查员判定区别技术特征是本领域公知常识，则申请人可以从图6-15所示的三个不同方面来反驳审查员的判定，专利代理人只要证明三个方面中的一个，就能够成功反驳审查员关于区别技术特征是本领域公知常识的判定。

13. 发明人对于"能够结合"的判定的反驳方法的链接示意图

图6-16示出申请人如何反驳审查员对关于能够结合的判定的规则要件的链接关系。

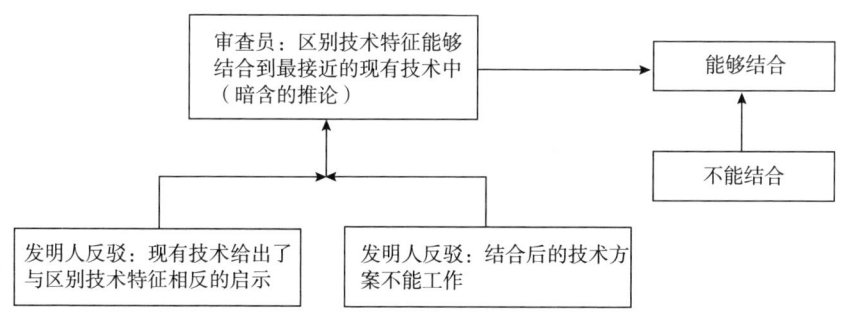

**图6-16　对"能够结合"的判定的反驳方法的链接示意图**

应该说明的是，审查指南并没有用文字明确指出审查员在将另一份对比文件或公知技术中披露的区别特征结合到最接近的现有技术中时，要证明这种结合是可行的。但是，根据审查指南有关内容的推论，将另一份对比文件或公知技术中披露的区别特征结合到最接近的现有技术必须基于这种结合是可行的。

如链接图6-16所示，在争辩审查员不可以将另一份对比文件或公知技术中披露的区别特征结合到最接近的现有技术中时，申请人可以指出现有技术给出了与区别技术特征相反的启示，从而不能结合；或申请人可以指出结合以后会使得最接近现有技术中的实施例不能工作，从而不能结合。

需要说明的是，这种争辩方法对审查员将区别技术特征认定为公知技术尤其有用，因为按照审查指南将公知技术结合到最接近的现有技术中审查员无需提供结合启示。

还需要说明的是，以上对于规则要件的链接图分析方法不仅适用于答复专利审查意见程序，也适用于专利无效程序。在专利无效程序中，当专利代理人的角色变成了审查员的角色，专利代理人要站在审查员的立场上，参考规则要件链接图来评判专利的有效性。

# 结　　语

　　本书主旨原不在涵盖美国专利法以及美国专利商标局实践的每个方面。例如，授权之后的选择如双方再审（IPR）、再审、授权后审查（PGR）、补充审查、再颁等都没有在本书中讨论。但是，美国皓咸律师事务所（Hauptman Ham，LLP）每年举办的 PADIAS 课程中都会对这些授权之后的选择进行详细讨论，这些讨论可能会在未来作为补充加入到本书中。正如序言部分所述，本书的主要目的是作为参加 PADIAS 课程学院的教科书，并且作为那些想要学习如何撰写高质量的专利申请以及如何高水平地对专利申请进行审查处理的专利从业人员的教材。本书中的各种技巧和建议都是实现这些目标的实用且经济有效的措施。

# 附录 *1*
# 围嘴披露（交底书）

## 发明内容

我的发明构想是一种具有长袖套的婴儿围嘴，这些长袖套可以通过诸如 Velcro 这样的扣件进行拆装。婴儿围嘴可以防止进餐时食物将婴儿的衣服弄脏。当婴儿学习用手抓食物或者用勺子吃饭时，长袖套特别有用，因为它们可以防止婴儿的手臂或者衣服的袖子被弄脏。到目前为止具有袖套的围嘴都有接缝。因为我的婴儿围嘴的袖套可以打开和闭合，因此穿戴起来更加简单。

面料和装饰的选择会是吸水面料，如特里棉花，又或者是不吸水面料，如尼龙、塑料或者树脂。如果划算的话，我还想在袖套的末端加上罗纹袖口以增加舒适性和美观度，并且可以防止食物往上进入袖套。可能还会有一个用于接住掉落食物的口袋。

此外，围嘴是由单片材料或者面料制成。如果设计需要的话可以有一些接缝，但不是必须的。

以下内容都是基于我作为一个小男孩母亲的经验以及我与其他母亲关于婴儿喂养的大量交流。我作为缝纫师和平面设计师的丰富经验给了围嘴设计很大的帮助。

婴儿在大约 6 个月时就可以被放在和坐在高脚椅子中。在这个时期，由于婴儿还不是很活跃并且父母大部分时间还是用勺子喂他，所以常规的或者无袖围嘴还能够胜任。这些围嘴的设计仅能保护胸口区域不被食物弄脏。但是不久之后，父母开始要给婴儿一些用手指可抓拿的食物并且婴儿会很自然地玩弄这些食物。在学习用手指和/或勺子吃饭的过程中，婴儿会弄得到处都是，包括将手臂从托盘上扫过。在这个时期，长的袖套可以防止食物沾到婴儿衣服的袖子上。因此，长袖围嘴对于父母来说太方便了，但是市场上的选择却不多。

为什么市场上的选择不多？我认为是因为这些围嘴的穿戴太麻烦。我的发明解决了这个长期存在的问题，这个问题是方便给婴儿穿戴的需求没有解决或者没有被认识到，长袖围嘴就不会有这样的问题。无袖围嘴给婴儿穿脱起来非常容易，因为只要围在脖子上就可以了。但是当把袖套加到围嘴上时，穿起来就会变得棘手。

当给婴儿穿长袖围嘴和衣服时，婴儿还不知道如何把手臂伸入袖口以及在合适的时候再伸出来。都是父母将他们的手臂放入袖子里然后再从另一端拉出来。第二个手臂往往比第一个手臂还要棘手，因为你需要将婴儿的手臂进一步弯起来才能伸入袖口中。

还有，大部分父母会先将婴儿放在高脚椅中，然后再给他们穿上围嘴。这样的顺序比先给婴儿穿上围嘴再把他们放入高脚椅中更加自然。但一旦将婴儿放入高脚椅中，将他们的手臂放入袖套中会更加困难。

我的发明解决了这个问题，因为在把围嘴套在脖子上之后，父母只需要利用 Velcro 将袖套围裹在婴儿的手臂上。就是这么简单。不需要像打架一样让手臂穿过任何东西。将婴儿放入高脚椅之后再穿也一样简单。

我的发明脱起来也更简单。当你准备脱下围嘴时，通常食物已经到处都是，并且婴儿也迫不及待地想要从高脚椅出来，根本不会有耐心等你都弄干净。想要将长袖围嘴脱下来并且保持完好并不是件容易的事情。有了我的发明，你只需要将一个袖套从手臂上剥离并且把脏东西包起来，接着另一个手臂也一样。这样婴儿就不会有时间来抱怨。你可以很方便地将围嘴接到的脏东西一起包起来——食物就不会到处乱飞。

我认为市场上长袖围嘴选择不多的另外一个原因是，一旦在围嘴上加上袖套，围嘴的尺寸就受到了限制。无袖围嘴适合任何大小的婴儿，只要他们的脖子能够套得下。而随着婴儿的成长，给他们穿上长袖围嘴将会变得越来越困难。我的发明在某种程度上解决了这个问题。不仅仅是因为 Velcro 可以对袖套进行一些调整，还因为该围嘴的穿戴方法使得父母不必强迫将婴儿的手臂放入围嘴中。

我的婴儿围嘴设计的另外一个优点在于这种围嘴可以平摊开来，因此清理起来更加容易。我还要说明的是花纹或者空白是整块的，也就是说口袋是可选的。

当我的小孩长到 1 岁时，他在吃饭时经常弄得到处都是，并且衣服上围嘴没有覆盖到的地方会被弄脏。当时正值冬天，他穿的都是长袖的衣服。于是当时我就想到长袖围嘴可以帮助解决这个问题。在逛了多个商店之后，最终我找到了一件。这就是我现在用的 Fisher‐Price 围嘴。但是这个围嘴穿脱起来很困难，尽管穿上之后还是挺好的。由于市场上的围嘴都不能满足我的需求，我决定自己亲自动手缝一件。我利用这个围嘴解决了我遇到的问题，并且我相信它能解决其他妈妈同样的问题。

具有可拆卸的缝线和相对的固定缝线的长袖婴儿围嘴确实可以克服一些问题。但是这不仅仅是一个设计上的选择。

穿戴具有缝线袖套的长袖婴儿围嘴的一些问题：

（1）小婴儿不能帮助你给他穿衣服。他需要通过每天的重复来逐渐学习。他甚至还没学会如何将自己的手臂穿过袖口并且在合适的时间拉直。都是父母将他们的手臂放入袖子里，然后再从袖口拉出来。第二个手臂往往比第一个手臂还要棘手，因为你需要将婴儿的手臂进一步弯起来才能伸入袖口中。

（2）大部分父母在想到给婴儿穿上围嘴之前，首会先将婴儿放在高脚椅中。这样的顺序比先给婴儿穿上围嘴再把他们放入高脚椅中更加自然。但一旦将婴儿放入高脚椅中，将他们的手臂放入袖套中会更加困难。

（3）18个月以下的婴儿长得很快。衣服是按不同尺码来销售，即新生儿、3个月、6个月、9个月等。随着婴儿的成长，给他们穿衣服变得越来越困难。有时候有的衬衣或者套装很合身，但是穿起来或者脱下来会很困难，这样的情况并不少见。同样地，由于婴儿太小还不能帮你给他穿衣服，因此你需要操纵他的手臂、腿以及身体，将它们放入衣服中。大部分的婴儿围嘴都是无袖的。无袖围嘴适合任何大小的婴儿，只要他们的脖子能够套得下。一旦将袖套加在围嘴上，就会受到尺寸的限制。

**本发明穿戴更容易**

本发明通过围嘴的穿戴方式解决了以上3个问题。在将围嘴套在脖子上以后，父母只需要将袖套围裹在婴儿的手臂上并且将扣件连起来，不必拉伸婴儿的手臂穿过任何东西。在把婴儿放在高脚椅之后再给他穿围嘴也同样简单。另外，不论围嘴是否偏大、正好或者偏紧，给婴儿穿围嘴都很简单，因为你是将袖套围裹在婴儿的手臂上，而不是操纵他们的手臂穿过袖套。

当给婴儿穿上围嘴之后，需要注意可松解的接缝处于婴儿的视线以外。婴儿通常很顽皮也很好奇。他们常常会玩弄任何可以接触到的东西（尤其是他们的食物）。如果他们玩弄可松解的接缝，他们可能最终会学会解开接缝和/或弄脏接缝。

还需要注意，接缝的顶部覆盖其底部，从而任何液体或者食物将会从接缝上自然滚落或者掉落，而不会掉入接缝中。

脱下具有缝线袖套的长袖婴儿围嘴的一些问题：

（1）婴儿同样不会配合你脱下他的围嘴。你首先需要将婴儿的上臂抬起来，然后将肘部从围嘴的开口拉出来。当婴儿长大并且围嘴没有那么宽松时，这个过程会变得越来越棘手。

（2）在你脱下婴儿的围嘴之后，通常已经是一团乱麻。婴儿迫不及待地想要从高脚椅中出来并且不会耐心等你清洁干净。

（3）当你试图从婴儿身上脱下一个拆除了袖套的长袖围嘴时，你会发现当你必须控制他露出围嘴的手臂时，很难保证脏东西不到处乱飞。

**本发明脱下来更容易**

我的发明解决了以上问题，因为将该围嘴从婴儿身上脱下来更快更有效率，并且不会给婴儿抱怨的时间。你不需要将他的手臂从围嘴中拿出来。首先，解开围嘴扣件，将围嘴的袖套朝着口袋折叠，口袋里面是脏东西。另一个袖套也一样，然后解开脖子的扣件。

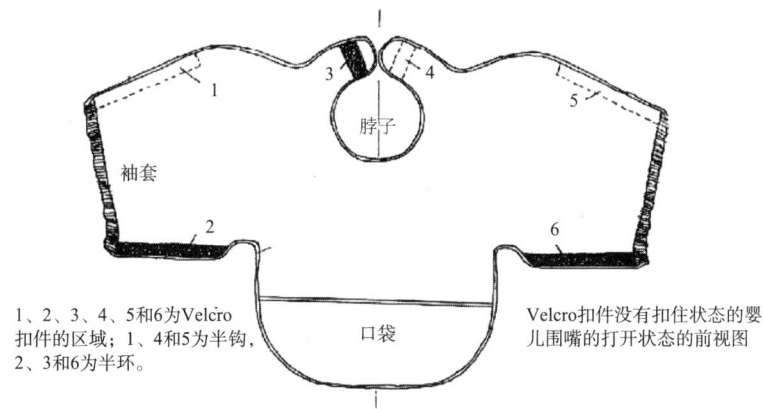

1、2、3、4、5和6为Velcro
扣件的区域；1、4和5为半钩，
2、3和6为半环。

Velcro扣件没有扣住状态的婴
儿围嘴的打开状态的前视图

**图1　发明草图：婴儿围嘴（1）**

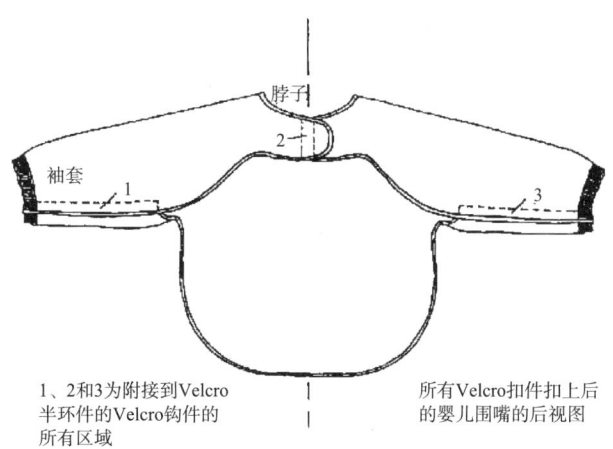

1、2和3为附接到Velcro
半环件的Velcro钩件的
所有区域

所有Velcro扣件扣上后
的婴儿围嘴的后视图

**图2　发明草图：婴儿围嘴（2）**

附图：

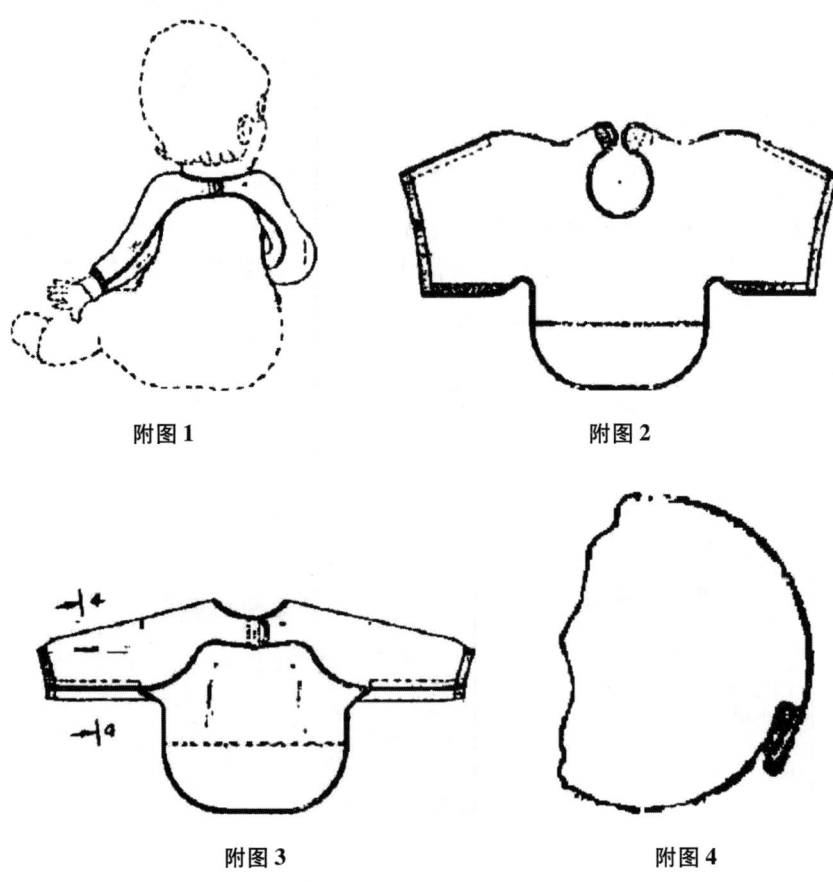

附图1　　　　　　　　　　　附图2

附图3　　　　　　　　　　　附图4

围嘴披露中的附图

# 附录 2
# 申请撰写的简要检查清单

| | 主清单 | 可选清单 |
|---|---|---|
| 1. 标题 | | |
|   1.1  对应于保护范围最宽的权利要求 | ☐ | |
| 2. 交叉引用陈述 | | |
|   2.1  所有相关申请以引用的方式并入<br>本申请是基于，并且要求以下文件的优先权，中国/<br>韩国/日本（国际）申请号为＿＿＿＿＿＿＿＿，申请日为<br>＿＿＿＿＿＿＿＿，这些申请的公开内容都通过引用<br>并入到了本申请当中 | ☐ | |
| 3. 本发明的背景技术 | | |
|   3.1  技术领域*(可省略)* | | |
|     3.1.1  不包括权利要求的特征部分 | ☐ | |
|   3.2  相关技术*(如省略技术领域，则为背景技术)* | | |
|     3.2.1  不加修饰地公开最接近的技术，而不对其进行<br>评价 | ☐ | |
| 4. 本发明的发明内容*(可省略)* | | |
|   4.1  使用与独立权利要求完全相同的用词 | ☐ | |
|   4.2  不包括优点（优点应该放在详细描述部分中） | ☐ | |
| 5. 附图/附图简要说明 | | |
|   5.1  除非该附图确实为现有技术，否则不要将任何附图标<br>识为现有技术 | | |
| 6. 发明的详细描述 | | |
|   6.1  坚持使用 embodiments（实施例）一词（不要使用 invention（发明）或者 preferred embodiments（较佳实施例）） | ☐ | |

| | 主清单 | 可选清单 |
|---|:---:|:---:|
| 6.2 不要使用：must（必须）、only（只）、solely（单独地）、important（重要的）、essential（必须的）、key（关键）、vital（至关重要的）等词 | ☐ | |
| 6.3 公开软件/方法发明的硬件 | ☐ | |
| 6.4 公开复杂发明的用途（生物、数据挖掘） | ☐ | |
| 6.5 公开执行功能性限定权利要求功能的结构 | ☐ | |
| 6.6 包含进行权利主张的发明（至少公开一个实施例）的可实施的公开（如何制造以及使用） | ☐ | |
| 6.7 公开最佳实施方式 | ☐ | |
| 7. 权利要求 | | |
| 7.1 在现有技术允许的情况下，保护范围最宽的权利要求要尽可能宽 | ☐ | |
| 7.2 保护范围最宽的权利要求<u>不</u>包括不必要的限定 | ☐ | |
| 7.3 权利要求字面上覆盖商业化的产品/方法 | ☐ | |
| 7.4 对所有公开的发明/实施例进行权利主张 | ☐ | |
| 7.5 包括多种类型的权利要求（如装置、装置的使用方法、组合、子组合、制品、制造方法、功能性限定的权利要求等） | ☐ | |
| 7.6 应当对处于静止、无操作状态的装置进行权利主张 | ☐ | |
| 8. 摘要 | | |
| 8.1 不使用法律术语，如 means（装置）、said（所述的）、comprise（包括）等，对最宽的权利要求进行解释 | ☐ | |
| 9. 其他文件 | | |
| 9.1 声明 | ☐ | |
| 9.2 授权委托书（来自发明人或受让人，不应与声明相结合） | ☐ | |
| 9.3 转让书 | ☐ | |
| 9.4 优先权文件的认证副本（或者请求美国专利商标局获取电子版） | ☐ | |
| 9.5 确认发明人 | ☐ | |
| 9.6 信息披露声明 | ☐ | |

# 测验答案

**测验1 围嘴发明的独立权利要求**

1. 一种围嘴，其包括：

胸部部分，所述胸部部分用于覆盖穿戴者的胸部区域；

两个袖套部分，所述两个袖套部分覆盖穿戴者的手臂，并且附接至胸部部分；

袖套扣件，所述袖套扣件用于可松解地将袖套部分围绕在穿戴者的对应的手臂上扣紧。

（1. A bib comprising：

a chest part for covering the chest area of a wearer；

two sleeve parts for covering arms of the wearer, the sleeve parts beingattached to the chest part； and

sleeve fasteners for releasably fastening the sleeve parts around the respective arms of the wearer. ）

**测验2 独立权利要求中不必要的限定**
以下例子中不必要的限定用*斜体及下划线*标出。

1. 一种*人体的长袖*围嘴，其包括：

主体部分，所述主体部分用于覆盖人体的胸部区域；

*一对带子*，所述一对带子从所述主体部分的相反侧延伸以限定颈部；

*一对长袖*，所述一对长袖从主体部分延伸至袖口，以包裹人体的手臂；

其中第一*钩状*扣件设置在所述一对带子中的一个带子的端部，并且附接至所述第一钩状扣件或者从所述第一钩状扣件分离的第一*环状*扣件设置在所述另一带子的端部，

其中第二*钩状*扣件设置在所述一对长袖的每个长袖的前边缘部分或者后边缘部分，并且附接至所述第二钩状扣件或者从所述第二钩状扣件分离的第二*环状*扣件设置在所述另一边缘部分。

（1. A *human's long* – sleeved bib comprising：

a body portion covering the chest area of the human，

*a pair of straps* extending from opposite sides of the body portion to define a neck，

a *pair* of *long* sleeves extending from the body portion to a cuff to wrap the human's arms，

wherein a first *hook* fastener is disposed at the end portion of one of the pair of straps，and a first *loop* fastener attached to or detached from the first hook fastener is disposed at the end portion of the other strap，

wherein a second *hook* fastener is disposed with one of a front marginal portion and a rear marginal portion of each of the pair of the long sleeves，and a second *loop* fastener attached to or detached from the second hook fastener is disposed with the other marginal portion. ）

由于例如宠物的围嘴/服装，或者短袖的围嘴，或者具有可拆卸胶带的围嘴等规避设计的存在，因此"人体的""长""钩状"以及"环状"明显都是不必要的限定。用于颈部扣件的"带子"的限定是不必要的，因为这个特征是公知的并且与本发明的主要发明点，即可拆卸的袖套不相关。"一对"袖套的限定是不必要的，因为据此能够预想到具有单个袖套的围嘴。

### 测验 3　围嘴发明的独立权利要求类型

围嘴权利要求、权利要求的使用方法、权利要求的制造方法。

值得对使用方法进行权利主张吗？答案是肯定的。根据法律，专利权人可能不能以围嘴的权利要求来阻止家长执行围嘴的使用方法。但是，如果某个公司/企业销售围嘴，而这些围嘴只能以进行权利要求主张的使用方法进行使用，那么该公司/企业的行为将会构成诱导侵权。美国专利法禁止厂商/销售者的相同/类似的诱导侵权/共同侵权行为。但是，在美国，家长/护士可以对美国的方法权利要求构成直接侵权，专利权人可以将授予专利权的方法许可给医院、养老院。同样重要的是，也不要将权利要求局限在婴儿身上，因为围嘴也可用于年纪大的人。

值得对制造方法进行权利主张吗？答案是肯定的。如果在美国之外采用了在美国进行权利主张的制造方法制造产品，那么将这种产品进口到美国是一种侵权行为。

**测验4　指出缺乏引用基础的问题**

以下例子中缺乏引用基础用*斜体及下划线*标出。

1. 一种婴儿围嘴，包括：

<u>一个</u>袖套；以及

一个扣件，所述袖套可以利用所述扣件进行打开或者闭合，扣件用于保持所述袖套包裹围绕婴儿的手臂。

2. 根据权利要求1所述的婴儿围嘴，其中，

所述扣件的第一块位于所述袖套的*所述*顶部边缘，并且所述扣件的第二块位于所述袖套的*所述*底部边缘。

(1. A baby bib comprising:

*a* sleeve; and

a fastener with which the sleeve can be opened or closed, for keeping the sleeve wrapped around a baby's arm.

2. The baby bib of claim 1, wherein

a first piece of the fastener is on *the* top edge of the sleeve*s* and a second piece of the fastener is on *the* bottom edge of the sleeve*s*. )

权利要求2中的"the sleeves"（多个袖套）缺乏引用基础。虽然权利要求1中记载了"a sleeve"（一个袖套），但是"a sleeve"（一个袖套）仅仅为 a（一个）sleeve（袖套）提供了引用基础，而没有为权利要求2中的多个 sleeve（袖套）提供引用基础。

此外，权利要求2中的"the top edge"（所述顶部边缘）和"the bottom edge"（所述底部边缘）缺乏引用基础，因为在权利要求2之前的权利要求中没有记载过"a top edge"（顶部边缘）和"a bottom edge"（底部边缘）。

**测验5　指出操作性限定语言**

以下的<u>下划线</u>部分内容是操作性语言。

1. 一种婴儿围嘴，包括：

胸布，所述胸布覆盖婴儿的胸部区域，并且<u>保护</u>所述胸部区域免于被食物弄脏；以及

袖套，所述袖套与所述胸布形成一块，其中所述袖套利用可松解的缝线包裹围绕所述婴儿的手臂，并且<u>防止</u>食物沾到所述袖套上。

(1. A baby bib, comprising:

a chest cloth <u>covering</u> a chest area of a baby and <u>protecting</u> the chest area from food stains; and a sleeve formed in one – piece with the chest cloth, wherein the sleeve is wrapped around an arm of the baby with a releasable seam and keeps food from getting on the sleeve.）

修改如下：

1. 一种婴儿围嘴，包括：

一块胸布，所述胸布用于覆盖婴儿的胸部区域，并且用于保护所述胸布区域免于被食物弄脏；以及

一个袖套，所述袖套与所述胸布形成一块，其中所述袖套利用可松解的缝线被设置成包裹围绕所述婴儿的手臂，并且被设置成防止食物沾到所述袖套上。

一般来讲，"设置成做某事"比"用于做某事"更好。

（1. A baby bib, comprising:

a chest cloth for covering a chest area of a baby and for protecting the chest area from food stains; and

a sleeve formed in one – piece with the chest cloth, wherein the sleeve is configured to be wrapped around an arm of the baby with a releasable seam and configured to keep food from getting on the sleeve.）

### 测验6 多项引用

权利要求4和5都引用了多项权利要求的从属权利要求，在美国不建议使用。

更进一步地，权利要求4不正确，因为其一次引用了多项权利要求。如果想要在权利要求4中引用多个权利要求，应当对其做如下修改：

4. 根据权利要求1~3中的一项所述的围嘴，进一步包括颈部部分。

（4. The bib according to one of Claims 1 – 3, further comprising a neck portion.）

更进一步地，权利要求5不正确，因为其本身为引用了多项权利要求的从属权利要求，但其引用的权利要求4也是引用了多项权利要求的从属权利要求。必须将这一多项引用关系从权利要求5中删除。

### 测验7 对权利要求语言的批评性检查

1. 一种围嘴，包括：

至少一个袖套，所述至少一个袖套可经由至少一个扣件拆除。

(1. A bib，comprising：

at least one sleeve *detachable* via at least one fastener.)

用词"detachable"（拆除）是不准确的。该词意味着袖套可以从主体部分拆除/移除，如下图所示。

用词"openable"（可打开）是一个更好的选择，并且准确反映了发明的袖套的本质。

### 测验 8　更正由方法限定的产品权利要求的限定

4. 根据权利要求 1 所述的围嘴，<u>进一步包括</u>：

<u>缝线，其中</u>每个所述袖套部分通过缝制<u>在所述缝线处</u>连接至所述裙部。

(4. The bib of claim 1，<u>further comprising</u>：

*stitches* <u>at which</u> ~~wherein~~ each said sleeve portion is connected to said apron portion ~~by sewing.~~)

用词"stitches"（缝线）是一个结构性限定，该限定方式替代了由方法限定产品的用语"by sewing"（通过缝制）限定方式。

### 测验 9　将非美国专利申请的背景技术快速转换成"不加修饰"的背景技术

以下所提供的背景技术部分实际上是一个很好的背景技术部分，但是在美国来说不是，因为该背景技术部分中对现有技术的抨击过多。下面"不加修饰"、更无害的背景技术部分可以很快地从该非美国专利申请的背景技术中得出：

**本发明的背景技术**

<u>本部分的陈述仅仅是提供了与本发明公开相关的背景技术信息，不必</u>

~~然构成在先技术。~~

围嘴能够帮助防止在就餐时食物弄脏婴儿或幼儿或残障人士的衣服，当婴儿或者幼儿或者残障人士用手指或者勺子吃饭时，传统的长袖围嘴是有用的，因为长袖围嘴能够避免食物弄脏手臂或者衣服。

但是，给幼儿或者残障人士穿戴传统的长袖围嘴是很困难的，因为他们不习惯将他们的手臂穿入到袖套开口中。即使在父母的帮助下，穿戴传统的长袖围嘴也是困难的，因为在把一个手臂穿入到袖套开口之后，还需要艰难地把另一个手臂穿入到另一个袖套开口之中。

此外，传统的长袖围嘴还有一个问题，就是从婴儿或幼儿或残障人士身上脱下传统的袖套围嘴是困难的，因为婴儿或幼儿或残障人士不习惯把他们的手臂从袖套中抽出来，因为当父母或者照顾者试图把婴儿或幼儿或残障人士的手臂从袖套中拉出来时，他们的肘部通常弯曲起来很困难。

进一步地，传统的袖套围嘴还有一个问题，就是围嘴尺寸只能短时间内适合婴儿或幼儿的身体尺寸，因为婴儿或幼儿长得很快。

因此，需要对这种传统的袖套围嘴进行改进，使其能够轻松地穿上或者脱下。

( BACKGROUND ~~OF THE INVENTION~~

The statements in this section merely provide background information related to the present disclosure and do not necessarily constitute prior art.

Bibs help prevent food from staining the baby's clothes or young child's clothes or handicapped person's clothes during eating time. ~~Conventional long~~ Long sleeved bibs are useful when the baby or young child or handicapped person eats with finger or a spoon because long sleeved bibs keep the arms or clothes from getting stained.

~~But, it is difficult to wear a conventional long sleeved bib for young child or handicapped person, because he or she is unfamiliar with inserting his or her arm into sleeve opening. Even with the help of parents, it is difficult to wear a conventional sleeved bib, because after inserting one arm into one sleeve opening, the other arm insert into the other sleeve opening awkwardly.~~

~~In addition, a conventional long sleeved bib has problem that it is difficult to take off a conventional sleeved bib for young child or handicapped person, because the baby or young child or handicapped person is unfamiliar with pulling his or her arm from the sleeve. Even with the help of parents, it is difficult to takes off a conventional sleeved bib, because his or her elbow often bend awk-~~

~~wardly when parents or caregivers pulls arm of the baby or young child or handi-capped person from the sleeve.~~

~~Further, a conventional sleeved bib has problem that the bib fit the baby's body size or young child's body size only a short time because the baby or young child grow easily.~~

~~Accordingly, there is a need that is an improvement of such a conventional sleeved bib to be easy to put on and to be easy to take off in such a bib. )~~

### 测验 10　发明内容

以下所提供的发明内容部分包括问题—目标的讨论，必须将其删除（删除的部分可以移至详细描述部分）。但是，独立权利要求的改述后的语言相对较好，因为许多句子都易于阅读。建议的改述如下：

### 发明内容

虽然幼儿不能帮助父母穿上长袖围嘴。他们通过日常的重复可以学会这个动作。他们还没有学会怎样把手臂穿入袖套开口中，以及在合适的时机伸出来。要依赖于父母把婴儿的手臂穿到袖套之中，并且把婴儿的手从袖口中拉出。穿第二个袖套总是比穿第一个袖套更棘手，因为父母必须进一步地弯曲婴儿的手臂，将手臂穿入到袖套开口中。

鉴于以上原因，本发明的目标是提供一种能够方便穿上和脱下的围嘴。

为了达到上述目的，根据本发明<u>一些实施例</u>的围嘴包括中心部分，该中心部分具有一个设置成围绕穿戴者脖子的绑带，以及两个延伸部分，分别从所述中心部分的上部左边和上部右边延伸出来用于折叠穿戴者的手臂。每一个伸长部分有两个纵向边缘，该纵向边缘带有成对的能够相互间扣合或脱离的扣件。

（SUMMARY

~~However young babies cannot help the parent put on the long-sleeved bib. They learn to do that gradually though daily repetition. They have not learned yet how to direct their arms through the sleeve openings and straighten them out at the appropriate time. It is up to the parent to feed the baby's arm through the hole in the sleeve and pull the baby's hand through to the cuff end. The second sleeve is always more awkward than the first to put on as the parent have to bend the baby's arm further to direct it into the sleeve opening.~~

~~In view of these and other considerations, it is an object of the present in-~~

vention to provide a bib which is easier to put on and take off.

~~To achieve the object，~~ a A bib in accordance with <u>some embodiments</u> ~~the present invention~~ comprises a center portion having a tie to be placed around a wearer's neck，and two elongate portions respectively extending from an upper left side and an upper right side of said center portion for folding wearer's arms. Each of the elongate portions has two longitudinal edges with paired fasteners which can be attached and detached to each other.）

### 测验 11　应当避免使用的术语

以下列出一些应当避免的术语："Invention"（发明）、"Preferred"（较佳的或优选的）、"Can"（能够）、"Could"（能够）、"Might"（可以）、"Should"（应该）、"May"（可以）、"All"（所有）、"Must"（必须）、"Only"（只）、"Solely"（单独地）、"Important"（重要的）、"Essential"（实质的）、"Key"（关键）、"Vital"（至关重要的）、"Critical"（关键的）、"Extremely"（极其）、"Conventional"（传统的）、"Prior art"（在先技术）、"Need"（需要）、"Demand"（需求）、"Desirable"（满足需要的）。

该列表并未列出所有的用词。针对每一个案例都要非常小心，避免使用任何可能导致权利要求的解释过窄的用词。

### 测验 12　推荐采用的撰写顺序

附图/权利要求→具体实施例→附图简要说明→标题/背景技术/发明内容/摘要（标题/背景技术/发明内容/摘要可以按任何想要的顺序来撰写）。

### 测验 13　AIA 法案日期示例 1

由于该申请在 2013 年 3 月 16 日之前提交，因此不适用 AIA 法案。根据 AIA 之前的法案，对比文件为 AIA 法案之前的《美国专利法》第 102 条（a）款规定的现有技术。发明人的先前发明公开<u>不适用</u> AIA 之前的法案中的例外情况。但是，发明人的先前发明公开可以作为发明构思日在对比文件日之前的证据，并且如果有任何可用的证据表明发明人都进行了应有的勤勉工作，那么可以将这两个证据结合起来用于证明发明人的实际发明日在该对比文件日之前。

（Because the application was filed before Mar 16，2013，AIA does not apply. Under the pre – AIA law，reference is <u>prior art</u> under Pre – AIA 102（a）. The inventor's prior invention <u>disclosure</u> is <u>not</u> an exception applicable under the pre – AIA law. However，the inventor's prior invention disclosure may be relied on as evidence of conception which，coupled with any available evidence of diligence，could be used to swear behind the reference date.）

**测验 14　AIA 法案日期示例 2**

由于该中国专利申请的（最早）申请日在 2013 年 3 月 16 日之后，因此适用 AIA 法案。根据 AIA 法案，该对比文件日期为其最早（韩国）申请日。该对比文件日期早于申请人的最早（中国）申请日。因此，该对比文件为 AIA 法案第 102 条（a）（2）款规定的现有技术。取决于其他因素（此实例中未考虑），AIA 法案第 102 条（b）（2）款规定的现有技术的例外情况可能适用。

**测验 15　AIA 法案日期示例 3**

由于该对比文件署名了"另一发明人 C"，满足 AIA 法案第 102 条（a）（2）款的所有要求，因此该对比文件为 AIA 法案第 102 条（a）（2）款规定的现有技术。如果属实并且有证据支持，那么可以通过提交第 130 条声明说明美国专利商标局在驳回中使用的对比文件的教导是由发明人 A 和发明人 B 完成的，即相同发明人。

这种情况也是可以碰到的，例如发明人 A 和 B 为进行研究的教授，发明人 C 为根据发明人 A 和 B 提供的指令进行实验的实验员。发明人 C 可能为某个从属权利要求做出了贡献，并且因此发明人 C 在对比文件中被列为了共同发明人。但是对于对比文件的绝大部分内容，包括美国专利商标局引用的教导，发明人 C 都没有做出任何贡献。因此，通过指出这种教导是由与本申请相同的发明人 A 和 B 做出的并且不是现有技术，申请人可以克服基于这种教导（没有来自发明人 C 的贡献）做出的驳回。

**测验 16　AIA 法案日期示例 4**

由于该申请的最早（第二次中国申请）申请日在 2013 年 3 月 16 日之前，因此不适用 AIA 法案。根据 AIA 之前的法案，自其（第一次美国申请）申请日起，该对比文件为 AIA 之前的法案第 102 条（e）款规定的现有技术。但是，如果该对比文件只可作为 AIA 之前法案第 102 条（e）款规定的仅有现有技术，则根据 AIA 之前法案第 103 条（c）款的共同所有权规定，该对比文件不能作为《美国专利法》第 103 条规定的对比文件。

**测验 17　对权利要求的修改**

下面修改后的权利要求 1 中的*斜体*部分内容表示可作改进的部分。

1.（当前修改）一种婴儿喂食围嘴，包括：

（a）围裙式部件，该围裙式部件由具有前表面和后表面的可弯曲材料构成，且包括一个形状与婴儿的脖子匹配的用于喂食的上边缘；

（b）位于围裙式部件上部末端的附接装置，用于可分离的连接到婴儿脖子上；和

（c）一对从围裙式部件侧向延伸出的袖套，至少一个所述袖套被一段从围裙式部件侧向延伸出的材料所限定，该段材料位于一对纵向的接缝边缘之间，每一个接缝边缘具有用于与另一个接缝边缘上的扣紧部件接合的扣紧部件，从而使所述袖套围绕并覆盖婴儿手臂，

其中所述接缝边缘，在所述扣紧装置的扣紧配合中，形成了一个位于婴儿视线之外的闭合接缝，所述扣紧部件实质上从整个袖套的长度上延伸，所述扣紧部件包括分别沿着所述接缝边缘延伸的钩状和环状片，每一片实质上是一个从整个袖套长度上延伸的连续带子，两片都被设置在袖套的相对的前表面和后表面，以使得在并置的锁紧接触中，最上面的接缝边缘面向后面，从而溢出的食物在不会进入接缝边缘之间弄脏扣紧部件的情况下，流过闭合的接缝。

（1.（Currently Amended）A baby feeding bib, comprising：

（a）an *apron－like* member made of flexible material having a front surface and a rear surface, and including an upper edge shaped to fit the neck of a baby to be fed；

（b）attachment means on an upper end of said apron－like member for detachably connecting said member to the neck of the baby；and

（c）a pair of sleeves extending laterally from the apron－like member, at least one of said sleeves being defined by a length of material extending laterally from the apron－like member between a pair of longitudinal seam edges, each seam edge having fastening means for engaging with the fastening means on the other seam edge to establish said sleeve encircling to cover the baby's arm,

wherein said seam edges, in fastening engagement of said fastening means, define a closed seam *located out of the baby's line of sight*, said fastening means extends substantially the *entire length* of the sleeve, said fastening means includes *hook and loop* pieces respectively extending along said seam edges, and each piece is a *substantially continuous* strip extending the *entire sleeve length* and both pieces are arranged on opposing front and rear surfaces of the sleeve so that, in juxtaposed fastening contact, the uppermost seam edge faces rearwardly to enable spilled foods to flow over the closed seam without entering between the seam edges and thereby soiling the fastening means. )

由于具有后缀"－like"（式的），因此"apron－*like*"（围裙式的）可能会被认为不清楚，我们应当将该后缀删除。这一点给我们提出了一个建议，即

应当对权利要求的用语进行挑剔的检查并且在必要的时候进行修改。

用语"a closed seam *located out of the baby's line of sight*"（闭合缝隙位于婴儿的视线之外）限定了围嘴的一个使用状态，只可能最终用户会对该使用状态造成直接侵权。我们建议将该限定改写成"a closed seam positionable out of the baby's line of sight"（可以定位于婴儿的视线之外的闭合缝隙）。

用语"*hook and loop*"（钩状和环状）的限定太窄，因为通过使用胶带、磁铁、绳子等就可以很容易避免直接侵权。由于为了具有专利性权利要求的保护范围被缩小了，因此与费斯托（Festo）案同理，等同侵权原则的适用也会受到限制。所以，几乎所有具有可打开袖套，而该可打开的袖套又没有使用钩环扣件的围嘴既避免了文字侵权同时又避免了等同侵权。因此这样的修改并不好。

用语"*entire length*"（整个的长度）、"*substantially continuous*"（实质上连续）以及"*entire sleeve length*"（整个袖套的长度）属于过度修改并且对于可专利性来讲是不必要的，应当将这些词组删除或者进行改写。

### 测验 18　回复审查意见中的争辩

下面评述中的*斜体*内容表示可作改进的部分。

评述 1

权利要求 1 已经被修改成清楚地描述了"主体部件被应用到每一个肩膀的后半部分"，*清楚地被显示*在附图 1 和 3 中，以及第 7 页第 2 段的第 4~7 行中。

（Claim 1 has been amended to expressly recite "the body member being applicable to a rear – half of each of the shoulders" which *is clearly illustrated* in FIGS. 1 and 3 and suggested by the phrase on page 7, the second paragraph, lines 4 – 7. )

用语"is clearly illustrated"（清楚地被展示）承认了附图中示出了所记载的特征，并且对权利要求做了保护范围窄的解释，将其限定为就是附图中示出的特定的配置方式。我们应当避免将权利要求用语和说明书/附图像这样直接联系起来。我们建议使用"support"（支持）一词将权利要求用语和说明书/附图分开，具体改写如下：

权利要求 1 已经被修改成清楚地描述了"主体部件被应用到每一个肩膀的后半部分"，可以<u>至少</u>在附图 1 和 3，以及第 7 页第 2 段的第 4~7 行<u>找到支持</u>。

（Claim 1 has been amended to expressly recite "the body member being applicable to a rear‑half of each of the shoulders" which finds support at least in FIGS. 1 and 3 and page 7, the second paragraph, lines 4–7.）

评述 2

根据本发明，至少一个所述的袖套是可松解地扣紧的，以形成一个圆筒状的形状包裹在穿戴者的手臂上。这种结构使得给穿戴者穿上围嘴的过程很方便，例如，穿戴者是一个还没有学会帮助照顾者给自己穿上围嘴的幼儿。正如在本发明的背景技术中指出的，经常会发生下面情况，当给婴儿喂食时，婴儿首先被放在高脚椅子上，婴儿在一个不稳定的状况下，这时就非常需要没有麻烦地将婴儿的手臂穿入到袖套中，从而迅速地穿上围嘴。

（According to *the present invention*, at least one of the sleeves is releasably fastenable so as to form a cylindrical shape for wrapping around the wearer's arm. *This structure is to facilitate the processes of putting the bib on the wearer if, for example, the wearer is a young baby who has not learnt to help the caretaker to dress them yet. As indicated in the background section of the present application, it is often the case that, when feeding a baby, the baby is first put in a high chair, which means the baby is in an unstable condition, and thus swift dressing of the bib without getting into trouble in manipulating the baby's arms into the sleeves, is strongly desired.*）

出于与"申请撰写部分"话题所讨论到的相同理由，应当避免使用"the present invention"（本发明）用语。我们应当对该争辩进行改写，使其指向如下所述的一个具体的权利要求，例如权利要求 1。

对于效果和/或目的的冗长讨论将会允许权利要求被很窄地解释为包括这些目的/优点，尽管权利要求并没有以文字的方式将这些目的/优点列举在其中。下面建议的改写中使用实施例"embodiments"来规避这个问题：

根据权利要求 1，至少一个袖套是可松解地扣紧的，以形成一个圆筒形状将穿戴者的手臂包裹住。在一些实施例中，可松解地扣紧的袖套的存在，使得给穿戴者穿上围嘴的过程更加方便。

（According to claim 1, at least one of the sleeves is releasably fastenable so as to form a cylindrical shape for wrapping around the wearer's arm. In some embodiments, the presence of a releasably fastenable sleeve is to facilitate the processes of putting the bib on the wearer...）

这些示例仅仅示出了在美国专利商标局审查期间所犯的常见错误中的一小部分。皓咸律师事务所每年举办的 PADIAS 课程会提供对于其他问题更全面的讨论以及有用的实践技巧。

# 后记（第一版）

    本书的原文是以英文撰写的，在完成了翻译、校对、附图安排、注释安排、版面安排、定稿、联系出版等工作后，我才认识到出版一本书的工作量之大，远远超出预估。本书的出版是多人努力的成果，没有他们的辛勤劳动，本书的出版是不可能的。我特别向陆绩、俞毓逦、薛琦、杨东明、王卫彬为本书出版所做的工作和贡献表示感谢。具体地，我感谢陆绩完成了本书的中文翻译；感谢薛琦、杨东明和王卫彬对中文翻译所做的校对；感谢俞毓逦对翻译稿的中文内容、注释和附图所做的安排和设计。我欣慰地指出，参与本书出版准备工作的人员都有从事专利工作的相关经验，这对本书中文版在专业可读性方面有很大帮助。现将参与本书出版准备工作人员的专业背景简介如下。

    薛琦，上海弼兴律师事务所主任合伙人，律师，专利代理人，安徽师范大学化学专业理学学士，复旦大学法学学士，复旦大学知识产权研究中心特邀研究员。拥有 18 年专利从业经历，代理的专利申请超过 1000 余件，代理的专利复审及无效案件超过 100 件。连续 14 年作为上海市知识产权服务中心举办的专利代理人考试培训班的特聘讲师。

    杨东明，上海弼兴律师事务所合伙人，律师，专利代理人，大连理工大学机械工程与自动化专业工学硕士。专利从业经验超过 10 年，撰写过数百件机电领域专利的申请，在专利复审无效程序、检索、侵权分析方面具有丰富的实践经验。

    王卫彬，上海弼兴律师事务所合伙人，专利代理人，中国科学院上海药物研究所药物化学专业理学硕士。专利从业 9 年，代理过数百件专利申请，为多家大型化工制药企业提供知识产权业务服务。

    陆绩，2009 年毕业于南京理工大学，获得通信工程学士学位，同年赴澳大利亚阿德莱德大学深造，于 2012 年毕业并获得通信工程硕士学位，毕业后就职于澳大利亚 Telstra 公司。现在上海脱颖律师事务所担任专利工程师，为多个国内外客户处理过多项专利申请。

    俞毓逦，2012 年毕业于上海交通大学，获得建筑环境与设备工程学士学位，毕业后就职于设计院。现在上海脱颖律师事务所担任专利工程师，为多个国内外客户处理过多项专利申请和专利撰写工作。

脱颖

中国专利律师

上海脱颖律师事务所高级合伙人

2017 年 5 月

# 后记（第二版）

本书的第二版中，在第一章、第二章和第四章中新增内容的原文是以英文撰写的，新增内容的翻译、校对、附图安排、注释安排、版面安排和最后定稿涉及大量工作。本书第二版的出版是多人努力的成果，没有他们的辛勤劳动，本书第二版的出版是不可能的。我特别向秦婷婷、殷澄、陆绩、俞毓逦、崔雪和脱凡为本书第二版的出版所做的工作和贡献表示感谢。

具体地，我感谢秦婷婷和殷澄为本书第四章、第五章和第六章所做的审稿工作；感谢崔雪为本书第二版新增内容所做的翻译工作；感谢陆绩和脱凡为本书第二版所做的校对工作；感谢俞毓逦对翻译稿的中文内容、注释和附图所做的安排和设计。我欣慰地指出，参与本书出版准备工作的人员都有从事专利工作的相关经验，这对本书中文版在专业可读性方面有很大帮助。现将参与本书出版准备工作人员的专业背景简介如下。

秦婷婷，上海脱颖律师事务所专利代理人和律师，毕业于华中科技大学，机械类工科专业背景。曾在企业工作 3 年，负责专利管理，后加入上海脱颖律师事务所，至今已有十余年专利代理工作经验，积累了丰富的专利撰写、涉外专利申请处理、专利无效、侵权分析和咨询等实践经验。

电子邮箱：qintingting@ tuoyinglawoffice. com。

殷澄，青岛科技大学高分子材料科学与工程学士学位，华东政法大学法律硕士学位。自 2009 年加入上海脱颖律师事务所，擅长专利申请、审查意见答复以及专利复审、无效等业务，在机械、化学等技术领域积累了丰富的代理经验。

电子邮箱：chole@ tuoyinglawoffice. com。

陆绩，南京理工大学通信工程学士学位，澳大利亚阿德莱德大学通信工程硕士学位。在上海脱颖律师事务所担任专利代理人，为多个国内外客户处理过多项专利申请。

电子邮箱：jasper_ lu@ tuoyinglawoffice. com。

俞毓逦，2012 年毕业于上海交通大学获得建筑环境与设备工程学士学位，毕业后就职于设计院。现在上海脱颖律师事务所担任专利工程师，为多个国内外客户处理过多项专利申请和专利撰写工作。

电子邮箱：yuyuli@ tuoyinglawoffice。

崔雪，毕业于东北大学，获得材料科学与工程学士学位，同年赴美国佛罗里达大学深造，于 2017 年毕业并获得材料科学与工程硕士学位，毕业后就职于知识产权代理机构。现在上海脱颖律师事务所担任专利工程师。

电子邮箱：cuixue@ tuoyinglawoffice. com。

脱凡，上海脱颖律师事务所专利代理人，毕业于同济大学软件工程专业。专利从业经验超过 8 年，从事涉外专利申请和审查意见答复、国内及国外商标代理、知识产权法律咨询等工作，积累了丰富的涉外专利、商标代理实务经验。

电子邮箱：tuofan@ tuoyinglawoffice. com。

脱颖

中国专利律师

上海脱颖律师事务所高级合伙人

2019 年 8 月

谨将此书献给我的父亲脱天禄

·+·"+·"+·"+·"+·"+·"+·"+·"+·"+·"+·"+·"+·"+·"+·

脱　颖
2019 年 8 月